普通高等学校高水平高职教材
高等学校核心素养与创新实践丛书

高职
数学建模教程

主　编　丁学利
副主编　黄建国　陈　辉
参　编　孙　丽　肖　娜
　　　　崔　艳　刘　真

中国科学技术大学出版社

内 容 简 介

本书紧密联系高职数学课程内容，紧扣高职人才培养目标，结合高职学生知识能力水平，从实际引入问题，优选典型案例，让学生从浅显的实际问题处理中领悟数学建模的方法，体会数学的魅力和奥妙，能够有效培养学生数学应用意识和能力.

本书为普通高等学校高水平高职教材，可供开设数学建模课程的高职高专各专业使用，也可作为学生自学数学建模或参加大学生数学建模竞赛的参考书.

图书在版编目(CIP)数据

高职数学建模教程/丁学利主编．—合肥：中国科学技术大学出版社，2020.12
普通高等学校高水平高职教材
ISBN 978-7-312-05073-2

Ⅰ.高…　Ⅱ.丁…　Ⅲ.数学模型—高等职业教育—教材　Ⅳ.O141.4

中国版本图书馆 CIP 数据核字(2020)第 196976 号

高职数学建模教程
GAOZHI SHUXUE JIANMO JIAOCHENG

出版　中国科学技术大学出版社
　　安徽省合肥市金寨路 96 号，230026
　　http://press.ustc.edu.cn
　　https://zgkxjsdxcbs.tmall.com
印刷　安徽国文彩印有限公司
发行　中国科学技术大学出版社
经销　全国新华书店
开本　787 mm×1092 mm　1/16
印张　17
字数　446 千
版次　2020 年 12 月第 1 版
印次　2020 年 12 月第 1 次印刷
定价　45.00 元

前　言

随着高等职业教育改革的不断深入,高等数学的应用越来越受重视,数学建模在各领域的应用也越来越广泛.数学建模注重兴趣培养和过程开发,突出知识传授、能力培养和素质提高,具有趣味性、知识性和探索性.通过数学建模能有效培养学生四个方面的能力:一是用数学思想、概念、方法消化吸收工程概念和工程原理的能力;二是把实际问题转化为数学模型的能力;三是求解数学模型的能力;四是领悟数学文化魅力的能力.

在高等职业教育新一轮教育教学改革的背景下,本书结合同类教材的发展趋势及与专业实际的联系,本着少而精的原则,启发学生举一反三,使其掌握数学建模的基本方法和基本过程,提高学生数学建模能力.

本书得到高校优秀青年人才支持计划重点项目(项目号:gxyqZD2020077)和安徽省质量工程项目(高水平高职教材项目,项目号:2018yljc262)的资助.本书内容紧密联系高职数学课程内容,紧扣高职人才培养目标,结合高职学生知识能力现状,从实际引入问题,优选典型案例,让学生从浅显的实际问题处理中领悟数学建模的方法,体会数学的魅力和奥妙,能够有效培养学生数学应用意识和能力.

本书是集体智慧和力量的结晶,编者均为长期工作在高等数学教学一线且长期从事数学建模竞赛培训和指导的教师.第1章由黄建国执笔,第2章由崔艳执笔,第3章、第4章由陈辉执笔,第5章由肖娜执笔,第6章由孙丽执笔,第7章、第8章、第9章、第10章、第11章由丁学利执笔,第12章由刘真、丁学利执笔.全书框架结构安排由丁学利承担,统稿、定稿由丁学利、黄建国完成.本书涉及的习题和数据资料可通过扫描下方二维码获取,或者联系邮箱13276530@qq.com索取.

在本书的编写过程中,我们参阅了一些数学建模方面的优秀教材和学术专著,并得到教育主管部门和参编学校领导的大力支持,在此表示衷心感谢.

由于编者水平有限,书中不足和疏漏之处在所难免,敬请同行和读者批评指正.

编　者

2020年2月

目　　录

第1章　数学建模简介

随着数学在各个领域的应用不断深入，社会正日益数学化，如家电的模糊控制、人工智能技术的广泛使用、系统工程设计的广泛应用等，所有这些都与数学息息相关. 在很多领域，数学模型发挥着强大的作用，并有许多典型案例. 如在测绘技术中，重力测量中的微分方程模型、最小二乘，大地网优化设计中的线性规划模型、图像配准，图像边缘提取中的动态规划模型，地图制图中的数学规划模型、回归模型等. 在计算机制图技术中，数学模型的建立是至关重要的，如果不使用数学方法，不建立数学模型，则无法实现计算机制图. 为解决各种复杂的实际问题，建立数学模型是一种十分有效并被广泛使用的方法. 数学建模是一个包含数学模型的建立、求解和验证的复杂过程，其关键是如何运用数学语言和方法来刻画实际问题. 未来具有竞争力的优秀人才应具备较高的数学素质，能够利用数学手段创造性地解决实际问题. 数学建模教育的核心是引导学生从“学”数学向“用”数学转变. 计算机技术的高速发展极大地改变了世界的面貌，Mathematica、Maple、MATLAB、LINGO、SAS、SPSS、R 等各种数学工具软件的大量涌现及使用，强有力地推动了数学建模技术的广泛应用. 过去使人望而生畏的大量复杂的符号演算、数值计算、图形生成以及优化与统计等工作现在大都能很方便地用计算机来实现，这使得数学建模可以被广大科研人员和工程技术人员所掌握，同时也促使数学教育发生深刻的变革.

1.1　数学模型与数学建模

著名科学家钱学森说：“信息时代高技术的竞争本质上是数学技术的竞争.”也就是说，高技术发展的关键是数学技术的发展，而数学技术与高技术结合的关键就是数学模型. 数学模型像一把金钥匙打开了通向高技术的道道难关，实际中很多技术的发展都离不开数学模型，而且技术水平的高低往往取决于数学模型的优劣.

1.1.1　数学模型

模型与原型是一对对偶体，原型是指人们在现实世界里关心、研究或者从事生产、管理的实际对象，而模型是指为了某个特定目的将原型的某一部分信息简缩、提炼而构造的原型替代物. 模型不是原型，既简单于原型，又高于原型. 例如，大家熟知的飞机模型，虽然在外观上比飞机原型简单，而且也不一定能飞，但是它很逼真，可以方便人们研究飞机在飞行过程中机翼的位置与形状的影响和作用.一个城市的交通图是该城市(原型)的模型,看模型比看原型清楚得多,此时城市的人口、车辆、建筑物等都不重要,城市的街道、交通线路和位置信息都一目了然.模型可以分为形象模型和抽象模型,抽象模型最主要的就是数学模型.

对数学模型这一概念的一般叙述为:当一个数学结构作为某种形式语言(包括常用符号、函数符号、谓词符号等符号集合)解释时,这个数学结构就称为数学模型.换言之,数学模型可以描述为:对于现实世界的一个特定对象,为了一个特定目的,根据特有的内在规律作出必要的简化假设,运用适当的数学工具由其得到的一个数学结构.所以说,数学模型是抽象、简化的过程,是使用数学语言对实际对象一个近似的刻画,以便于人们更深刻地认识所研究的对象."特定对象"表明了数学模型的应用性,即它是为解决某个实际问题而提出的."特定目的"表明了它的功能性,即当研究一个特定对象时,不是笼统地研究,而是为实现特别的功能而研究;不是研究它的一切,而是只研究当时所关心的那些特征,研究可以局限于所要达到的特定目的,如分析、决策、控制、预测等."根据特有的内在规律作出必要的简化假设"表明了数学模型的抽象性.所谓抽象,就是从事物的现象中将那些最本质的东西提炼出来,为了提炼本质的东西,当然要作一些必要的假设,并对非本质的东西进行简化.这里本质与非本质也不是绝对的,是相对于一定的对象和目的而言的,而简化必须是合理的且合乎事物内在规律的.例如火箭在作短程飞行时,要研究其运动轨迹,可不考虑地球自转的影响,但若火箭作洲际飞行,就要考虑地球自转的影响了.又比如同是一次火箭飞行实验,在研究其射程时可不考虑某段空气阻力的影响,但在研究其命中精度时就必须考虑这些因素.抽象性的另一个含义是它的普适性,即不论事物表现形式如何不同,如果其本质的内在规律一样,都可以用相同的数学模型来描述,它既可以描述某种生长过程,如某生物种群的数量,也可以描述某种传播过程,如疾病的传染、信息的传播等.这些都体现了数学模型的抽象性.最后"运用适当的数学工具"得到"数学结构"表明了数学模型的数量性.应该说前面列举的应用性、功能性、抽象性是一般模型所普遍具有的,但数量性是数学模型所特有的."数学工具"不言而喻是指我们已有的数学各分支的理论、方法,"数学结构"可以是数学公式、算法、表格、图示等,它体现了数学模型不同于其他各种思维模型,是一种用数学语言表达的定量化的模型.用数学语言表达的模型往往比其他模型更概括、更精炼、更准确,也更能抓住事物的本质.重要的是建立了数学模型以后,对对象的研究可以完全转化在数学的范畴内进行,这显然要便捷得多.

数学模型并不是新的事物,自从有了数学,也就有了数学模型.如果要用数学去解决实际问题,就一定要使用数学的语言、方法去近似地描述这个实际问题,这就是数学模型.事实上,人所共知的欧几里得几何、微积分柯西积分公式、万有引力定律、能量转换定律、广义相对论等都是非常好的数学模型.

为了使对数学模型的研究更系统、更有条理,人们通常将纷纭的数学模型从各个角度进行分类.根据数学模型的数学特征和应用范畴,一般常见的分类有以下几种:

一是根据其应用领域,大体可分为生物数学模型、医学数学模型、经济数学模型等.再有,如人口模型、生态模型、价格模型、战争模型、种群模型、传染病模型、交通模型等.

二是根据其使用的数学方法,可分为初等模型、微分方程模型、图论模型、规划模型、统计模型、变分法等.

三是根据其数学特性,可分为离散和连续模型、确定性和随机性模型、线性和非线性模型、静态和动态模型等.

四是根据建模目的，可将其分为分析模型、预测模型、决策模型、控制模型、优化模型等.

在面对实际问题时，一个模型应划为哪一类不是绝对的.有些模型在完全不同的应用领域中都能适用，有些模型则无法将它简单地归为哪一种数学方法.随着对数学建模的深入研究，对于同一实际问题用到多种数学方法的情况越来越多，而且不同方法得到的结果有时殊途同归，有时大相径庭，不同的结果在各自的假设条件下又都有其合理的解释.因此从这个意义来说数学建模既是科学，也是艺术，这也正是数学建模的魅力所在.

1.1.2　数学模型与数学

数学本身就是刻画现实世界的模型.数学的研究既不像物理学、化学、生物学那样以自然界的具体运动形态为对象，也不像经济学、社会学、政治学那样以社会的具体运动形态为对象.数学研究的是形式化、数量化的思想材料，思想只能来源于现实世界，但不是照本宣科复制现实世界，需要经过一定的加工、抽象.这种思想材料的获取过程，实际上就是对现实世界研究对象即原型的建模.

数学模型与数学有着密切的关系，但又与数学不完全相同，主要体现在三个方面：

(1) 研究内容.数学主要是研究对象的共性和一般规律，而数学模型主要研究对象的个性(针对性)和特殊规律.

(2) 研究方法.数学的主要研究方法是演绎推理，即按照一般原理考察特定的对象，导出结论.而数学模型的主要研究方法是归纳加演绎，归纳是依据个别现象推断一般规律.归纳是演绎的基础，演绎是归纳的指导.即数学模型是将现实对象的信息加以翻译、归纳，经过求解、演绎得到数学上的解答，再经过翻译回到现实对象，给出分析、预报、决策、控制的结果.

(3) 研究结果.数学的研究结果被证明了就一定是正确的，而数学模型的研究结果未必一定正确，这是因为它们与模型的简化和假设有关.因此，数学模型的研究结果必须接受实践的检验.

鉴于数学模型与数学的关系和区别，评价一个数学模型优劣的标准主要有：数学模型是否有一定的实际背景、假设是否合理、推理是否正确、方法是否简单、论述是否深刻等.

1.1.3　数学建模

数学建模，顾名思义就是建立数学模型，它是通过建立数学模型来解决各种实际问题的方法.也就是通过对实际问题的抽象、简化，确定变量和参数，并应用某些规律建立起变量、参数间确定的数学问题(也可称为一个数学模型)，求解该数学问题，解释、验证所得到的解，从而确定其能否用于解决实际问题.数学建模的最重要的特点在于它可以接受实践的检验，多次修改模型，渐趋完善.

具体地讲，数学建模是针对要解决的实际问题，在一定的合理简化假设之下，综合运用多种数学知识和方法进行分析研究并建立数学模型，利用计算机等工具来求解这个数学模型，将其求解结果返回到实际中去检验，最后用于解决和解释实际问题，乃至更进一步地作为一般模型来解决更广泛的问题.

数学建模所涉及的问题都是现实生活中的实际问题，范围广、学科多，包括工业、农业、医学、生物学、政治、经济、军事、社会管理、信息技术等方面，也可以说数学建模的应用无处不在.

数学建模没有固定的格式和标准，也没有明确的方法，但通常由明确问题、合理假设、模型构成、模型求解、模型解的分析和检验等几个基本步骤组成. 一个理想的数学模型，它应尽可能满足下面两个条件：一是模型的可靠性，即指模型在允许的误差范围内，能正确反映所研究系统的有关特性的内在联系，能反映客观实际；二是模型的可解性，即指该模型易于数学处理和计算. 实际问题通常是很复杂的，影响它的因素总是很多，要解决实际问题，就要将实际问题经过抽象、简化、假设，确定变量与参数，建立适当层次的数学模型，并求其解，即要把建模对象所涉及的次要因素忽略掉，否则所得模型会因为结构太复杂而失去可解性. 但是，也不能把与实质相关的因素忽略掉，否则所得模型会因为不能正确反映实际情况而失去可靠性. 可靠性与可解性同时最佳是很罕见的，我们总是在可解性的前提下力争有满意的可靠性.

数学建模受到越来越多的重视有其时代背景. 计算机技术的迅速发展，信息时代的到来，特别是以知识创新为核心的知识经济时代的出现，对数学的应用提出了越来越多的需求. 使其不仅在它得心应手的传统的物理领域有用武之地，而且还更多地渗入到过去数学涉足不多的非物理领域，尤其是社会科学领域. 这种需求激发了人们对于作为数学和应用的桥梁——数学建模的广泛兴趣和更深入的研究. 另一方面，计算机技术的不断进步，计算能力的日益提高，也为数学模型求解创造了条件，不但保证了数学模型的实际应用，也为建立数学模型拓宽了思路.

1.2 数学建模的基本方法和步骤

数学建模面临的实际问题是多种多样的，建模的目的、分析的方法、采用的数学工具皆有不同，所得模型的类型也不同，所以没有适用于一切实际问题的数学建模方法. 以下所说的基本方法不是针对具体问题而言的，只是从方法论的意义上讲的.

1.2.1 数学建模的基本方法

数学建模的方法大致可分为两大类：一是机理分析法，二是测试分析法. 机理分析是根据对客观事物特性的认识，找出反映事物内部机理的数量规律，建立的模型常有明确的物理或现实意义，它能告诉我们所研究的对象与现实世界哪些因素有关、有什么关系. 这类模型形式简明、优美，用途广泛，当然也是建模所力求的. 但对于大多数实际问题，要认识其内部机理是很困难的，甚至没法确定研究对象与哪些因素有关，只能通过对系统输出的测试来认识系统的输入、输出规律，建立尽可能与这一规律相吻合的模型，这就是测试分析法. 它将研究对象看作一个“黑箱”系统（意思是它的内部机理看不清楚），通过对系统输入、输出数据的测量和统计分析，按照一定的准则找出与数据拟合得最好的模型，这类模型常用在预测等问题上. 虽然从纯粹数学的审美角度觉得这类模型不及机理建模那样赏心悦目，但却非常实用，适应面很广. 另外，即使在机理分析法中，一些参数的确定也往往要用测试分析法.

面对一个实际问题用哪一种方法建模，主要取决于人们对研究对象和建模目的的了解程度.如果掌握了一些内部机理的知识，模型也要求具有反映内在特征的物理意义，建模就应以机理分析为主.而如果对象的内部机理基本上不清楚，模型也不需要反映内部特性(例如仅用于对输出作预测)，那么就可以用测试分析.

对于许多实际问题还常常将两种方法结合起来建模，即用机理分析建立模型的结构，用测试分析确定模型的参数.

1.2.2　数学建模的一般步骤

数学建模要经过哪些步骤并没有固定的模式，通常与问题性质、建模目的等有关.数学建模的建立过程可简略表示为图1.1.

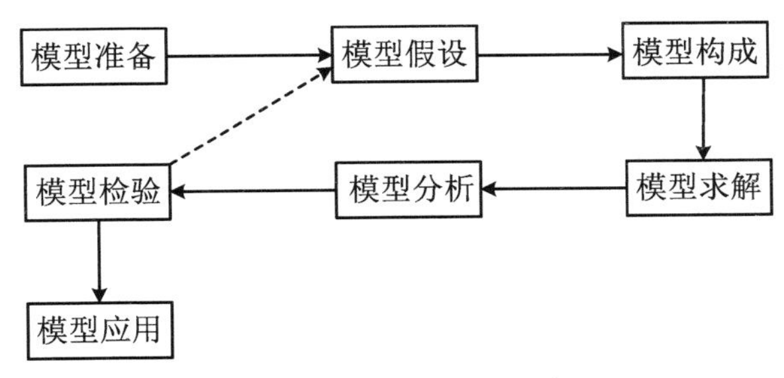

图1.1　数学建模步骤示意图

1. 模型准备

了解问题的实际背景，明确建模目的，搜集必要的信息，如现象、数据等，尽量弄清对象的主要特征，形成一个比较清晰的“问题”，由此初步确定采用哪一类模型.情况明才能方法对.在模型准备阶段要深入调查研究，虚心向实际工作者请教，尽量掌握第一手资料.

(1) 总体设计.将分析过程中的问题要点用文字记录下来，在其框架中标示出重点、难点；将问题结构化，即层层分解为若干子问题，以利于讨论交流和修改；要花费足够多的时间进行调研分析，尽量避免走不必要的弯路或误入歧途.

(2) 合理分析选取基本要素.一是对主要、次要、可忽略因素的分析；二是对数据数量的充分性和可靠性进行判断，并归纳或明确数据所提供的信息；三是分析已知条件中哪些是不变的，哪些是可变的；四是正确选择输入量、输出量.

(3) 启发式的思维方法.首先，应集思广益充分发挥集体的智慧，然后从各种角度来分析考虑问题.例如整体—局部、分解—组合、正面—反面、替代—转换等.在深入研讨过程中，“悟性”是十分重要的，即所谓的灵机一动、茅塞顿开，它是认识升华的产物.

2. 模型假设

根据对象的特征和建模目的，抓住问题的本质，忽略次要因素，作出必要的、合理的简化假设，对于建模这是非常重要和困难的一步.假设不合理或太简单，会得到错误的或无用的模型；假设作得过分详细，试图把复杂对象的众多因素都考虑进去，会很难或无法继续下一步的工作.常常需要在合理与简化之间作出恰当的折中.通常，作假设的依据，一是出于对问题内在规律的认识，二是来自对现象、数据的分析，以及两者的综合.想象力、洞察力、判断力以及经验，在模型假设中起着重要作用.

基本假设：变量、参数的定义，以及根据有关“规律”作出的变量间相互关系的假定.

其他假设：暂忽略因素，限定系统边界，说明模型应用范围，以及局部进程中的二次假设等.

3. 模型建立

根据所作的假设，用数学的语言符号描述对象的内在规律，建立包含常量、变量等的数学模型，如优化模型、微分方程模型、差分方程模型、图的模型等.要对不同处理方案的模拟结果进行比较，从中选择“最优”方案.要广泛地应用数学方面的知识，善于发挥想象力，注意使用类比法，分析对象与熟悉的其他对象的共性，借用已有的模型.建模时应遵循的一个原则是：简化问题的假设或处理方法，尽量采用简单的数学工具，从理想化的、简单的模型逐步过渡到实际的、复杂的模型.

4. 模型求解

可以采用解方程、画图形、优化方法、数值计算、统计分析等各种数学方法，特别是数学软件和计算机技术.在模型求解和分析时，应注意以下方面：一是充分利用先进的工具和数值试验技术；二是结果合理性分析，其中包括误差、灵敏性、稳定性分析等；三是模型检验的根本是实践，对新模型则可从合理性、精确性、复杂性、普适性等方面进行分析评价，一般还需指明模型的改进方向.

5. 模型分析

对求解结果进行数学上的分析，如结果的误差分析、统计分析、模型对数据的灵敏性分析、对假设的强健性分析等.

6. 模型检验

把求解和分析结果经翻译而回到实际问题，与实际的现象、数据比较，检验模型的合理性和适用性.如果结果与实际不符，则问题常常出在模型假设上，应该修改、补充假设，重新建模，如图1.1中虚线所示，这一步对于模型是否真的有用非常关键，要以严肃认真的态度对待.有些模型要经过几次反复，不断完善，直到检验结果获得一定程度上的满意.

7. 模型应用

应用的方式与问题性质、建模目的及最终的结果有关，可应用于相关领域.

并不是所有问题的建模都要经过这些步骤，有时各步骤之间的界限也不那么分明，建模时不要拘泥于形式上的按部就班.

数学建模是一个动态反复的迭代过程，没有固定的模式可以套用，它直接依赖于人们的直觉、猜想、判断、经验和灵感.在这里想象力和洞察力是非常重要的，所谓想象力实质上就是一种联系或联想能力，它表现为对不同的事物通过相似、类比、对照找出其本质上共同的规律，或将复杂的问题通过近似、对偶、转换等方式简化为易于处理的等价问题，而洞察力则体现在抓主要矛盾或关键问题的把握全局的能力.由于人们的经历、素质和视野的差异，不同人所构造的模型往往不同，因此数学建模是一种创造性的劳动或艺术.

1.2.3 在数学建模学习中应注意的事项

一要深刻领会数学的重要性不仅体现在数学知识的应用，更重要的是数学的思维方法，这里包括思考问题的方式、所运用的数学方法及处理技巧等，特别应致力于双向翻译、逻辑推理、联想和洞察四种基本能力的培养.

二要提高动手能力，这包括自学、文献检索、计算机应用、科技论文写作和相互交流能力，特别应有意识地增强文字表述方面的准确性和简明性.

三要勇于克服学习中的困难，消除畏难情绪. 由于数学建模课程属于拓展性的、启发性强的、难度较深的课程，它提倡创造性思维方法的训练，因而在习题解题中找不到感觉或做得有出入是正常现象，不必因此丧失信心. 通过摸索和努力会逐步有所提高，如能解决好几个问题或真正动手完成一两个实际题目都应视为有所收获. 从长远看这种学习有益于开阔人们的思路和眼界，有利于知识结构的改善和综合素质的提高.

1.3　数学建模的作用和意义

社会实践中的问题是复杂多变的，量与量之间的关系并不明显，并不是套用某个数学公式或只用某个学科、某个领域的知识就可以圆满解决的，这就要求我们培养的人才应有较高的数学素质，即能够从众多的事物和现象中找出共同的、本质的东西，善于抓住问题的主要矛盾，从大量数据和定量分析中寻找并发现规律，用数学的理论和数学的思维方法以及相关知识去解决，从而为社会服务. 定量分析和数学建模等数学素质是知识经济时代人才素质的一个重要方面，是培养创新能力的一个重要方法和途径. 因此，开展数学建模活动在人才培养的过程中有着重要的地位，并起到了重要的作用.

1.3.1　数学建模的创新作用

数学在实际生活中的重要地位和作用已普遍地被人们所认识，它的生命力正在不断增强，这主要是来源于它的应用地位. 各行各业和各科学领域都在运用数学，如人们所说“数学无处不在”已成为不可争辩的事实. 特别是在生产实践中，运用数学的过程就是一个创造性的过程，成功应用的核心就是创新. 科技创新主要是指在科学技术领域的新发明新创造，即发明新事物、新思想、新知识和新规律；创造新理论、新方法和新成果；开拓新的应用领域、解决新的问题. 大学是人才培养的基地，而创新人才培养的核心是创新思想、创新意识和创新能力的培养，传统的教学内容和教学方法显然不足以胜任这一重任，数学建模本身就是一个创造性的思维过程，从数学建模的教学内容、教学方法，到数学建模竞赛活动的培训等都是围绕着培养创新人才这个主题内容进行的，其内容取材于实际、方法结合于实际、结果应用于实际. 总之，知识创新、方法创新、结果创新、应用创新无不在数学建模的过程中得到体现，这正是数学建模的创新作用所在.

1.3.2　数学建模的综合作用

对于我们每一个教数学基础课的教师来说，在上第一堂课的时候，按惯例都会讲一下课程的重要性，一方面要强调课程的基础性作用，另一方面要说明它在实际中有多么重要的应用价值. 大多数学生可能对这门课程在实际中的应用更感兴趣. 但是在学习过程中，学生往往觉得应用数学知识解决的实际问题不够多，原因是在生产实践中仅凭单学科的知识能够解决的实际问题是很少的.而学习了数学建模以后,这个问题就不存在了,因为数学建模就是综合运用所掌握的知识和方法,创造性地分析解决来自于实际的问题,而且不受任何学科和领域的限制,所建立的数学模型可以直接应用于实际,这是数学建模的综合作用之一.

同时数学建模的工作是综合性的,所需要的知识和方法是综合性的,所研究的问题是综合性的,所需要的能力当然也是综合性的.数学建模的教学就是向学生传授综合的数学知识和方法,培养综合运用所掌握的知识和方法来分析问题、解决问题的能力.通过数学建模的培训和参加建模竞赛等活动,来培养学生丰富灵活的想象能力、抽象思维的简化能力、一眼看到事物本质的洞察能力、与时俱进的开拓能力、学以致用的应用能力、会抓重点的判断能力、高度灵活的综合能力、使用计算机的动手能力、信息资料的查阅能力、科技论文的写作能力、团结协作的攻关能力等.数学建模就是将这些能力有机地结合在一起,形成了超强的综合能力,我们称之为“数学建模的能力”.这就是21世纪所需要的高素质人才应该具备的能力,可以断言,谁具备了这种能力,谁必将大有作为.

1.3.3 数学建模的桥梁作用

传统的数学教学内容和方法面临最主要的问题就是理论联系实际不够密切,甚至脱节,以至于在社会上出现了学数学无用的错误观点,并且产生了一定范围的不良社会效应.一段时间内,一些高校对数学教学重视度下降,数学课时被压缩.随着数学教学改革的不断深入,改革硕果累累,但成功之作大多与数学建模有关,也正是数学建模为中国数学的发展带来了生机和希望,通过数学建模这座无形的桥梁使得数学在工程上、生活中都得到了实际应用,这是数学建模的桥梁作用之一.另外,现有的科技人才可以分为工程应用型与理论研究型两大类.从某种意义上来讲,工程与理论存在着一些客观的对立.特别是工程与数学、工程师与数学家之间在处理问题的方式、方法上都客观地存在一些不同或对立的观点,于是两者在具体问题上缺乏共同的沟通语言.基于数学建模和数学建模的人才,可以在工程与数学、工程师与数学家之间架起一座桥梁,能在两者之间建立起共同语言,使沟通无障碍.数学建模的人才具有一种特有的能力——双向翻译能力,即可以将实际问题简化抽象为数学问题——建立数学模型;利用计算机等工具求解数学模型,再将求解结果返回到实际中去,并用来分析解释实际问题.这就使工程与数学有机地结合在一起,工程师与数学家之间可以无障碍地沟通与合作.

1.4 数学建模示例

牛顿和莱布尼茨在300多年前创立了微积分,导数是微积分中的一个重要概念,其定义为

$$f'(x) = \lim_{\Delta x \to 0} \frac{f(x+\Delta x) - f(x)}{\Delta x} = \lim_{\Delta x \to 0} \frac{\Delta y}{\Delta x}$$

商式$\frac{\Delta y}{\Delta x}$表示单位自变量的改变量所对应的函数改变量,就是函数的平均变化率,因而其极

限值就是函数的瞬时变化率.函数在某点的导数,就是函数在该点的变化率.由于一切事物都在不停地发展变化,变化就必然有变化率,即变化率是普遍存在的,因而导数也是普遍存在的.这就很容易将导数与实际联系起来,建立描述研究对象变化规律的微分方程模型.

1.4.1 ^{14}C 的衰变规律

考古、地质学等方面的专家常用^{14}C测定法(通常称碳定年法)来估计文物或化石的年代.

^{14}C是宇宙射线不断轰击大气层产生的中子与氮气作用而生成的具有放射性的物质.这种放射性碳可被氧化成二氧化碳,二氧化碳被植物所吸收,而植物又是动物的食物,于是放射性碳被带到各种动植物体内.^{14}C是具有放射性的,无论在空气中还是在生物体内它都在不断衰变,这种衰变规律可以推导出来.

通常假设其衰变速度与该时刻的存量成正比.设在时刻 t(年),生物体中^{14}C的存量为 $x(t)$,生物体的死亡时间记为 $t_0=0$,此时^{14}C含量为 x_0,由假设,初值问题

$$\begin{cases} \dfrac{dx}{dt} = -kx \\ x(0) = x_0 \end{cases} \tag{1}$$

式(1)的解为

$$x(t) = x_0 e^{-kt} \tag{2}$$

式中,$k>0$ 为常数,k 前面的负号表示^{14}C的存量是递减的.式(2)表明^{14}C是按指数递减的,而常数 k 可由半衰期确定,若^{14}C的半衰期为 T,则有

$$x(T) = \frac{x_0}{2} \tag{3}$$

将式(3)代入式(2)得 $k=\dfrac{1}{T}\ln 2$.

即有

$$x(t) = x_0 e^{-\frac{\ln 2}{T}t} \tag{4}$$

1.4.2 碳定年代法的计算

活着的生物通过新陈代谢不断摄取^{14}C,因而它们体内的^{14}C与空气中的^{14}C含量相同,而生物死亡之后,停止摄取^{14}C,因而尸体内的^{14}C由于不断衰变而不断减少.碳定年代法就是根据生物体死亡之后体内^{14}C衰变减少量的变化情况来判断生物的死亡时间的.

由式(4)解得

$$t = \frac{T}{\ln 2}\ln\frac{x_0}{x(t)} \tag{5}$$

由于 $x(t)$,x_0 不便于测量,可把式(5)作如下修改.

对式(2)两边求导数,得

$$\dot{x}(t) = -x_0 k e^{-kt} = -kx(t) \tag{6}$$

而

$$\dot{x}(0) = -kx(0) = -kx_0 \tag{7}$$

式(6)和式(7)两式相除,得

$$\frac{\dot{x}(0)}{\dot{x}(t)} = \frac{x_0}{x(t)}$$

将上式代入式(5),得

$$t = \frac{T}{\ln 2}\ln\frac{\dot{x}(0)}{\dot{x}(t)} \tag{8}$$

这样由式(8)可知,只要知道生物体在死亡时体内^{14}C的衰变速度$\dot{x}(0)$和现在时刻t的衰变速度$\dot{x}(t)$,就可以求得生物体的死亡时间了.在实际计算上,都假定现代生物体中^{14}C的衰变速度与生物体死亡时生物体中^{14}C的衰变速度相同.

马王堆一号墓于1972年进行发掘,当时测得出土的木炭标本的^{14}C平均原子衰变数为29.78 s^{-1},而新砍伐木头烧成的木炭中^{14}C平均原子衰变数为38.37 s^{-1},又知^{14}C的半衰期为5568年.

把$\dot{x}(0) = 38.37\ s^{-1}$,$\dot{x}(t) = 29.78/\ s^{-1}$,$T = 5568$年代入式(8),得

$$t = \frac{5568}{\ln 2}\ln\frac{38.37}{29.78} \approx 2036$$

这样就估算出马王堆一号墓建造的时间是在2000多年前.

第 2 章　线性代数初步

在数学建模的问题中，经常遇到解线性方程组的问题，行列式和矩阵是讨论和计算线性方程组的重要工具.本章将介绍行列式和矩阵的相关概念，进一步讨论一般线性方程组的解法及应用.

2.1　行　列　式

2.1.1　二阶和三阶行列式

对于二元一次线性方程组

$$\begin{cases} a_{11}x_1 + a_{12}x_2 = b_1 \\ a_{21}x_1 + a_{22}x_2 = b_2 \end{cases} \tag{1}$$

当 $a_{11}a_{22} - a_{21}a_{12} \neq 0$ 时，通过消元法可求得线性方程组的唯一解

$$\begin{cases} x_1 = \dfrac{b_1 a_{22} - a_{12} b_2}{a_{11}a_{22} - a_{12}a_{21}} \\[2ex] x_2 = \dfrac{a_{11} b_2 - b_1 a_{21}}{a_{11}a_{22} - a_{12}a_{21}} \end{cases} \tag{2}$$

观察分母，为了方便使用与记忆，把分母写成由方程组的系数按原来的位置排成的特殊算式 $\begin{vmatrix} a_{11} & a_{12} \\ a_{21} & a_{22} \end{vmatrix}$，称为二阶行列式.

定义 2.1　算式 $\begin{vmatrix} a_{11} & a_{12} \\ a_{21} & a_{22} \end{vmatrix}$ 称为二阶行列式，其值表示为 $a_{11}a_{22} - a_{12}a_{21}$，即

$$\begin{vmatrix} a_{11} & a_{12} \\ a_{21} & a_{22} \end{vmatrix} = a_{11}a_{22} - a_{12}a_{21} \tag{3}$$

式中，$a_{ij}(i=1,2;j=1,2)$ 表示处于第 i 行第 j 列的位置的元素.

上述定义可用图 2.1 所示的对角线法则来记忆，即其值为主对角元素的乘积（用实线相连）减次对角元素的乘积（用虚线相连）.

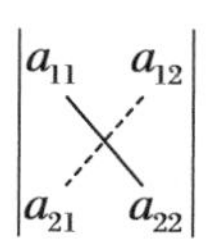

图 2.1　对角线法则

由行列式的定义，式(2)中 x_1 和 x_2 的分子也可写成二阶行列式，分别记为 $\begin{vmatrix} b_1 & a_{12} \\ b_2 & a_{22} \end{vmatrix}$ 和 $\begin{vmatrix} a_{11} & b_1 \\ a_{21} & b_2 \end{vmatrix}$.若记 $D = \begin{vmatrix} a_{11} & a_{12} \\ a_{21} & a_{22} \end{vmatrix}$，

$D_1=\begin{vmatrix} b_1 & a_{12} \\ b_2 & a_{22} \end{vmatrix}$，$D_2=\begin{vmatrix} a_{11} & b_1 \\ a_{21} & b_2 \end{vmatrix}$．当 $D\neq 0$ 时，则二元一次线性方程组(1)式的解可表示为$\begin{cases} x_1=\dfrac{D_1}{D} \\ x_2=\dfrac{D_2}{D} \end{cases}$．

例 2.1　用行列式法解方程组$\begin{cases} 3x_1-2x_2=12 \\ 2x_1+x_2=1 \end{cases}$．

解　因为

$$D=\begin{vmatrix} 3 & -2 \\ 2 & 1 \end{vmatrix}=3-(-4)=7\neq 0,D_1=\begin{vmatrix} 12 & -2 \\ 1 & 1 \end{vmatrix}=14,D_2=\begin{vmatrix} 3 & 12 \\ 2 & 1 \end{vmatrix}=-21$$

所以

$$x_1=\frac{D_1}{D}=\frac{14}{7}=2,\quad x_2=\frac{D_2}{D}=\frac{-21}{7}=-3$$

类似地，讨论三元一次线性方程组

$$\begin{cases} a_{11}x_1+a_{12}x_2+a_{13}x_3=b_1 \\ a_{21}x_1+a_{22}x_2+a_{23}x_3=b_2 \\ a_{31}x_1+a_{32}x_2+a_{33}x_3=b_3 \end{cases} \tag{4}$$

的解，可引入三阶行列式的概念．

定义 2.2　算式$\begin{vmatrix} a_{11} & a_{12} & a_{13} \\ a_{21} & a_{22} & a_{23} \\ a_{31} & a_{32} & a_{33} \end{vmatrix}$称为三阶行列式，其值为 $a_{11}a_{22}a_{33}+a_{12}a_{23}a_{31}+a_{13}a_{21}a_{32}-a_{13}a_{22}a_{31}-a_{12}a_{21}a_{33}-a_{11}a_{23}a_{32}$，即

$$\begin{vmatrix} a_{11} & a_{12} & a_{13} \\ a_{21} & a_{22} & a_{23} \\ a_{31} & a_{32} & a_{33} \end{vmatrix}=a_{11}a_{22}a_{33}+a_{12}a_{23}a_{31}+a_{13}a_{21}a_{32}-a_{13}a_{22}a_{31}-a_{12}a_{21}a_{33}-a_{11}a_{23}a_{32} \tag{5}$$

由定义可知，三阶行列式的值是六项的代数和，其值也可用对角线展开法求得，即主对角线方向上元素的乘积(用实线相连)减次对角线方向上元素的乘积(用虚线相连)，如图 2.2 所示．

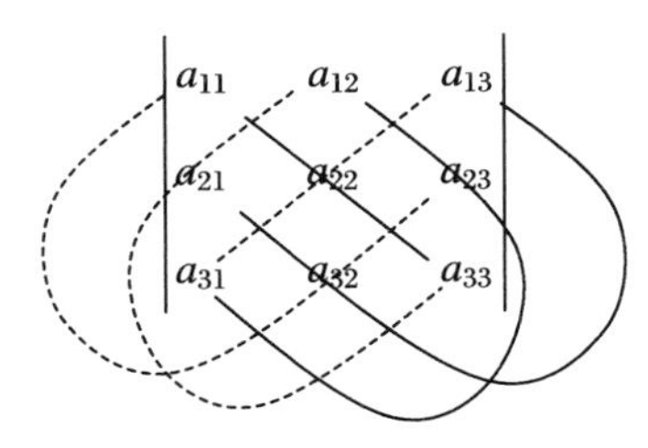

图 2.2　对角线法则

注意：对角线展开法只适用于二阶和三阶行列式．

与二元一次线性方程组的解类似，当 $D\neq 0$ 时，三元一次线性方程组(4)的解可表示为

$$x_1=\frac{D_1}{D},\quad x_2=\frac{D_2}{D},\quad x_3=\frac{D_3}{D}$$

式中，D_1，D_2 和 D_3 分别表示三元一次线性方程组等号右侧的常数项作为一列分别取代系数行列式 D 中的第一、第二、第三列所产生的行列式．

例 2.2　用对角线展开法计算行列式 $D=\begin{vmatrix} 2 & 0 & 1 \\ 1 & -4 & -1 \\ -1 & 8 & 3 \end{vmatrix}$.

解　$D=2\times(-4)\times3+0\times(-1)\times(-1)+1\times1\times8-1\times(-4)\times(-1)-0\times1\times3-2\times(-1)\times8$

$=-24+8-4+16=-4$

2.1.2　n 阶行列式

按照二阶、三阶行列式的定义，可推广到 n 阶行列式的定义.

定义 2.3　称 $D_n=\begin{vmatrix} a_{11} & a_{12} & \cdots & a_{1n} \\ a_{21} & a_{22} & \cdots & a_{2n} \\ \vdots & \vdots & \vdots & \vdots \\ a_{n1} & a_{n2} & \cdots & a_{nn} \end{vmatrix}$ 为 n 阶行列式. 当 $n=2$ 时，表示二阶行列式. 当 $n>2$ 时，有

$$D_n = a_{11}A_{11} + a_{12}A_{12} + \cdots + a_{1n}A_{1n} \tag{6}$$

式中，A_{ij} 称为元素 a_{ij} 的代数余子式，即 $A_{ij}=(-1)^{i+j}M_{ij}$. 而 M_{ij} 是由 D_n 中划掉第 i 行和第 j 列后余下的 $n-1$ 阶行列式，称为元素 a_{ij} 的余子式.

定理 2.1　n 阶行列式等于它的任一行（列）的各元素与其相应的代数余子式的乘积之和.

例 2.3　已知行列式 $D=\begin{vmatrix} -1 & 5 & 1 \\ 2 & -4 & -1 \\ 1 & -2 & 3 \end{vmatrix}$，分别计算 D 中元素 a_{11} 和 a_{21} 的余子式和代数余子式.

解　a_{11} 的余子式和代数余子式分别为

$$M_{11} = \begin{vmatrix} -4 & -1 \\ -2 & 3 \end{vmatrix} = -14,\quad A_{11} = (-1)^{1+1}\begin{vmatrix} -4 & -1 \\ -2 & 3 \end{vmatrix} = -14$$

a_{21} 的余子式和代数余子式分别为

$$M_{21} = \begin{vmatrix} 5 & 1 \\ -2 & 3 \end{vmatrix} = 17,\quad A_{21} = (-1)^{2+1}\begin{vmatrix} 5 & 1 \\ -2 & 3 \end{vmatrix} = -17$$

例 2.4　计算行列式 $\begin{vmatrix} 1 & -4 & 0 & 0 \\ 3 & 2 & 2 & 0 \\ 0 & 0 & 1 & 0 \\ 2 & 3 & 5 & -1 \end{vmatrix}$ 的值.

解　根据定义 2.3，先按第 3 行展开，得

$$\begin{vmatrix} 1 & -4 & 0 & 0 \\ 3 & 2 & 2 & 0 \\ 0 & 0 & 1 & 0 \\ 2 & 3 & 5 & -1 \end{vmatrix} = 1\times(-1)^{3+3}\begin{vmatrix} 1 & -4 & 0 \\ 3 & 2 & 0 \\ 2 & 3 & -1 \end{vmatrix}$$

$$
=\begin{vmatrix} 1 & -4 & 0 \\ 3 & 2 & 0 \\ 2 & 3 & -1 \end{vmatrix}
$$

$$
=(-1)\times(-1)^{3+3}\begin{vmatrix} 1 & -4 \\ 3 & 2 \end{vmatrix}
$$

$$
=(-1)\times[1\times 2-3\times(-4)]
$$

$$
=-14
$$

2.2 矩　　阵

在工程技术和经济活动中，经常会用数表来表示一些量或关系，如工厂中的产量统计表，市场上的价目表等，我们把这种数表称为矩阵.

2.2.1 矩阵的概念

在某物资调运中，有 2 个产地(分别用 1,2 表示)，3 个销售地(分别用 1,2,3 表示)调运方案如表 2.1 所示.

表 2.1　调整方案

产地	销售地		
	1	2	3
1	12	20	15
2	21	32	18

将表 2.1 中的数，按原顺序排成一个 2 行 3 列的数表$\begin{bmatrix} 12 & 20 & 15 \\ 21 & 32 & 18 \end{bmatrix}$，其中第 $i(i=1,2)$ 行第 $j(j=1,2,3)$ 列的数表示从第 i 个产地运往第 j 个销售地的数量，该数表反映了物资调运的情况.

定义 2.4　由 $m\times n$ 个数 $a_{ij}(i=1,2,\cdots m,j=1,2,\cdots n)$ 排成一个 m 行 n 列的矩形数表

$$
A=\begin{bmatrix} a_{11} & a_{12} & \cdots & a_{1n} \\ a_{21} & a_{22} & \cdots & a_{2n} \\ \vdots & \vdots & \vdots & \vdots \\ a_{m1} & a_{m2} & \cdots & a_{mn} \end{bmatrix}
$$

称为 m 行 n 列的矩阵. 矩阵常用大写字母 $A,B,C,\cdots$ 表示，如果要表明它的行数和列数，可记作 $A_{m\times n}$ 或 $A=(a_{ij})_{m\times n}$，其中 $a_{ij}(i=1,2,\cdots m,j=1,2,\cdots n)$ 称为 i 行 j 列的元素.

注意：矩阵和行列式是两个不同的概念，行列式是一个数值而矩阵是一个数表.

定义 2.5　矩阵相等：设两个矩阵具有相同的行数和列数，即 $A=(a_{ij})_{m\times n}$，$B=$

$(b_{ij})_{m\times n}$为同型矩阵,并且 $a_{ij}=b_{ij}(i=1,2,\cdots m;j=1,2,\cdots n)$,则称矩阵 A 和矩阵 B 相等,记为 $A=B$.

定义 2.6　矩阵的转置:将矩阵 A 的行和列互相交换所产生的矩阵称为 A 的转置矩阵,记作 A^{T}.

2.2.2　几种特殊的矩阵

1. 行矩阵

当 $m=1$ 时,矩阵只有一行,称为行矩阵,记作$[a_{11}\,a_{12}\cdots a_{1n}]$.

2. 列矩阵

当 $n=1$ 时,矩阵只有一列,称为列矩阵,记作$\begin{bmatrix}a_{11}\\a_{21}\\\vdots\\a_{m1}\end{bmatrix}$.

3. 零矩阵

元素全为零的矩阵,称为零矩阵,记作 O 或$O_{m\times n}$. 如

$$\begin{bmatrix}0&0&0\\0&0&0\end{bmatrix}$$

4. n 阶方阵

当 $m=n$ 时,即行数和列数都等于 n 的矩阵 $A=(a_{ij})_{n\times n}$,称为 n 阶矩阵或n 阶方阵,如

$$\begin{bmatrix}a_{11}&a_{12}&a_{13}\\a_{21}&a_{22}&a_{23}\\a_{31}&a_{32}&a_{33}\end{bmatrix}$$

式中,一个 n 阶方阵从左上角到右下角的对角线为主对角线. n 阶方阵的所有元素按其原来的位置所构成的行列式为方阵A 的行列式,记为$|A|$或 $\det A$.

5. 三角形矩阵

主对角线一侧的元素全为零的方阵叫作三角形矩阵. 例如,下面两个矩阵分别称为上三角形矩阵和下三角形矩阵.

$$\begin{bmatrix}a_{11}&a_{12}&a_{13}\\0&a_{22}&a_{23}\\0&0&a_{33}\end{bmatrix},\quad\begin{bmatrix}a_{11}&0&0\\a_{21}&a_{22}&0\\a_{31}&a_{32}&a_{33}\end{bmatrix}$$

6. 对角矩阵

主对角线以外的其他元素全为零的方阵称为对角矩阵,如

$$\begin{bmatrix}a_{11}&0&0\\0&a_{22}&0\\0&0&a_{33}\end{bmatrix}$$

7. 单位矩阵

主对角元素都为1的对角矩阵称为单位矩阵. 单位矩阵常用 I 或E 来表示,如

$$\begin{bmatrix}1&0&0\\0&1&0\\0&0&1\end{bmatrix}$$

2.2.3 矩阵的运算

1. 矩阵的加减和数乘

当且仅当两个矩阵的行数和列数分别相同(同型矩阵)时,两矩阵才能相加减,矩阵的加(减)法就是将它们对应的元素相加(减).数乘矩阵等于数乘矩阵中的每一个元素.

例 2.5 设矩阵 $A=\begin{bmatrix}1&0&-2\\3&-1&4\end{bmatrix}$,$B=\begin{bmatrix}-4&3&0\\1&-2&-1\end{bmatrix}$,求 $A+B$ 和 $A-2B$.

解

$$A+B=\begin{bmatrix}-3&3&-2\\4&-3&3\end{bmatrix}$$

$$A-2B=\begin{bmatrix}1&0&-2\\3&-1&4\end{bmatrix}-\begin{bmatrix}-8&6&0\\2&-4&2\end{bmatrix}=\begin{bmatrix}9&-6&-2\\1&3&6\end{bmatrix}$$

2. 矩阵的乘法

设矩阵 $A=(a_{ij})_{m\times s}$,$B=(a_{ij})_{s\times n}$,则称矩阵 $C=(c_{ij})_{m\times n}$ 为矩阵A 与B 的乘积,记作 $C=AB$,其中 $c_{ij}=a_{i1}b_{1j}+a_{i2}b_{2j}+\cdots+a_{is}b_{sj}=\sum_{k=1}^{s}a_{ik}b_{kj}$,即 c_{ij} 为矩阵A 的第i($i=1,2,\cdots m$)行元素与矩阵 B 的第j($j=1,2,\cdots n$)列元素对应位置乘积之和.

注意:两个矩阵相乘只有满足行乘列规则时才能相乘,即左边矩阵的列数应等于右边矩阵的行数.

例 2.6 设矩阵 $A=\begin{bmatrix}1&1\\-1&-1\end{bmatrix}$,$B=\begin{bmatrix}1&-1\\-1&1\end{bmatrix}$,求 AB 和BA.

解

$$AB=\begin{bmatrix}1&1\\-1&-1\end{bmatrix}\begin{bmatrix}1&-1\\-1&1\end{bmatrix}=\begin{bmatrix}0&0\\0&0\end{bmatrix}$$

$$BA=\begin{bmatrix}1&-1\\-1&1\end{bmatrix}\begin{bmatrix}1&1\\-1&-1\end{bmatrix}=\begin{bmatrix}2&2\\-2&-2\end{bmatrix}$$

例 2.7 设矩阵 $A=\begin{bmatrix}2&3\\0&2\end{bmatrix}$,$B=\begin{bmatrix}1&1\\0&1\end{bmatrix}$,求 AB 和BA.

解

$$AB=\begin{bmatrix}2&3\\0&2\end{bmatrix}\begin{bmatrix}1&1\\0&1\end{bmatrix}=\begin{bmatrix}2&5\\0&2\end{bmatrix}$$

$$BA=\begin{bmatrix}1&1\\0&1\end{bmatrix}\begin{bmatrix}2&3\\0&2\end{bmatrix}=\begin{bmatrix}2&5\\0&2\end{bmatrix}$$

注意:两个非零矩阵相乘,有可能是零矩阵,如例 2.6;一般 $AB\neq BA$(如例 2.6),只有在特殊设置下才有 $AB=BA$.

例 2.8 设矩阵 $A=\begin{bmatrix}1&3\\0&-1\\-2&4\end{bmatrix}$,$B=\begin{bmatrix}-4&3&0\\1&-2&-1\\0&1&0\end{bmatrix}$,求 $A^{\mathrm{T}}B$.

解
$$A^{\mathrm{T}}B=\begin{bmatrix}1&0&-2\\3&-1&4\end{bmatrix}\begin{bmatrix}-4&3&0\\1&-2&-1\\0&1&0\end{bmatrix}=\begin{bmatrix}-4&1&0\\-13&15&1\end{bmatrix}$$

例 2.9　将下列方程组用矩阵的形式表示.

$$\begin{cases}x_1-2x_2-3x_3+x_4=1\\x_1+x_2+x_4=2\\2x_1+2x_2+3x_3-x_4=3\end{cases}$$

解　方程的系数矩阵为$\begin{bmatrix}1&-2&-3&1\\1&1&0&1\\2&2&3&-1\end{bmatrix}$,变量矩阵为$\begin{bmatrix}x_1\\x_2\\x_3\\x_4\end{bmatrix}$,常数列矩阵为$\begin{bmatrix}1\\2\\3\end{bmatrix}$,因此方程的矩阵形式为

$$\begin{bmatrix}1&-2&-3&1\\1&1&0&1\\2&2&3&-1\end{bmatrix}\begin{bmatrix}x_1\\x_2\\x_3\\x_4\end{bmatrix}=\begin{bmatrix}1\\2\\3\end{bmatrix}$$

矩阵的乘法不满足交换律和消去律,但满足分配率和结合律:

(1) $A(B+C)=AB+AC$,$(B+C)A=BA+CA$.

(2) $A(BC)=A(BC)$.

(3) $\lambda(AB)=(\lambda A)B=A(\lambda B)$,其中 λ 是任意常数.

2.3　矩阵的秩与逆矩阵

2.3.1　矩阵的初等变换

定义 2.7　下面三种变换称为矩阵的初等行变换:

(1) 将矩阵的两行互换——互换变换(记 $r_i\leftrightarrow r_j$).

(2) 以常数 $k(k\neq 0)$乘以矩阵的第 i 行——倍乘变换(记 kr_i).

(3) 将矩阵第 j 行的 k 倍加到第 i 行上——倍加变换(记 r_i+kr_j).

若将定义中的“行”换成“列”,则称之为矩阵的初等列变换.矩阵的初等行变换和初等列变换统称为矩阵的初等变换.

2.3.2　阶梯型矩阵

定义 2.8　满足如下条件的矩阵称为阶梯型矩阵.

(1) 若该矩阵有零行,则它们位于非零行的最下方.

(2) 若有多个非零行,则上一非零行的第 1 个非零元素在下一非零行的第 1 个非零元素

的左边.

例如,下列矩阵 A 和 B 是阶梯型矩阵.

$$A=\begin{bmatrix}2&0&1&3&5\\0&-1&2&0&4\\0&0&1&-2&3\\0&0&0&0&0\end{bmatrix},\quad B=\begin{bmatrix}1&-2&5&3\\0&0&1&0\\0&0&0&2\end{bmatrix}$$

而矩阵 $C=\begin{bmatrix}2&-1&3&5\\0&2&1&0\\0&3&0&2\end{bmatrix}$ 不是阶梯型矩阵.

定理 2.2 任意矩阵 A 一定可通过有限次初等行变换化成阶梯型矩阵 B.

2.3.3 矩阵的秩

定义 2.9 在矩阵 $A_{m\times n}$ 中,任取 k 行 k 列($1\leqslant k\leqslant \min(m,n)$),位于这些行列交叉处的 k^2 个元素,按原来的相对位置排列成的 k 阶行列式,称为矩阵 A 的一个 k 阶子行列式(简称为 k 阶子式).

例如,在矩阵 $A=\begin{bmatrix}1&-2&3&5\\0&1&2&1\\1&-1&5&6\end{bmatrix}$ 中,取第 1,3 行和第 1,2 列交叉处的 4 个元素,组成一个二阶子式 $\begin{vmatrix}1&-2\\1&-1\end{vmatrix}$;而取第 1,2,3 行和第 1,2,3 列交叉处的 9 个元素,组成一个三阶子式 $\begin{vmatrix}1&-2&3\\0&1&2\\1&-1&5\end{vmatrix}$.

思考:矩阵 A 有多少个一阶子式,有多少个二阶子式,有多少个三阶子式?

定义 2.10 矩阵 $A_{m\times n}$ 中非零子式的最高阶数称为矩阵的秩,记作 $R(A)$.

显然 $R(A)\leqslant \min(m,n)$.

1. 用定义求矩阵的秩

根据定义 2.10,若矩阵中至少有一个 r 阶子式不为零,而所有的 $r+1$ 阶子式均为零或不存在,则矩阵的秩为 r.

例 2.10 求矩阵 $A=\begin{bmatrix}2&-1&1&2\\1&1&-1&2\\2&-4&4&0\end{bmatrix}$ 的秩 $R(A)$.

解 因为有一个二阶子式 $\begin{vmatrix}2&-1\\1&1\end{vmatrix}=3\neq 0$, 而所有三阶子式均为零,即

$$\begin{vmatrix}2&-1&1\\1&1&-1\\2&-4&4\end{vmatrix}=0,\quad \begin{vmatrix}2&-1&2\\1&1&2\\2&-4&0\end{vmatrix}=0,\quad \begin{vmatrix}-1&1&2\\1&-1&2\\-4&4&0\end{vmatrix}=0,\quad \begin{vmatrix}2&1&2\\1&-1&2\\2&4&0\end{vmatrix}=0$$

于是,$R(A)=2$.

2．用初等行变换求矩阵的秩

定理 2.3　矩阵的初等变换不改变矩阵的秩.

由于一个矩阵经过初等行变换得到的阶梯型矩阵与原矩阵有相同的秩.因此,可将矩阵先化为阶梯型矩阵,则阶梯型矩阵非零行的行数即为矩阵的秩.

例 2.11　用初等变换求矩阵 $A=\begin{bmatrix}1&2&2&1\\1&2&-3&-4\\3&1&1&3\\2&5&5&2\end{bmatrix}$ 的秩.

解

$$A=\begin{bmatrix}1&2&2&1\\1&2&-3&-4\\3&1&1&3\\2&5&5&2\end{bmatrix}\xrightarrow[r_4-2r_1]{\substack{r_2-r_1\\r_3-3r_1}}\begin{bmatrix}1&2&2&1\\0&0&-5&-5\\0&-5&-5&0\\0&1&1&0\end{bmatrix}$$

$$\xrightarrow{r_3+5r_4}\begin{bmatrix}1&2&2&1\\0&0&-5&-5\\0&0&0&0\\0&1&1&0\end{bmatrix}\xrightarrow{r_3\leftrightarrow r_4}\begin{bmatrix}1&2&2&1\\0&0&-5&-5\\0&1&1&0\\0&0&0&0\end{bmatrix}$$

$$\xrightarrow{r_2\leftrightarrow r_3}\begin{bmatrix}1&2&2&1\\0&1&1&0\\0&0&-5&-5\\0&0&0&0\end{bmatrix}=B$$

因为 $R(B)=3$,所以 $R(A)=3$.

2.3.4　逆矩阵

定义 2.11　设 A 为 n 阶方阵,若存在一个 n 阶方阵 B,使得 $AB=BA=E$,则称方阵 A 是可逆的,并把矩阵 B 称为 A 的逆矩阵,记为 $B=A^{-1}$.

由定义可知,若矩阵 A 可逆,则 A 矩阵的行列式 $\det(A)\neq0$ 且逆矩阵是唯一的.

例 2.12　若 $A=\begin{bmatrix}2&3\\1&2\end{bmatrix}$,$B=\begin{bmatrix}2&-3\\-1&2\end{bmatrix}$,验证 B 是 A 的逆矩阵.

解　因为

$$AB=\begin{bmatrix}2&3\\1&2\end{bmatrix}\begin{bmatrix}2&-3\\-1&2\end{bmatrix}=\begin{bmatrix}1&0\\0&1\end{bmatrix}=E$$

$$BA=\begin{bmatrix}2&-3\\-1&2\end{bmatrix}\begin{bmatrix}2&3\\1&2\end{bmatrix}=\begin{bmatrix}1&0\\0&1\end{bmatrix}=E$$

所以 B 是 A 的逆矩阵.

1．用伴随矩阵求逆矩阵

定义 2.12　设有矩阵 $A=(a_{ij})_{n\times n}$,则由 $\det(A)$ 中元素 a_{ij} 的代数余子式 A_{ij} 所组成的矩阵称为矩阵 A 的伴随矩阵,记作 A^*,即

$$A^* = \begin{bmatrix} A_{11} & A_{21} & \cdots & A_{n1} \\ A_{12} & A_{22} & \cdots & A_{n2} \\ \vdots & \vdots & \vdots & \vdots \\ A_{1n} & A_{2n} & \cdots & A_{nn} \end{bmatrix}$$

定理 2.4　若矩阵 $A=(a_{ij})_{n\times n}$ 的行列式 $\det(A)\neq 0$，则矩阵 A 的逆矩阵 A^{-1} 为

$$A^{-1} = \frac{1}{\det(A)}A^*$$

例 2.13　求矩阵 $A=\begin{bmatrix} 1 & 2 & -1 \\ -1 & 0 & -2 \\ 3 & 6 & 2 \end{bmatrix}$ 的逆矩阵.

解　由于 $\det(A)=\begin{vmatrix} 1 & 2 & -1 \\ -1 & 0 & -2 \\ 3 & 6 & 2 \end{vmatrix}=10\neq 0$，所以 A 可逆.

又因为

$$A_{11} = (-1)^{1+1}\begin{vmatrix} 0 & -2 \\ 6 & 2 \end{vmatrix} = 12, A_{12} = (-1)^{1+2}\begin{vmatrix} -1 & -2 \\ 3 & 2 \end{vmatrix} = -4,$$

$$A_{13} = (-1)^{1+3}\begin{vmatrix} -1 & 0 \\ 3 & 6 \end{vmatrix} = -6$$

$$A_{21} = (-1)^{2+1}\begin{vmatrix} 2 & -1 \\ 6 & 2 \end{vmatrix} = -10, A_{22} = (-1)^{2+2}\begin{vmatrix} 1 & -1 \\ 3 & 2 \end{vmatrix} = 5,$$

$$A_{23} = (-1)^{2+3}\begin{vmatrix} 1 & 2 \\ 3 & 6 \end{vmatrix} = 0$$

$$A_{31} = (-1)^{3+1}\begin{vmatrix} 2 & -1 \\ 0 & -2 \end{vmatrix} = -4, A_{32} = (-1)^{3+2}\begin{vmatrix} 1 & -1 \\ -1 & -2 \end{vmatrix} = 3,$$

$$A_{33} = (-1)^{3+3}\begin{vmatrix} 1 & 2 \\ -1 & 0 \end{vmatrix} = 2$$

所以

$$A^{-1} = \frac{1}{\det(A)}A^* = \frac{1}{10}\begin{bmatrix} 12 & -10 & -4 \\ -4 & 5 & 3 \\ -6 & 0 & 2 \end{bmatrix} = \begin{bmatrix} \frac{6}{5} & -1 & -\frac{2}{5} \\ -\frac{2}{5} & \frac{1}{2} & \frac{3}{10} \\ -\frac{3}{5} & 0 & \frac{1}{5} \end{bmatrix}$$

2. 用初等行变换求逆矩阵

把 n 阶可逆方阵 A 和 n 阶单位矩阵 E 合成 $n\times 2n$ 矩阵 $[A \;\vdots\; E]$，对此矩阵作初等行变换，使左边的矩阵 A 化为 E，同时右边矩阵 E 就化成了 A^{-1}.

$$[A \;\vdots\; E] \xrightarrow{\text{经初等行变换}} [E \;\vdots\; A^{-1}]$$

例 2.14　设矩阵 $A=\begin{bmatrix} 4 & 2 & 3 \\ 3 & 1 & 2 \\ 2 & 1 & 1 \end{bmatrix}$，求 A^{-1}.

解　作3×6矩阵$[A \ \vdots \ E]$,进行初等行变换,得

$$[A \ \vdots \ E]=\begin{bmatrix}4&2&3&1&0&0\\3&1&2&0&1&0\\2&1&1&0&0&1\end{bmatrix}\xrightarrow{r_1+(-1)r_2}\begin{bmatrix}1&1&1&1&-1&0\\3&1&2&0&1&0\\2&1&1&0&0&1\end{bmatrix}$$

$$\xrightarrow[r_3+(-2)r_1]{r_2+(-3)r_1}\begin{bmatrix}1&1&1&1&-1&0\\0&-2&-1&-3&4&0\\0&-1&-1&-2&2&1\end{bmatrix}$$

$$\xrightarrow[-r_3]{r_2+(-2)r_3}\begin{bmatrix}1&0&0&-1&1&1\\0&0&1&1&0&-2\\0&1&1&2&-2&-1\end{bmatrix}$$

$$\xrightarrow[r_2\leftrightarrow r_3]{r_3+(-1)r_2}\begin{bmatrix}1&0&0&-1&1&1\\0&1&0&1&-2&1\\0&0&1&1&0&-2\end{bmatrix}$$

所以

$$A^{-1}=\begin{bmatrix}-1&1&1\\1&-2&1\\1&0&-2\end{bmatrix}$$

例2.15　求矩阵方程$AX=B$的解,其中$A=\begin{bmatrix}0&1&-1\\1&1&2\\0&-1&0\end{bmatrix}$,$B=\begin{bmatrix}-2&0\\-3&2\\3&-1\end{bmatrix}$.

解　因为$|A|=\begin{vmatrix}0&1&-1\\1&1&2\\0&-1&0\end{vmatrix}=1\neq0$,所以$A$可逆.先求$A^{-1}$,得

$$[A \ \vdots \ E]=\begin{bmatrix}0&1&-1&1&0&0\\1&1&2&0&1&0\\0&-1&0&0&0&1\end{bmatrix}\xrightarrow{r_1\leftrightarrow r_2}\begin{bmatrix}1&1&2&0&1&0\\0&1&-1&1&0&0\\0&-1&0&0&0&1\end{bmatrix}$$

$$\xrightarrow{r_2+r_3,r_1+r_3}\begin{bmatrix}1&0&2&0&1&1\\0&0&-1&1&0&1\\0&-1&0&0&0&1\end{bmatrix}$$

$$\xrightarrow{r_2\leftrightarrow r_3}\begin{bmatrix}1&0&2&0&1&1\\0&-1&0&0&0&1\\0&0&-1&1&0&1\end{bmatrix}$$

$$\xrightarrow{r_1+2r_3,(-1)r_2,(-1)r_3}\begin{bmatrix}1&0&0&2&1&3\\0&1&0&0&0&-1\\0&0&1&-1&0&-1\end{bmatrix}$$

于是

$$A^{-1}=\begin{bmatrix}2&1&3\\0&0&-1\\-1&0&-1\end{bmatrix}$$

所以

$$X = A^{-1}B = \begin{bmatrix} 2 & 1 & 3 \\ 0 & 0 & -1 \\ -1 & 0 & -1 \end{bmatrix}\begin{bmatrix} -2 & 0 \\ -3 & 2 \\ 3 & -1 \end{bmatrix} = \begin{bmatrix} 2 & -1 \\ -3 & 1 \\ -1 & 1 \end{bmatrix}$$

2.4 解线性方程组

这一节我们利用矩阵秩的概念来讨论线性方程组解的情况.

设有 n 个未知数,m 个方程的线性方程组

$$\begin{cases} a_{11}x_1 + a_{12}x_2 + \cdots + a_{1n}x_n = b_1 \\ a_{21}x_1 + a_{22}x_2 + \cdots + a_{2n}x_n = b_2 \\ \cdots \quad \cdots \quad \cdots \quad \cdots \quad \cdots \\ a_{m1}x_1 + a_{m2}x_2 + \cdots + a_{mn}x_n = b_m \end{cases} \tag{7}$$

称为非齐次线性方程组,其中 $b_1, b_2, \cdots, b_m$ 不全为零.

若 $b_1, b_2, \cdots, b_m$ 全为零,即

$$\begin{cases} a_{11}x_1 + a_{12}x_2 + \cdots + a_{1n}x_n = 0 \\ a_{21}x_1 + a_{22}x_2 + \cdots + a_{2n}x_n = 0 \\ \cdots \quad \cdots \quad \cdots \quad \cdots \quad \cdots \\ a_{m1}x_1 + a_{m2}x_2 + \cdots + a_{mn}x_n = 0 \end{cases} \tag{8}$$

则称方程组(8)为方程组(7)对应的齐次线性方程组.

线性方程组(7)和(8)可分别用矩阵表示为 $AX = B$ 和 $AX = 0$,其中 $A = \begin{bmatrix} a_{11} & a_{12} & \cdots & a_{1n} \\ a_{21} & a_{22} & \cdots & a_{2n} \\ \vdots & \vdots & \vdots & \vdots \\ a_{m1} & a_{m2} & \cdots & a_{mn} \end{bmatrix}$ 为系数矩阵,$X = \begin{bmatrix} x_1 \\ x_2 \\ \vdots \\ x_n \end{bmatrix}$ 为未知数矩阵,$B = \begin{bmatrix} b_1 \\ b_2 \\ \vdots \\ b_m \end{bmatrix}$ 为常数矩阵.

将系数矩阵 A 和常数矩阵 B 放在一起构造的矩阵 $[A \ \vdots \ B]$ 称为线性方程组的增广矩阵,记为 $\widetilde{A}$,即

$$\widetilde{A} = \begin{bmatrix} a_{11} & a_{12} & \cdots & a_{1n} & b_1 \\ a_{21} & a_{22} & \cdots & a_{2n} & b_2 \\ \vdots & \vdots & \vdots & \vdots & \vdots \\ a_{m1} & a_{m2} & \cdots & a_{mn} & b_m \end{bmatrix}$$

由于线性方程组(7)的解可由其增广矩阵来决定,因此通过研究增广矩阵的秩即可了解线性方程组(7)解的情况.

2.4.1 非齐次线性方程组的解

定理 2.5 对于非齐次线性方程组(7),如果 $R(A) = R(\widetilde{A}) = n$,那么线性方程组(7)

有唯一一组解;如果 $R(A)=R(\widetilde{A})<n$,那么线性方程组(7)有无穷多组解;如果 $R(A)<R(\widetilde{A})$,那么线性方程组(7)无解.

例 2.16　解线性方程组 $\begin{cases}2x_1+x_2+x_3=2\\x_1+3x_2+x_3=5\\x_1+x_2+5x_3=-7\\2x_1+3x_2-3x_3=14\end{cases}$.

解　变换增广矩阵 $\widetilde{A}$ 为阶梯型矩阵

$$\widetilde{A}=\begin{bmatrix}2&1&1&2\\1&3&1&5\\1&1&5&-7\\2&3&-3&14\end{bmatrix}\xrightarrow{r_1\leftrightarrow r_2}\begin{bmatrix}1&3&1&5\\2&1&1&2\\1&1&5&-7\\2&3&-3&14\end{bmatrix}$$

$$\xrightarrow[r_4-2r_1]{r_2-2r_1,r_3-r_1}\begin{bmatrix}1&3&1&5\\0&-5&-1&-8\\0&-2&4&-12\\0&-3&-5&4\end{bmatrix}\xrightarrow[r_3-r_4]{r_2-r_3-r_4}\begin{bmatrix}1&3&1&5\\0&0&0&0\\0&1&9&-16\\0&-3&-5&4\end{bmatrix}$$

$$\xrightarrow[r_3\leftrightarrow r_4]{r_2\leftrightarrow r_3}\begin{bmatrix}1&3&1&5\\0&1&9&-16\\0&-3&-5&4\\0&0&0&0\end{bmatrix}\xrightarrow{r_3+3r_2}\begin{bmatrix}1&3&1&5\\0&1&9&-16\\0&0&22&-44\\0&0&0&0\end{bmatrix}$$

由于 $R(A)=R(\widetilde{A})=3$(等于未知数的个数),所以原方程组只有唯一解.将阶梯型矩阵还原为对应的方程组

$$\begin{cases}x_1+3x_2+x_3=5\\x_2+9x_3=-16\\22x_3=-44\end{cases}$$

于是原方程组的解为 $x_1=1,x_2=2,x_3=-2$.

例 2.17　解线性方程组 $\begin{cases}x_1-2x_2+3x_3-x_4=1\\3x_1-5x_2+5x_3-3x_4=2\\2x_1-3x_2+2x_3-2x_4=1\end{cases}$.

解　变换增广矩阵 $\widetilde{A}$ 为阶梯型矩阵

$$\widetilde{A}=\begin{bmatrix}1&-2&3&-1&1\\3&-5&5&-3&2\\2&-3&2&-2&1\end{bmatrix}\xrightarrow[r_2-2r_1]{r_2-3r_1}\begin{bmatrix}1&-2&3&-1&1\\0&1&-4&0&-1\\0&1&-4&0&-1\end{bmatrix}$$

$$\xrightarrow{r_3-r_2}\begin{bmatrix}1&-2&3&-1&1\\0&1&-4&0&-1\\0&0&0&0&0\end{bmatrix}\xrightarrow{r_1+2r_2}\begin{bmatrix}1&0&-5&-1&-1\\0&1&-4&0&-1\\0&0&0&0&0\end{bmatrix}$$

由于 $R(A)=R(\widetilde{A})=2<4$,所以原方程组有无穷多解.将阶梯型矩阵还原为对应的方程组

$$\begin{cases} x_1 = 5x_3 + x_4 - 1 \\ x_2 = 4x_3 - 1 \end{cases}$$

其中 x_3, x_4 为自由未知量.

例 2.18 解线性方程组 $\begin{cases} x_1 - 2x_2 + 3x_3 - x_4 = 1 \\ 3x_1 - x_2 + 5x_3 - 3x_4 = 2. \\ 2x_1 + x_2 + 2x_3 - 2x_4 = 3 \end{cases}$

解 变换增广矩阵 $\widetilde{A}$ 为阶梯型矩阵

$$\widetilde{A} = \begin{bmatrix} 1 & -2 & 3 & -1 & 1 \\ 3 & -1 & 5 & -3 & 2 \\ 2 & 1 & 2 & -2 & 3 \end{bmatrix} \xrightarrow[r_2 - 2r_1]{r_2 - 3r_1} \begin{bmatrix} 1 & -2 & 3 & -1 & 1 \\ 0 & 5 & -4 & 0 & -1 \\ 0 & 5 & -4 & 0 & 1 \end{bmatrix}$$

$$\xrightarrow{r_3 - r_2} \begin{bmatrix} 1 & -2 & 3 & -1 & 1 \\ 0 & 5 & 4 & 0 & -1 \\ 0 & 0 & 0 & 0 & 2 \end{bmatrix}$$

显然 $R(A) = 2 < R(\widetilde{A}) = 3$,所以原方程组无解.

2.4.2 齐次线性方程组的解

定理 2.6 对于齐次线性方程组(8),如果 $R(A) = n$,那么该方程组有唯一一组零解;如果 $R(A) = r < n$,那么该方程组有无穷多解,且有 $n - r$ 个自由未知量.

例 2.19 判断下列齐次线性方程组是否有非零解.

(1) $\begin{cases} x_1 + x_2 + x_3 = 0 \\ x_1 + 2x_2 + 3x_2 = 0, \\ x_1 + 3x_2 + 4x_3 = 0 \end{cases}$ (2) $\begin{cases} -2x_1 + x_2 + x_3 = 0 \\ x_1 - 2x_2 + x_3 = 0 \\ x_1 + x_2 - 2x_3 = 0 \end{cases}$

解 (1) 将系数矩阵化成阶梯型矩阵

$$A = \begin{bmatrix} 1 & 1 & 1 \\ 1 & 2 & 3 \\ 1 & 3 & 4 \end{bmatrix} \xrightarrow[r_3 - r_1]{r_2 - r_1} \begin{bmatrix} 1 & 1 & 1 \\ 0 & 1 & 2 \\ 0 & 2 & 3 \end{bmatrix} \xrightarrow{r_3 - 2r_2} \begin{bmatrix} 1 & 1 & 1 \\ 0 & 1 & 2 \\ 0 & 0 & -1 \end{bmatrix}$$

显然 $R(A) = 3$,因此原方程组有唯一一组零解.

(2) 将系数矩阵化成阶梯型矩阵

$$A = \begin{bmatrix} -2 & 1 & 1 \\ 1 & -2 & 1 \\ 1 & 1 & -2 \end{bmatrix} \xrightarrow{r_1 \leftrightarrow r_3} \begin{bmatrix} 1 & 1 & -2 \\ 1 & -2 & 1 \\ -2 & 1 & 1 \end{bmatrix} \xrightarrow[r_3 + 2r_1]{r_2 - r_1} \begin{bmatrix} 1 & 1 & -2 \\ 0 & -3 & 3 \\ 0 & 3 & -3 \end{bmatrix}$$

$$\xrightarrow{r_3 + r_2} \begin{bmatrix} 1 & 1 & -2 \\ 0 & -3 & 3 \\ 0 & 0 & 0 \end{bmatrix}$$

显然 $R(A) = 2 < 3$,因此原方程组有非零解.

2.5　线性代数的应用

线性代数在数学建模竞赛中应用广泛，本节将通过几个简单的实例加深对线性代数的基本概念、方法的理解和认识，培养数学建模的意识.

2.5.1　利用矩阵设置密码

例 2.20　当今社会，许多信息和数据的传输都需要进行加密保护. 在密码学中信息代码被称为密码，尚未转换成密码的文字信息为明文，由密码表示的信息为密文. 从明文到密文的过程称为加密，反之称为解密. 一种简单的加密办法是将 26 个英文大写字母与 1～26 的数字一一对应，然后将需要发送的英文信息转换成对应的数字发送出去，但接收方事先需要知道信息转换的密码本. 下面利用矩阵的运算来实现简单的密码本加密.

若要发送信息 CHRISTMAS，利用矩阵运算给出密文，并给出相应的解密方法.

解　(1) 假定 26 个英文大写字母与 1～26 的数字一一对应，空格与 0 对应，如表 2.2 所示.

表 2.2　数字与字母对应表

字母	空格	A	B	C	D	E	F	G	H	I	J	K	L	M
数字	0	1	2	3	4	5	6	7	8	9	10	11	12	13
字母	N	O	P	Q	R	S	T	U	V	W	X	Y	Z	
数字	14	15	16	17	18	19	20	21	22	23	24	25	26	

(2) 假设将单词中从左到右，每 3 个字母分为一组，并将对应的 3 个整数排成 3 维的列矩阵，加密后仍为 3 维的列矩阵，其分量仍为整数. 将要发送的信息 CHRISTMAS 转成 3 维列向量，即

$$X_1 = \begin{bmatrix} 3 \\ 8 \\ 18 \end{bmatrix}, \quad X_2 = \begin{bmatrix} 9 \\ 19 \\ 20 \end{bmatrix}, \quad X_3 = \begin{bmatrix} 13 \\ 1 \\ 19 \end{bmatrix}$$

则明文矩阵

$$X = \begin{bmatrix} 3 & 9 & 13 \\ 8 & 19 & 1 \\ 18 & 20 & 19 \end{bmatrix}$$

(3) 假定双方约定的加密矩阵

$$A = \begin{bmatrix} 1 & 2 & 1 \\ 2 & 5 & 3 \\ 2 & 3 & 2 \end{bmatrix}$$

(4) 发送的密文矩阵

$$Y = AX = \begin{bmatrix} 1 & 2 & 1 \\ 2 & 5 & 3 \\ 2 & 3 & 2 \end{bmatrix} \begin{bmatrix} 3 & 9 & 13 \\ 8 & 19 & 1 \\ 18 & 20 & 19 \end{bmatrix} = \begin{bmatrix} 37 \\ 100 \\ 66 \end{bmatrix}$$

接收到的密文为

$$Y_1 = \begin{bmatrix} 37 \\ 100 \\ 66 \end{bmatrix}, \quad Y_2 = \begin{bmatrix} 67 \\ 173 \\ 115 \end{bmatrix}, \quad Y_3 = \begin{bmatrix} 34 \\ 88 \\ 67 \end{bmatrix}$$

(5) 根据接收到的密文进行解密,由

$$[A \;\vdots\; E] = \begin{bmatrix} 1 & 2 & 1 & 1 & 0 & 0 \\ 2 & 5 & 3 & 0 & 1 & 0 \\ 2 & 3 & 2 & 0 & 0 & 1 \end{bmatrix} \xrightarrow{\text{初等行变换}} \begin{bmatrix} 1 & 0 & 0 & 1 & -1 & 1 \\ 0 & 1 & 0 & 2 & 0 & -1 \\ 0 & 0 & 1 & -4 & 1 & 1 \end{bmatrix}$$

可得解密矩阵

$$A^{-1} = \begin{bmatrix} 1 & -1 & 1 \\ 2 & 0 & -1 \\ -4 & 1 & 1 \end{bmatrix}$$

由

$$X = A^{-1}Y = \begin{bmatrix} 1 & -1 & 1 \\ 2 & 0 & -1 \\ -4 & 1 & 1 \end{bmatrix} \begin{bmatrix} 37 & 67 & 34 \\ 100 & 173 & 99 \\ 66 & 115 & 67 \end{bmatrix} = \begin{bmatrix} 3 & 9 & 13 \\ 8 & 19 & 1 \\ 18 & 20 & 19 \end{bmatrix}$$

再对照代码表翻译成单词即可解密.

注意:若要保证密文矩阵 Y 中的数字是整数,只需使加密矩阵 A 的行列式等于 1 或 -1;单词或句子每 3 个字母分为一组,最后不足 3 个字母时可用 0 补齐.

2.5.2 交通流量的计算

例 2.21 如图是某市某城区单行道路网.经统计进入路口 A 的车流量为每小时 500 辆,从 B 和 C 路口出来的车流量分别为每小时 350 辆和 150 辆.

(1) 求每一条路段的车流量.

(2) 若封闭道路 BC 段,试计算每条路段的车流量.

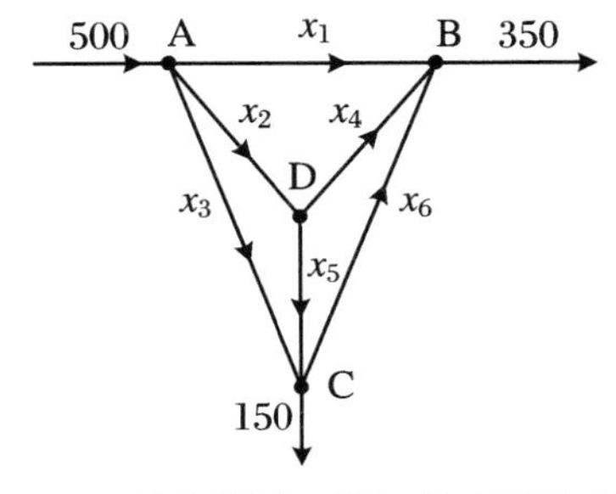

图 2.3 某市某城区单行道路图示意图

解 如图 2.3 所示,设每条路段每小时车流量分别为 $x_1, x_2, x_3, x_4, x_5, x_6$.假设全部流入路口的流量等于全部流出路口的流量,得

路口 A:$x_1 + x_2 + x_3 = 500$

路口 B:$x_1 + x_4 + x_6 = 350$

路口 C:$x_3 + x_5 = x_6 + 150$

路口 D:$x_2 = x_4 + x_5$

于是得线性方程组

$$\begin{cases} x_1 + x_2 + x_3 = 500 \\ x_1 + x_4 + x_6 = 350 \\ x_3 + x_5 - x_6 = 150 \\ x_2 - x_4 - x_5 = 0 \end{cases}$$

上述问题就归结为求线性方程组的问题.根据方程组构造增广矩阵

$$\widetilde{A} = \begin{bmatrix} 1 & 1 & 1 & 0 & 0 & 0 & 500 \\ 1 & 0 & 0 & 1 & 0 & 1 & 350 \\ 0 & 0 & 1 & 0 & 1 & -1 & 150 \\ 0 & 1 & 0 & -1 & -1 & 0 & 0 \end{bmatrix} \xrightarrow{\text{初等行变换}} \begin{bmatrix} 1 & 0 & 0 & 1 & 0 & 1 & 350 \\ 0 & 1 & 0 & -1 & -1 & 0 & 0 \\ 0 & 0 & 1 & 0 & 1 & -1 & 150 \\ 0 & 0 & 0 & 0 & 0 & 0 & 0 \end{bmatrix}$$

系数矩阵的秩与增广矩阵的秩都是3,因此该方程组有无穷多组解.

取 x_4,x_5,x_6 为自由未知量,得

$$\begin{cases} x_1 = 350 - x_4 - x_6 \\ x_2 = x_4 + x_5 \\ x_3 = 150 - x_5 + x_6 \end{cases}$$

由题意知,x_4,x_5,x_6 为非负整数且满足 $x_4 + x_6 \leqslant 350, x_5 - x_6 \leqslant 150$.

(2) 若BC段封闭将导致 $x_6 = 0$,设 x_4,x_5 为自由未知量,得各路段的车流量为

$$\begin{cases} x_1 = 350 - x_4 \\ x_2 = x_4 + x_5 \\ x_3 = 150 - x_5 \\ x_6 = 0 \end{cases}$$

式中,x_4,x_5 为非负整数且满足 $0 \leqslant x_4 \leqslant 350, 0 \leqslant x_5 \leqslant 150$.

2.5.3　减肥配方的实现

例 2.22　减肥成为现在流行的话题,但如何在科学合理地摄入营养物质的同时又可以达到减肥的目的呢？假设一个成年人每天需要的营养物质有:脂肪、蛋白质、碳水化合物.表2.3给出了三种食物提供的营养及一个成年人的正常营养需求量,即减肥配方.

表 2.3　三种食物的营养物质含量

营养物质	每1000 g食物所含营养(g)			减肥人员每日所需的营养量(g)
	脱脂牛奶	大豆粉	乳清	
蛋白质	36	51	13	33
碳水化合物	52	34	74	45
脂肪	0	7	1	3

问:如果用这三种食物作为每天的主要食物,那么每种食物的日食用量为多少才能达到合理减肥的要求？

解　设牛奶的用量为 x_1 个单位(1000 g),大豆粉的食用量为 x_2 个单位(1000 g),乳清的用量为 x_3 个单位(1000 g),表2.3中的三种营养物质和减肥人员每日所需的营养量可分别写成

$$a_1 = \begin{bmatrix} 36 \\ 52 \\ 0 \end{bmatrix}, \quad a_2 = \begin{bmatrix} 51 \\ 34 \\ 7 \end{bmatrix}, \quad a_3 = \begin{bmatrix} 13 \\ 74 \\ 1 \end{bmatrix}$$

记

$$A = \begin{bmatrix} 36 & 51 & 13 \\ 52 & 34 & 74 \\ 0 & 7 & 1 \end{bmatrix}, \quad B = \begin{bmatrix} 33 \\ 45 \\ 3 \end{bmatrix}, \quad X = \begin{bmatrix} x_1 \\ x_2 \\ x_3 \end{bmatrix}$$

则营养物质的组合为

$$x_1 a_1 + x_2 a_2 + x_3 a_3 = \begin{bmatrix} 36 & 51 & 13 \\ 52 & 34 & 74 \\ 0 & 7 & 1 \end{bmatrix} \begin{bmatrix} x_1 \\ x_2 \\ x_3 \end{bmatrix} = AX$$

由 $\begin{bmatrix} 36 & 51 & 13 \\ 52 & 34 & 74 \\ 0 & 7 & 1 \end{bmatrix} \begin{bmatrix} x_1 \\ x_2 \\ x_3 \end{bmatrix} = \begin{bmatrix} 33 \\ 45 \\ 3 \end{bmatrix}$，即 $AX = B$，解得

$$X = A^{-1}B = \begin{bmatrix} 0.2722 \\ 0.3949 \\ 0.2354 \end{bmatrix}$$

即每日摄入 27.2 g 牛奶、394.9 g 大豆粉、23.54 g 乳清可达到减肥效果.

2.5.4 动物数量的预测

例 2.23 某农场饲养的某种动物所能达到的最大年龄为 15 岁，将其分成三个年龄组：第一组，0～5 岁；第二组，6～10 岁；第三组，11～15 岁. 动物从第二年龄组起开始繁殖后代，经过长期统计，第二组和第三组的繁殖率分别为 4 和 3. 第一年龄组和第二年龄组的动物能顺利进入下一个年龄组的存活率分别为 0.5 和 0.25. 假设农场三个年龄段的动物现各有 800 头，问 15 年后农场三个年龄段的动物各有多少头，各占比多少？

解 因年龄分组为 5 岁一段，故时间周期也取为 5 年. 15 年后就经过了 3 个时间周期. 设 $x_i^{(k)}$ 表示第 $k(k=1,2,3)$ 个时间周期的第 $i(i=1,2,3)$ 组年龄阶段动物的数量.

因为某一时间周期第二年龄组和第三年龄组动物的数量是上一时间周期的上一年龄组存活下来动物的数量，所以有

$$x_2^{(k)} = 0.5x_1^{(k-1)}, x_3^{(k)} = 0.25x_2^{(k-1)}$$

又因为某一时间周期，第一年龄组动物的数量是上一时间周期各年龄组出生的动物的数量，所以有

$$x_1^{(k)} = 4x_2^{(k-1)} + 3x_3^{(k-1)}$$

于是得到递推关系式

$$\begin{cases} x_1^{(k)} = 4x_2^{(k-1)} + 3x_3^{(k-1)} \\ x_2^{(k)} = 0.5x_1^{(k-1)} \\ x_3^{(k)} = 0.25x_2^{(k-1)} \end{cases}$$

用矩阵表示为

$$\begin{bmatrix} x_1^{(k)} \\ x_2^{(k)} \\ x_3^{(k)} \end{bmatrix} = \begin{bmatrix} 0 & 4 & 3 \\ 0.5 & 0 & 0 \\ 0 & 0.25 & 0 \end{bmatrix} \begin{bmatrix} x_1^{(k-1)} \\ x_2^{(k-1)} \\ x_3^{(k-1)} \end{bmatrix}$$

则

$$x^{(k)} = Ax^{(k-1)}$$

式中

$$x^{(k)} = \begin{bmatrix} x_1^{(k)} \\ x_2^{(k)} \\ x_3^{(k)} \end{bmatrix}, \quad A = \begin{bmatrix} 0 & 4 & 3 \\ 0.5 & 0 & 0 \\ 0 & 0.25 & 0 \end{bmatrix}, \quad x^{(0)} = \begin{bmatrix} 800 \\ 800 \\ 800 \end{bmatrix}$$

则有

$$x^{(1)} = Ax^{(0)} = \begin{bmatrix} 0 & 4 & 3 \\ 0.5 & 0 & 0 \\ 0 & 0.25 & 0 \end{bmatrix} \begin{bmatrix} 800 \\ 800 \\ 800 \end{bmatrix} = \begin{bmatrix} 5600 \\ 400 \\ 200 \end{bmatrix}$$

$$x^{(2)} = Ax^{(1)} = \begin{bmatrix} 0 & 4 & 3 \\ 0.5 & 0 & 0 \\ 0 & 0.25 & 0 \end{bmatrix} \begin{bmatrix} 5600 \\ 400 \\ 200 \end{bmatrix} = \begin{bmatrix} 2200 \\ 2800 \\ 100 \end{bmatrix}$$

$$x^{(3)} = Ax^{(2)} = \begin{bmatrix} 0 & 4 & 3 \\ 0.5 & 0 & 0 \\ 0 & 0.25 & 0 \end{bmatrix} \begin{bmatrix} 2200 \\ 2800 \\ 100 \end{bmatrix} = \begin{bmatrix} 11500 \\ 1100 \\ 700 \end{bmatrix}$$

15年后,农场饲养的动物总数将达到13300头,其中0～5岁的有11500头,约占86.47%,6～10岁的有1100头,约占8.27%,11～15岁的有700头,约占5.26%.

习　　题

1. 求下列行列式的值:

(1) $\begin{vmatrix} 4 & 1 \\ 5 & 6 \end{vmatrix}$;　　(2) $\begin{vmatrix} 2 & -1 & 1 \\ 3 & 2 & -5 \\ 1 & 3 & -2 \end{vmatrix}$.

2. 求下列行列式的值:

(1) $\begin{vmatrix} 0 & 1 & 0 & 1 \\ 0 & 0 & 2 & 0 \\ 0 & 1 & 0 & 4 \\ 5 & 0 & 1 & 0 \end{vmatrix}$;　　(2) $\begin{vmatrix} 1 & -1 & -6 & 0 \\ 3 & 1 & 2 & 0 \\ -1 & 3 & 4 & 7 \\ 0 & 5 & 0 & 0 \end{vmatrix}$.

3. 已知二阶方阵 $A = \begin{bmatrix} 1 & 3 \\ 2 & -1 \end{bmatrix}$,$B = \begin{bmatrix} 2 & -3 \\ -1 & 2 \end{bmatrix}$,求 $A+B$,$A-3B$,AB,BA.

4. 设 $A = \begin{bmatrix} 2 & 0 & -1 \\ 1 & 3 & 2 \end{bmatrix}$,$B = \begin{bmatrix} 1 & 7 & -1 \\ 4 & 2 & 3 \\ 2 & 0 & 1 \end{bmatrix}$,计算 $(AB)^{\mathrm{T}}$ 和 $B^{\mathrm{T}}A^{\mathrm{T}}$.

5. 某企业某年出口到三个国家的两种货物的数量以及两种货物的单位价格、重量、体积如表2.4所示.利用矩阵的乘法计算该企业出口到三个国家的货物总收益、总重量、总体积各为多少.

表 2.4 货物出口情况

货物	出口到美国的数量	出口到德国的数量	出口到日本的数量	单位价格（万元）	单位重量（t）	单位体积（m^3）
A_1	3000	1500	2000	0.5	0.04	0.2
A_2	1400	1300	800	0.4	0.06	0.4

6. 求下列各矩阵的秩：

（1）$A=\begin{bmatrix}-1 & 2 & 0 & 1\\ 0 & 1 & 1 & 2\\ -2 & 4 & 0 & 2\end{bmatrix}$；（2）$B=\begin{bmatrix}1 & 3 & 1 & 4\\ 2 & -3 & 8 & 2\\ 2 & 12 & -2 & 12\end{bmatrix}$.

7. 求下列矩阵的逆矩阵：

（1）$\begin{bmatrix}1 & 2 & 2\\ 2 & 1 & -2\\ 2 & -2 & 1\end{bmatrix}$；（2）$\begin{bmatrix}2 & 2 & 3\\ 1 & -1 & 0\\ -1 & 2 & 1\end{bmatrix}$.

8. 解下列线性方程组：

（1）$\begin{cases}x_1-x_2+2x_3=1\\ x_2-x_3=1\\ 2x_1+x_2=4\end{cases}$；（2）$\begin{cases}x_1+x_2+x_3=-2\\ 2x_1-2x_2-x_3=-7\\ 3x_1+7x_2+6x_3=-3\\ -4x_1-x_3=11\end{cases}$；

（3）$\begin{cases}x_1+x_2-2x_3+x_4+3x_5=1\\ 2x_1-x_2+2x_3+2x_4+6x_5=2\\ 3x_1+2x_2-4x_3-3x_4-9x_5=3\end{cases}$.

9. 当 λ 取何值时，线性方程组 $\begin{cases}\lambda x_1+x_2+x_3=1\\ x_1+\lambda x_2+x_3=\lambda\\ x_1+x_2+\lambda x_3=\lambda^2\end{cases}$ 有唯一解？无穷多解？无解？

10. 某街区有四个十字路口，都是单行道路，如图 2.4 所示. 图中数字表示汽车进入或离开十字路口的流量（每小时的车流数）. 试计算每两个十字路口之间的交通流量 x_1,x_2,x_3,x_4.

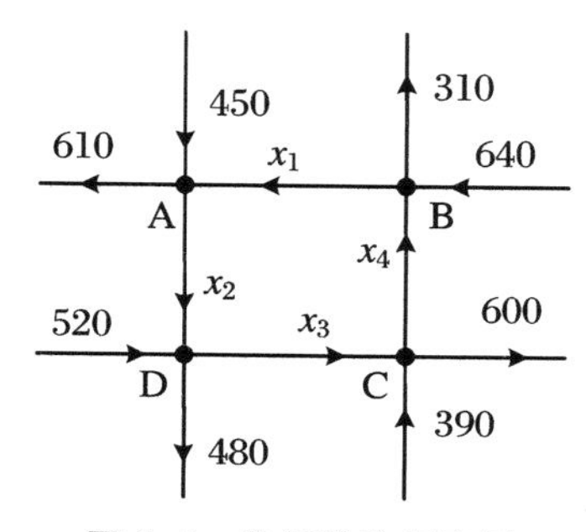

图 2.4 单行道路示意图

11. 蛋白质、碳水化合物和脂肪是人体每日必需的三种营养，但过量的脂肪摄入不利于健康.人们可以通过适量的运动来消耗多余的脂肪.设三种食物(脱脂牛奶、大豆粉、乳清)每 1000 g 中蛋白质、碳水化合物和脂肪的含量以及慢跑 5 分钟消耗蛋白质、碳水化合物和脂肪的量如表 2.5 所示.

表 2.5　三种食物的营养成分和慢跑的消耗情况

营养	每 1000 g 食物所含营养(g)			慢跑 5 分钟消耗量(g)	每日需要的营养量(g)
	脱脂牛奶	大豆粉	乳清		
蛋白质	36	51	13	10	33
碳水化合物	52	34	74	20	45
脂肪	0	7	1	15	3

问怎样安排饮食和运动才能满足每日的营养需求?

12. 假设某地区人口总数保持不变,每年有 5% 的农村人口流入城镇,有 1% 的城镇人口流入农村.问该地区的城镇人口与农村人口的分布最终是否会趋于稳定状态?

第3章　MATLAB软件初步

MATLAB是Matrix Laboratory(矩阵实验室)的缩写,是一款由美国The MathWorks公司出品的商业数学软件.MATLAB是一种用于算法开发、数据可视化、数据分析以及数值计算的高级技术计算语言和交互式环境.除了矩阵运算、绘制函数/数据图像等常用功能外,MATLAB还可以用来创建用户界面及调用使用其他语言(包括C、C++、Java、Python和FORTRAN)编写的程序.

尽管MATLAB主要用于数值运算,但利用众多的附加工具箱(Toolbox),它也适用于各种不同领域,例如控制系统设计与分析、图像处理、信号处理、金融建模与分析等.另外它还有一个配套软件包Simulink,可提供一个可视化开发环境,常用于系统模拟、动态/嵌入式系统开发等.

3.1　MATLAB的主要功能和使用

3.1.1　MATLAB的版本

MATLAB最初是用FORTRAN编写的,随后推出了C语言版的面向MS-DOS系统的MATLAB 1.0;1992年,推出学生版MATLAB;1993年,Microsoft Windows版MATLAB面世;1995年,推出Linux版,到7.1版为止.MATLAB的版本编号均以数字来命名,例如R7、R12.1、R14 SP1等.从7.2版开始,版本编号以年份来命名,每年3月份推出的用a表示,9月份推出的则以b表示,例如R2006a表示2006年3月推出的版本,R2009b指2009年下半年推出的版本,如表3.1所示.

表3.1　MATLAB历史版本

版本	发行编号	年份	版本	发行编号	年份
MATLAB 1.0	R?	1984年	MATLAB 7.5	R2007b	2007年
MATLAB 2	R?	1986年	MATLAB 7.6	R2008a	2008年
MATLAB 3	R?	1987年	MATLAB 7.7	R2008b	2008年
MATLAB 3.5	R?	1990年	MATLAB 7.8	R2009a	2009年
MATLAB 4	R?	1992年	MATLAB 7.9	R2009b	2009年
MATLAB 4.2c	R7	1994年	MATLAB 7.10	R2010a	2010年

续表

版本	发行编号	年份	版本	发行编号	年份
MATLAB 5.0	R8	1996年	MATLAB 7.11	R2010b	2010年
MATLAB 5.1	R9	1997年	MATLAB 7.12	R2011a	2011年
MATLAB 5.1.1	R9.1	1997年	MATLAB 7.13	R2011b	2011年
MATLAB 5.2	R10	1998年	MATLAB 7.14	R2012a	2012年
MATLAB 5.2.1	R10.1	1998年	MATLAB 8.0	R2012b	2012年
MATLAB 5.3	R11	1999年	MATLAB 8.1	R2013a	2013年
MATLAB 5.3.1	R11.1	1999年	MATLAB 8.2	R2013b	2013年
MATLAB 6.0	R12	2000年	MATLAB 8.3	R2014a	2014年
MATLAB 6.1	R12.1	2001年	MATLAB 8.4	R2014b	2014年
MATLAB 6.5	R13	2002年	MATLAB 8.5	R2015a	2015年
MATLAB 6.5.1	R13SP1	2003年	MATLAB 8.6	R2015b	2015年
MATLAB 6.5.2	R13SP2	2003年	MATLAB 9.0	R2016a	2016年
MATLAB 7	R14	2004年	MATLAB 9.1	R2016b	2016年
MATLAB 7.0.1	R14SP1	2004年	MATLAB 9.2	R2017a	2017年
MATLAB 7.0.4	R14SP2	2005年	MATLAB 9.3	R2017b	2017年
MATLAB 7.1	R14SP3	2005年	MATLAB 9.4	R2018a	2018年
MATLAB 7.2	R2006a	2006年	MATLAB 9.5	R2018b	2018年
MATLAB 7.3	R2006b	2006年	MATLAB 9.6	R2019a	2019年
MATLAB 7.4	R2007a	2007年	MATLAB 9.7	R2019b	2019年

3.1.2 MATLAB的主要功能

MATLAB主要具有以下功能：

1. 数值计算和符号计算功能

MATLAB以矩阵作为数据操作的基本单位，提供了十分丰富的数值计算函数. 利用MATLAB的符号数学工具箱(Symbolic Math Toolbox)可以进行代数或符号运算，使得MATLAB具有类似Maple的符号计算功能. Maple的一个扩展包可以将MATLAB的默认符号计算引擎切换为Maple.

2. 绘图功能

MATLAB提供了两个层次的绘图操作：一种是对图形句柄进行的低层绘图操作，另一种是建立在低层绘图操作之上的高层绘图操作.

3. 编程语言

MATLAB具有程序结构控制、函数调用、数据结构、输入输出、面向对象等程序语言特征，而且简单易学、编程效率高. 软件本身提供了可对代码、文件和数据进行管理的开发环境.同时,可将基于 MATLAB 的算法与外部应用程序和语言(如 C、C++、FORTRAN、Java、COM 以及 Excel)集成各种函数,进行交互调用.

4. MATLAB 工具箱

MATLAB 包含基本部分和各种可选的工具箱两部分.MATLAB 工具箱主要分为两大类:功能性工具箱和学科性工具箱.

3.1.3 MATLAB 的工具箱

MATLAB 的一个重要特点是其可扩展性.作为 Simulink 和其他 MathWorks 产品的基础,MATLAB 可以通过附加的工具箱(Toolbox)进行功能扩展,每一个工具箱就是实现特定功能的函数的集合.MathWorks 提供的工具箱有:数学和优化、统计和数据分析、控制系统设计和分析、信号处理、图像处理、测试和测量、金融建模和分析、应用程序部署、数据库连接和报表、分布式计算.

这些工具箱大多是用开放式的 MATLAB 语言写成的,用户不但可以查看源代码,还可以根据自己的需要对其进行修改以及创建自定义函数.此外,用户还可在 MATLAB Central: File Exchange 发布自己编写的 MATLAB 程序或工具箱,供他人自由下载使用.

3.1.4 MATLAB 的工作界面和使用

与常规的应用软件相同,MATLAB 的启动也有多种方式,常用的方法就是双击桌面的 MATLAB 图标,也可以在开始菜单的程序选项中选择 MATLAB 组件中的快捷方式,当然也可以在 MATLAB 的安装路径的子目录中选择可执行文件“MATLAB.exe”.

以 MATLAB R2019a 为例,启动 MATLAB 后,将出现一个 MATLAB 的欢迎界面,随后打开 MATLAB 的工作界面,如图 3.1 所示.

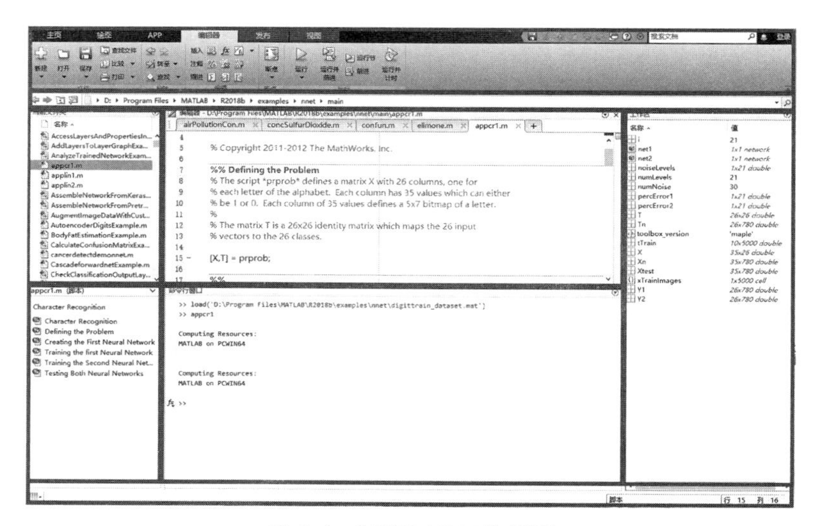

图 3.1　MATLAB 工作界面

1. 默认工作界面组成

(1) 工具栏:不同的工具按钮和菜单根据功能按组排列在工具栏中.

(2) 地址栏:指向 MATLAB 当前打开的目录地址.

(3) 当前文件夹:显示(2)中文件夹的内容,方便工作目录内的多个文件浏览、管理.

(4) 代码编辑器:浏览、编辑 MATLAB 程序文件或当前内存中的变量.

(5) 预览窗口:可以在不打开的情况下预览当前文件夹中的文件.

(6) 命令行窗口:以交互的形式逐行执行 MATLAB 命令进行计算.

一般来说,MATLAB 的所有函数和命令都可以在命令窗口中执行.下面详细介绍 MATLAB 命令行操作.

实际上,掌握 MATLAB 命令行操作是进入 MATLAB 世界的第一步,命令行操作实现了对程序设计而言简单而又重要的人机交互,通过命令行操作,避免了编写程序的麻烦,体现了 MATLAB 所特有的灵活性.

例 3.1 在命令窗口中的输入提示符"≫"后输入"sin(pi/5)",然后单击回车键,则会得到该表达式的值:

```
≫sin(pi/5)
ans=
0.5878
```

由上例可以看出,为求得表达式的值,只需按照 MATLAB 语言规则将表达式输入即可,结果会自动返回,而不必像其他的程序设计语言那样,需要编写冗长的程序来执行.当需要处理非常繁琐的计算时,可能在一行之内无法写完表达式,此时需要使用续行符"…"来换行,否则 MATLAB 将只计算一行的值,而不会判别该行是否已输入完毕.

例 3.2

```
≫sin(1/9*pi)+sin(2/9*pi)+sin(3/9*pi)+…
sin(4/9*pi)+sin(5/9*pi)+sin(6/9*pi)+…
sin(7/9*pi)+sin(8/9*pi)+sin(9/9*pi)+…
ans=
5.6713
```

使用续行符之后 MATLAB 会自动将前一行与下一行衔接,等待完全输入后再计算整个算式输入的结果.

在 MATLAB 命令行操作中,有一些快捷按键可以使用,比如:"↑"键可用于调出前一个命令行,"↓"键可调出后一个命令行,避免了重复输入的麻烦.当然下面即将讲到的历史窗口也具有此功能.

(7) 工作区:显示计算过程中当前内存存储的各个变量,双击可以进行浏览、编辑.

(8) 状态栏:显示 MATLAB 运行状态.

以上窗口布局可以使用鼠标进行调整,也可以通过工具栏"主页"→"布局"→"默认"恢复.

2. MATLAB 计算的主要方式

(1) 相对简单的计算任务在命令行窗口中直接输入相应指令即可.

(2) 相对复杂问题的计算,为方便调试和数据管理,应先使用代码编辑器编写程序文件并保持在当前文件夹内,然后在命令行窗口中调用进行计算.

3. MATLAB 的搜索路径

当用户在 MATLAB 命令窗口输入一条命令后,MATLAB 按照一定次序寻找相关的文

件,基本搜索过程如下:

(1) 检查该命令是不是一个变量.

(2) 检查该命令是不是一个内部函数.

(3) 检查该命令是否是当前目录下的 M 文件.

(4) 检查该命令是否是 MATLAB 搜索路径中其他目录下的 M 文件.

可以在当前文件夹窗口内通过右键将某个文件夹及子文件夹添加到搜索目录中. MATLAB 有着极为强大的数据可视化功能,计算结果常常伴有图形输出,如图 3.2 所示.

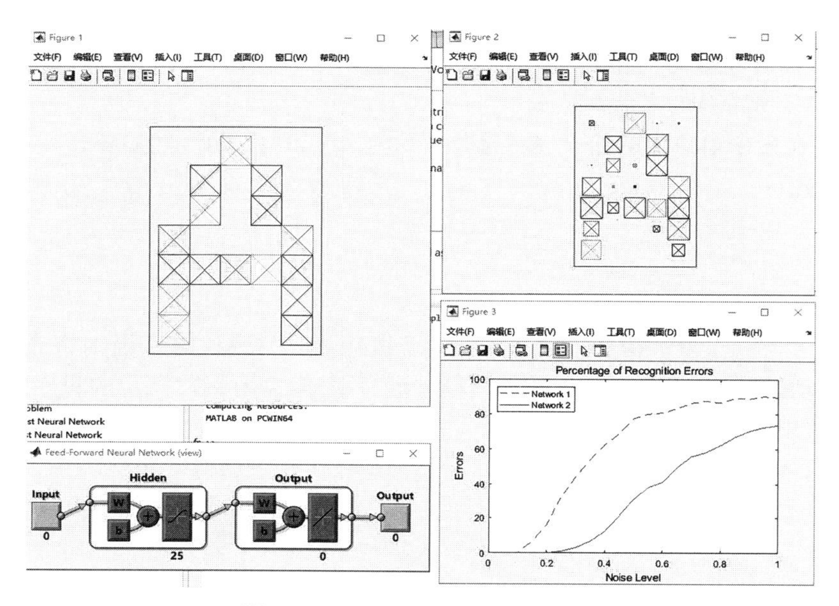

图 3.2 MATLAB 图形化运算输出

3.1.5 MATLAB 帮助系统

完善的帮助系统是任何应用软件都必不可少的组成部分. MATLAB 提供了相当丰富的帮助信息,可以通过工具栏中的"帮助"菜单来获得. 此外, MATLAB 还提供了在命令窗口中的获得帮助的方法. 在命令窗口中获得 MATLAB 帮助的指令及说明如表 3.2 所示. 其调用格式为:命令 + 指定参数.

表 3.2 MATLAB 帮助指令

命 令	说 明
doc	在帮助浏览器中显示指定函数的参考信息
help	在命令窗口中显示 M 文件帮助
helpbrowser	打开帮助浏览器,无参数
helpwin	打开帮助浏览器,并且见初始界面置于 MATLAB 函数的 M 文件帮助信息
lookfor	在命令窗口中显示具有指定参数特征函数的 M 文件帮助
web	显示指定的网络页面,默认为 MATLAB 帮助浏览器

3.2　MATLAB 数值计算功能

MATLAB 便捷高效的数值计算功能足以使其在诸多数学计算软件中傲视群雄，这也是 MATLAB 软件的基础功能. 本节将简要介绍 MATLAB 的数据类型、矩阵的建立及基本数值运算.

3.2.1　MATLAB 数据类型

MATLAB 的数据类型主要包括数字、字符串、矩阵、单元型数据及结构型数据等，限于篇幅下面重点介绍其中几个常用类型.

1. 变量与常量

与常规的静态程序设计语言不同，MATLAB 并不要求事先对所使用的变量进行声明，也不需要指定变量类型，MATLAB 语言会自动依据赋予变量的值或对变量进行的操作来识别变量的类型. 在赋值过程中当赋值变量已存在时，MATLAB 语言将使用新值代替旧值，并以新值类型代替旧值类型.

在 MATLAB 语言中变量的命名应遵循如下规则：

(1) 变量名区分大小写.

(2) 变量名长度不超 31 位，第 31 个字符之后的字符将被 MATLAB 语言忽略.

(3) 变量名以字母开头，其他可以由字母、数字、下划线组成，但不能使用标点.

与其他的程序设计语言相同，在 MATLAB 语言中也存在变量作用域的问题. 在未加特殊说明的情况下，MATLAB 语言将所识别的一切变量均视为局部变量，即仅在使用其的单个程序文件内有效. 若要将变量定义为全局变量，必须对变量进行说明，即在该变量前加关键字“global”. 一般来说全局变量约定用大写的英文字符表示.

MATLAB 语言本身也具有一些预定义的变量，这些特殊的变量称为常量. 表 3.3 给出了 MATLAB 语言中经常使用的一些常量值.

表 3.3　MATLAB 默认常用变量

常量	表示数值
pi	圆周率
eps	浮点运算的相对精度
inf	正无穷大
NaN	表示不定值
realmax	最大的浮点数
i,j	虚数单位

在 MATLAB 语言中，定义变量时应避免与常量名重复，以防改变这些常量的值，如果

已改变了某个常量的值，可以通过“clear + 常量名”命令恢复该常量的初始设定值，也可通过重新启动 MATLAB 软件来恢复这些常量值.

2. 数字变量的运算及显示格式

MATLAB 是以矩阵为基本运算单元的，而构成数值矩阵的基本单元是数字. 为了更好地学习和掌握矩阵的运算，下面对数字的基本知识作简单的介绍.

对于简单的数字运算，可以直接在命令窗口中以平常惯用的形式输入，如计算 2 和 3 的乘积再加 3 时，可以直接输入：

```
>> 3+2*3
ans =
9
```

这里“ans”是指当前的计算结果，若计算时用户没有对表达式设定变量，系统就自动赋当前结果给“ans”变量. 用户也可以输入：

```
>> a=3+2*3
a =
9
```

此时系统自动把计算结果赋给指定的变量“a”了.

MATLAB 语言中数值有多种显示格式，在缺省情况下，若数据为整数，则就以整数表示；若数据为实数，则以保留小数点后 4 位的精度近似表示. MATLAB 语言提供了 10 种数据显示格式，表 3.4 所示为常用的几种格式.

表 3.4 常用数据显示格式

数据类型	显示格式
short	小数点后 4 位(系统默认值)
long	小数点后 14 位
short e	5 位指数形式
long e	15 位指数形式

MATLAB 语言还具有复数的表达和运算功能. 在 MATLAB 语言中，复数的基本单位表示为 i 或 j. 在表达简单数值时虚部的数值与 i, j 之间可以不使用乘号，但是如果是表达式，则必须使用乘号以识别虚部符号.

3. 字符串

在 MATLAB 中，字符串和字符数组基本上是等价的. 所有的字符串都可以用单引号进行输入或赋值，也可以用函数 char 来生成. 字符串的每个字符(包括空格)都是字符数组的一个元素.

例 3.3

```
>>str='matlab mathsworks'
 str =
matlab mathsworks
>>size(str)                    % size 查看数组的维数
ans =
```

```
1 17
```

另外，由于 MATLAB 对字符串的操作与 C 语言几乎完全相同，这里不再赘述.

3.2.2 矩阵的生成

矩阵是 MATLAB 数据存储的基本单元，矩阵的运算是 MATLAB 语言的核心，在 MATLAB 语言中几乎一切运算均是以对矩阵的操作为基础的.

1. 直接输入

从键盘上直接输入矩阵是最方便、最常用的创建数值矩阵的方法，尤其适合较小的简单矩阵. 在用此方法创建矩阵时，应当注意以下几点：

(1) 输入矩阵时要以“[ ]”为其标识符号，矩阵的所有元素必须都在括号内.

(2) 矩阵同行元素之间由空格或逗号分隔，行与行之间用分号或回车键分隔.

(3) 矩阵大小不需要预先定义.

(4) 矩阵元素可以是运算表达式.

(5) 若“[ ]”中无元素表示空矩阵.

另外，在 MATLAB 语言中冒号的作用是最为丰富的. 首先，可以用冒号来定义行向量.

例 3.4

```
>> a=1:0.5:4
a=
  Columns 1 through 7
    1  1.5  2  2.5  3  3.5  4
```

其次，通过使用冒号，可以截取指定矩阵中的部分.

例 3.5

```
>> A=[1 2 3;4 5 6;7 8 9]

A=
  1  2  3
  4  5  6
  7  8  9
>> B=A(1:2, :)
B=
  1  2  3
  4  5  6
```

通过上例可以看到 B 是由矩阵 A 的 1 到 2 行和相应的所有列的元素构成的一个新的矩阵. 在这里，冒号代替了矩阵 A 的所有列.

2. 外部文件读入

MATLAB 语言允许用户调用在 MATLAB 环境之外定义的矩阵. 可以利用任意的文本编辑器编辑所要使用的矩阵，矩阵元素之间以特定分隔符分开，并按行列布置. 调用外部矩阵时，可以利用 load 函数，其调用格式为：load + 文件名[参数]；也可利用 xlsread 函数从 Excel 中读取数据，其调用格式为：xlsread('文件名.xlsx').

load 函数将会从文件名所指定的文件中读取数据，并将输入的数据赋给以文件名命名的变量，如果该文件在 MATLAB 搜索路径中不存在，系统将会报错.

例 3.6 事先在记事本中建立文件，以“data1.txt”保存：

```
1 1 1
1 2 3
1 3 6
```

在 MATLAB 命令窗口中输入：

```
>>load  data1.txt
>> data1
  data1 =
      1  1  1
      1  2  3
      1  3  6
```

3. 特殊矩阵的生成

对于一些比较特殊的矩阵(单位阵、含 1 或 0 较多的矩阵)，由于其具有特殊的结构，MATLAB 提供了一些函数用于生成这些矩阵，常用的如表 3.5 所示.

表 3.5 常用矩阵生成函数

函数	功能
zeros(m)	生成 m 阶全 0 矩阵
eye(m)	生成 m 阶单位矩阵
ones(m)	生成 m 阶全 1 矩阵
rand(m)	生成 m 阶[0,1]均匀分布的随机阵
randn(m)	生成 m 阶标准正态分布的随机矩阵

例 3.7 建立随机矩阵：

(1) 在区间[10,50]内均匀分布的 6 阶随机矩阵.

(2) 均值为 6、方差为 2 的 8 阶正态分布随机矩阵.

命令如下：

```
x = 10 + (50 - 10) * rand(6)
y = 6 + sqrt(2) * randn(8)
```

3.2.3 矩阵的基本数学运算

矩阵的基本数学运算包括矩阵的四则运算、与常数的运算、逆运算、行列式运算、秩运算、特征值运算等.

1. 四则运算

矩阵的加、减、乘运算符分别为“+”“-”“*”，用法与数字运算几乎相同，但计算时要满足其数学要求(如：同型矩阵才可以加减).

在 MATLAB 中矩阵的除法有两种形式：左除“\”和右除“/”. 为了方便记忆对哪个矩阵

进行逆运算，规律如下：在可逆形式下转换成逆矩阵时，右除对右边矩阵逆，左除对左边矩阵逆. 如：

(1) C/B=C＊(inv(B))　　(C右除B=C乘以B的逆)

(2) A\C=inv(A)＊C　　(A左除C=A的逆乘以C)

在传统的MATLAB算法中，右除是先计算矩阵的逆再相乘，而左除则不需要计算逆矩阵直接进行除运算. 通常右除要快一点，但左除可避免被除矩阵的奇异性所带来的麻烦.

2. 与常数的运算

常数与矩阵的运算即是同该矩阵的每一元素进行运算. 但进行数除时，常数通常只能做除数.

3. 基本函数运算

函数矩阵的函数运算是矩阵运算中最实用的部分，常用的如表3.6所示.

表3.6　常用矩阵函数运算

函数	功能
det(a)	求矩阵a的行列式
eig(a)	求矩阵a的特征值
inv(a)或a^(-1)	求矩阵a的逆矩阵
rank(a)	求矩阵a的秩
trace(a)	求矩阵a的迹(对角线元素之和)

例3.8

```
>> a=[2 1 -3 -1;3 1 0 7;-1 2 4 -2;1 0 -1 5];
>> a1=det(a);
>> a2=det(inv(a));
>> a1*a2
ans=
1
```

注意：命令行后加“;”表示该命令执行但不显示执行结果.

3.2.4　矩阵的数组运算

矩阵对应元素之间的运算称之为数组运算. MATLAB的意思是“矩阵实验室”，它提供了许多创建向量、矩阵和多维数组的便捷方式. 在MATLAB语言中，一个向量(vector)指的是一维($1\times N$或$N\times 1$)矩阵，在其他语言中通常被叫作数组(array). 矩阵(matrix)通常指的是二维数组，例如$m\times n$数组中m和n大于或等于1. 多维数组通常指的是维数大于2的数组.

需要注意的是，虽然MATLAB用C语言编写，但是在矩阵存储方式上却和FORTRAN保持一致，两者使用的均为列优先存储，而非行优先存储. 以一个定义为M的3×3矩阵为例：列优先存储指的是MATLAB先保存第一列的元素，然后保存第二列的元素，最后保存第三列的元素，从而这9个矩阵元素在MATLAB中的排序是从1到9. 在调用矩阵元素时，$M(2)$指的是第一列的第二个元素，$M(6)$指的是第二列第三个元素，当然这两个元素也可以用二维的方式调用，$M(2)$对应 $M(1,2)$，$M(6)$对应 $M(2,3)$. 行优先存储则刚好相反，先保存第一行的元素，再保存第二行和第三行的元素.

1. 基本数学运算

数组的加、减与矩阵的加、减运算完全相同，而乘除法运算与其有相当大的区别，数组的乘除运算是指两同维数组对应元素之间的乘除运算，它们的运算符为“.*”和“./”(或“.\”). 前面讲过常数与矩阵的除法运算中常数只能做除数. 在数组运算中有“对应关系”的规定，数组与常数之间的除法运算没有任何限制.

另外，矩阵的数组运算中还有幂运算(运算符为“.^”)、指数运算(exp)、对数运算(lg)和开方运算(sqrt)等. 有了“对应元素”的规定，数组的运算实质上就是针对数组内部的每个元素进行的.

例 3.9

```
>> a=[2  1  -3  -1; 3  1  0  7; -1  2  4  -2; 1  0  -1  5];
>> a^3
ans=
 32   -28   -101   34
 99   -12   -151   239
 -1    49    93     8
 51   -17   -98    139
>> a.^3
ans=
  8   1   -27   -1
 27   1    0    343
 -1   8    64   -8
  1   0   -1    125
```

例 3.10　建立 7×5 矩阵 A，然后将 A 的第一行元素乘以 1，第二行乘以 2，…，第 7 行乘以 7. 命令如下：

```
A=rand(7,5);
D=diag(1:7);
D*A
```

2. 逻辑关系运算

逻辑运算是 MATLAB 中数组运算所特有的一种运算形式，常用的运算符如表 3.7 所示.

注意：

(1) 比较的双方为同维数组，结果也是同维数组. 当比较双方对应位置上的元素值满足比较关系时，结果的对应值为 1，否则为 0.

(2) 当比较的双方中一方为常数，另一方为一数组时，结果与数组同维.

(3) 优先级先后为：比较运算、算术运算、逻辑与或非运算.

表 3.7 MATLAB常用逻辑运算

符号运算符	功能	函数名
==	等于	eq
~=	不等于	ne
<	小于	lt
>	大于	gt
<=	小于等于	le
>=	大于等于	ge
&	逻辑与	and
|	逻辑或	or
~	逻辑非	not

例 3.11

```
>>a=[1  2  3; 4  5  6; 7  8  9];
>> x=5;
>> y=ones(3)*5;
>>xa=x<=a
xa=
0  0  0
0  1  1
1  1  1
>> b=[0  1  0; 1  0  1; 0  0  1];
>> ab=a & b
ab=
0  1  0
1  0  1
0  0  1
```

例 3.12 产生10阶随机方阵 A,其元素为[20,100]区间的随机整数,然后判断 A 的元素是否能被7整除.

(1) 生成10阶随机方阵 A,命令如下:

```
A=fix((100-20+1)*rand(10)+20)
```

(2) 判断 A 的元素是否可以被7整除,命令如下:

```
P=rem(A,7)==0
```

例 3.13 建立矩阵 A,然后找出大于5的元素的位置.

(1) 建立矩阵 A,命令如下:

```
A=[4,-65,-54,0,6;56,0,67,-45,0]
```

(2) 找出大于5的元素的位置,命令如下:

```
find(A>5)
```

3．矩阵中元素的操作

对矩阵中元素的操作及命令如下：

(1) 提取矩阵 A 的第 r 行：A(r,:).

(2) 提取矩阵 A 的第 r 列：A(:,r).

(3) 依次提取矩阵 A 的每一列，将 A 拉伸为一个列向量：A(:).

(4) 提取矩阵 A 的第 $i1$～$i2$ 行、第 $j1$～$j2$ 列构成新矩阵：A(i1:i2, j1:j2).

(5) 以逆序提取矩阵 A 的第 $i1$～$i2$ 行，构成新矩阵：A(i2:-1:i1,:).

(6) 以逆序提取矩阵 A 的第 $j1$～$j2$ 列，构成新矩阵：A(:,j2:-1:j1).

(7) 删除 A 的第 $i1$～$i2$ 行，构成新矩阵：A(i1:i2,:)=[].

(8) 删除 A 的第 $j1$～$j2$ 列，构成新矩阵：A(:,j1:j2)=[].

(9) 将矩阵 A 和 B 拼接成新矩阵：[A B];[A;B].

例 3.14 已知矩阵 A=[1 1 2;3 5 8;13 21 34]，分别对矩阵 A 作如下操作.

(1) 提取矩阵 A 的第 1 行，得矩阵 $A1$.

(2) 提取矩阵 A 的第 3 列，得矩阵 $A2$.

(3) 依次提取矩阵 A 的每一列，将 A 拉伸为一个列向量 $A3$.

(4) 提取矩阵 A 的第 1～2 行、第 1～3 列构成新矩阵 $A4$.

(5) 以逆序提取矩阵 A 的第 1～2 行，构成新矩阵 $A5$.

(6) 以逆序提取矩阵 A 的第 2～3 列，构成新矩阵 $A6$.

(7) 删除 A 的第 1～2 行，构成新矩阵 $A7$.

(8) 删除 A 的第 1～2 列，构成新矩阵 $A8$.

(9) 将矩阵 A 分别与 $A1$、$A2$ 拼接成新矩阵 $A9$ 和 $A10$.

命令如下：

```
clear
A=[1 1 2;3 5 8;13 21 34]
A1=A(1,:)
A2=A(:,3)
A3=A(:)
A4=A(1:2,1:3)
A5=A(2:-1:1,:)
A6=A(:,3:-1:2)
A7=A;
A7(1:2,:)=[]
A8=A;
A8(:,1:2)=[]
A9=[A;A1]
A10=[A;A2]
```

例 3.15 建立一个随机字符串向量，然后对该向量作如下处理：

(1) 取第 1～9 个字符组成子字符串.

(2) 将字符串倒过来重新排列.

(3) 将字符串中的小写字母变成相应的大写字母，其余字符不变.

(4) 统计字符串中小写字母的个数.

命令如下:

```
ch0 = char([(0:9) + '0 '(0:60) + 'A '])
ch = ch0(floor(rand(1,20) * 20) + 1)
subch = ch(1:9)                          %取子字符串
revch = ch(end: - 1:1)                   %将字符串倒排
k = find(ch> = 'a '&ch< = 'z ');         %找小写字母的位置
ch(k) = ch(k) - ('a ' - 'A ');           %将小写字母变成相应的大写字母
char(ch)
length(k)                                %统计小写字母的个数
```

3.3　MATLAB 图形功能

MATLAB 有很强的图形功能,可以方便地实现数据的视觉化.

3.3.1　二维图形的绘制

1. 绘图命令 plot

MATLAB 中常用的绘图命令是 plot.例如描绘一个在[-4,4]区间内的正弦函数,命令如下,绘制结果如图 3.3 所示.

```
>> x = -4:0.05:4;
>> y = sin (x);
>> plot(x,y)
```

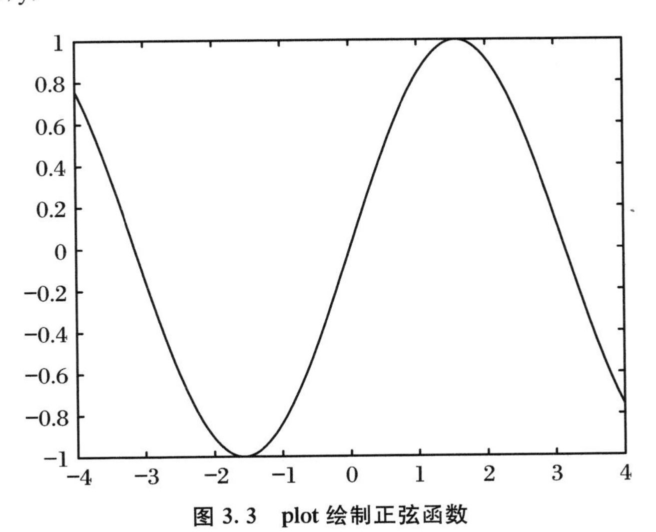

图 3.3　plot 绘制正弦函数

2. 曲线的线型和颜色设置

MATLAB 曲线的线型和颜色有许多选择，设置的方法是在每一对数组后加一个字符串参数，如表 3.8 所示.

表 3.8　图形设置选项

选项	说明	选项	说明
-	实线	y	黄色
:	点线	r	红色
-.	点画线	g	绿色
..	虚线	k	黑色
o	圆号	+	十字号
*	*号	d	菱形

例 3.16

```
≫ x=0:pi/15:2*pi;
≫ y1=sin(x);   y2=cos(x);
≫ plot(x,y1,'b:+',x,y2,'g-.*')
```

运行程序，得到图形如图 3.4 所示.

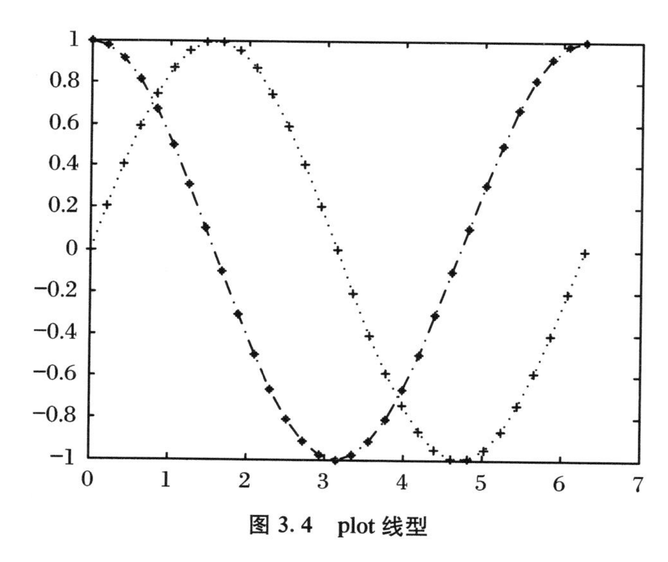

图 3.4　plot 线型

3. 多个图形的绘制

利用 plot 命令也可以在同一幅图中绘制多个函数图形.

例 3.17　运行以下程序，得到图形如图 3.5 所示.

```
≫ x=0:.01:2*pi;
≫ y1=sin(x);
≫ y2=sin(2*x);
≫ y3=sin(4*x);
≫plot(x, y1, x, y2,'-.',x,y3,'--')
```

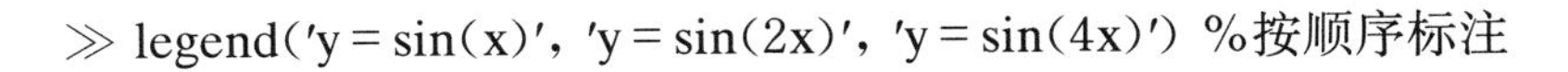

≫ legend('y = sin(x)', 'y = sin(2x)', 'y = sin(4x)') %按顺序标注

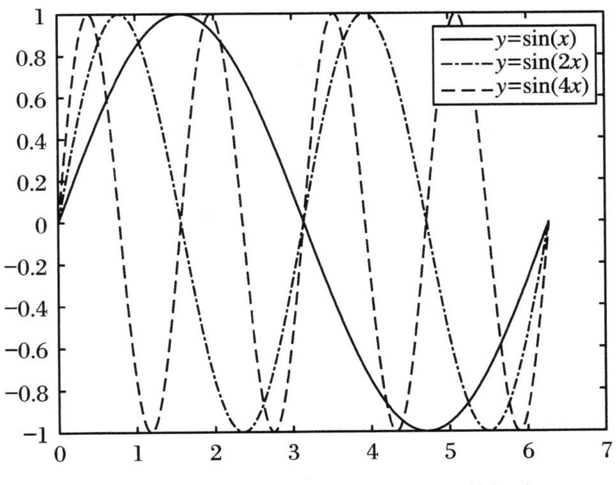

图 3.5　使用 plot 绘制多个函数图形并标注

描绘多个函数图形的另一种方法是利用 hold 命令. 在已经画好的图形上，若设置 hold on，MATLAB 将把新的 plot 命令产生的图形画在原来的图形上，而命令 hold off 将结束这个过程.

例 3.18

```
≫ x = linspace(0,2 * pi,30);    y = sin(x);    plot(x,y)
```

然后用下述命令增加 cos(x)的图形，可得到图 3.6.

```
≫ hold on
≫ z = cos(x);    plot(x,z,'− −')
≫ hold off
```

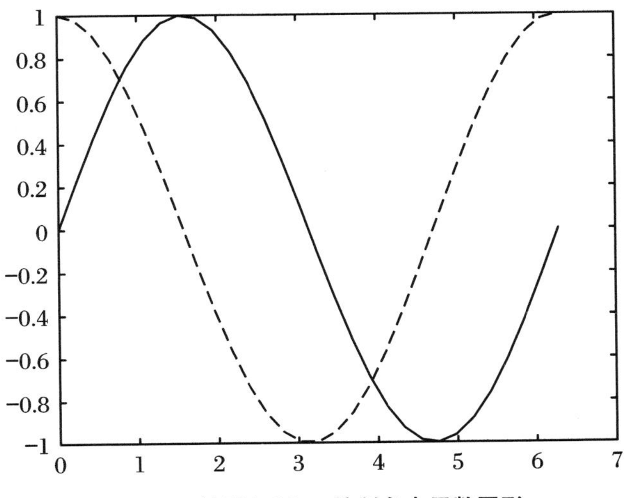

图 3.6　使用 hold on 绘制多个函数图形

4. 散点图的绘制

MATLAB 中绘制散点图的命令是

scatter(x,y,s,c)

其中 x,y 分别表示散点图的横坐标和纵坐标数据;s 表示散点的大小,默认为 50;c 表示所画图的颜色.

例 3.19 绘制正弦函数散点图,命令如下:

```
≫ x=0:0.05:2*pi;
≫ scatter(x,sin(x),20,'r')
```

运行得到图形如图 3.7 所示.

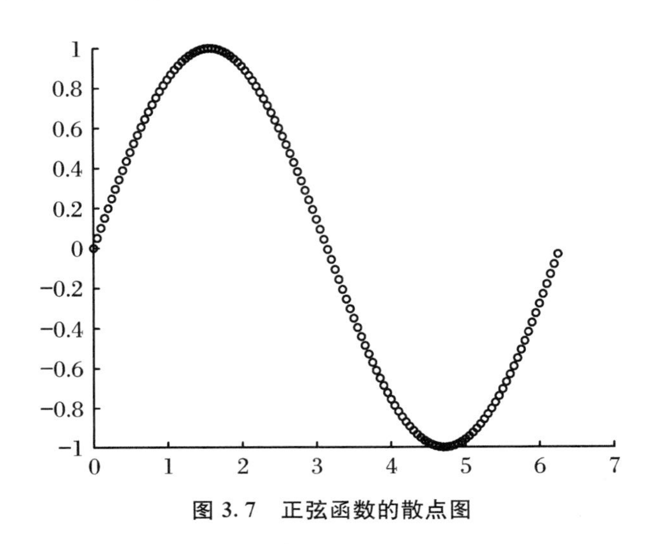

图 3.7 正弦函数的散点图

3.3.2 三维图形的绘制

1. 三维曲线

plot3 命令将绘制二维图形的函数 plot 的特性扩展到了三维空间. 函数格式除了包括第三维的信息(比如 Z 方向)之外,与二维函数 plot 相同. plot3 的一般调用格式是 plot3(x1,y1,z1,S1,x2,y2,z2,S2,…),这里 xn,yn 和 zn 是向量或矩阵,Sn 是可选的字符串,用来指定颜色、标记符号和线形. plot3 可用来画一个单变量的三维函数.

例 3.20 绘制三维螺旋图.

将 t 定义为由介于 0 和 10π 之间的值组成的向量. 将 st 和 ct 定义为正弦和余弦值向量. 然后绘制 st、ct 和 t. 命令如下:

```
≫t=0:pi/50:10*pi;
≫st=sin(t);
≫ct=cos(t);
≫plot3(st,ct,t)
```

运行后,所得图形如图 3.8 所示.

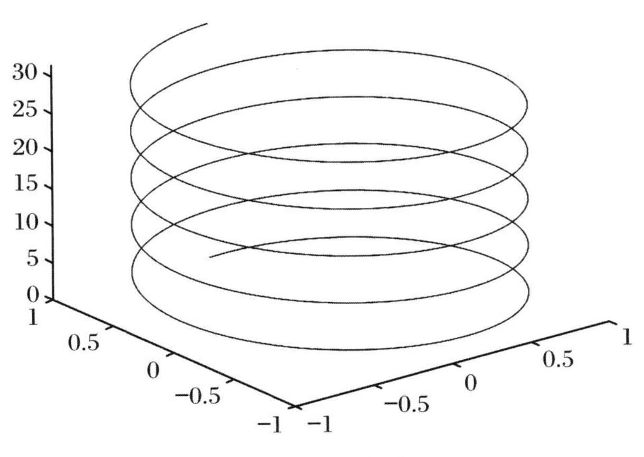

图 3.8 三维螺旋图

例 3.21 绘制多条球面曲线.

创建包含三行 x 坐标的矩阵 X,创建包含三行 y 坐标的矩阵 Y,命令如下:

```
≫t=0:pi/500:pi;
≫X(1,:)=sin(t).*cos(10*t);
≫X(2,:)=sin(t).*cos(12*t);
≫X(3,:)=sin(t).*cos(20*t);
≫Y(1,:)=sin(t).*sin(10*t);
≫Y(2,:)=sin(t).*sin(12*t);
≫Y(3,:)=sin(t).*sin(20*t);
```

创建矩阵 Z,其中包含所有三组坐标的 z 坐标,命令如下:

```
≫Z=cos(t);
```

在同一组坐标轴上绘制所有三组坐标,命令如下:

```
≫plot3(X,Y,Z)
```

运行后,所得图形如图 3.9 所示.

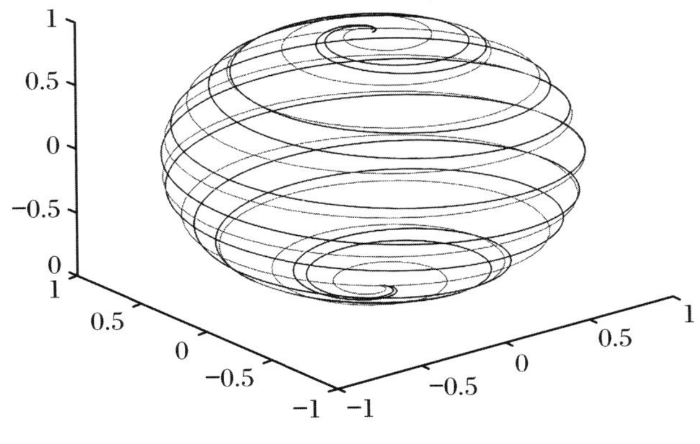

图 3.9 球面曲线

2．三维曲面

例 3.22 作曲面 $z=\dfrac{\sin\sqrt{x^2+y^2}}{\sqrt{x^2+y^2}}$（$-7.5\leqslant x\leqslant 7.5$，$-7.5\leqslant y\leqslant 7.5$）的图形.

```
≫ x = -7.5:0.5:7.5;
≫ y = x;
≫ [X,Y] = meshgrid(x,y);              %3 维图形的 X,Y 数组
≫ R = sqrt(X.^2 + Y.^2) + eps;        %加 eps 是防止出现 0/0
≫ Z = sin(R)./R;
≫ mesh(X,Y,Z)                         %mesh 命令也可以改为 surf
```

运行后，得到图形如图 3.10 所示.

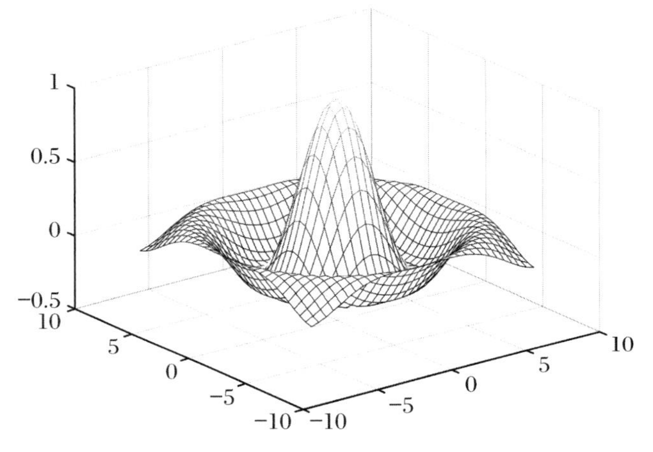

图 3.10 三维曲面

例 3.23 绘制圆锥曲线.

(1) 画出锥面，命令如下：

```
≫r = 0:0.5:8;
≫a = 0:(2 * pi)/50:2 * pi;
≫[rr,aa] = meshgrid(r,a);
≫xx = rr. * cos(aa);
≫yy = rr. * sin(aa);
≫zz = sqrt(xx.^2 + yy.^2);
≫mesh(xx,yy,zz);
≫hold on
≫mesh(xx,yy,-zz);
```

(2) 画截面，命令如下：

```
≫x = -8:0.5:8;
≫y = x;
≫[xx,yy] = meshgrid(x,y);
≫zz = yy/2 + 2;
≫mesh(xx,yy,zz);
```

```
>>zz=yy+4;
>>mesh(xx,yy,zz);
>>x=-12:0.5:12;
>>y=x;
>>[xx,yy]=meshgrid(x,y);
>>yy(:)=-4;
>>mesh(xx,yy,xx');
```

(3) 画截线,命令如下:

```
>>a=0:(2*pi)/200:2*pi;
>>x=4*cos(a)/sqrt(3);
>>y=sin(a)*8/3+4/3;
>>z=y/2+2;
>>plot3(x,y,z,'LineWidth',2.5,'Color',[0 0 0])
>>x=-8:0.5:8;
>>y=x.^2/8-2;
>>z=y+4;
>>plot3(x,y,z,'LineWidth',2.5,'Color',[0 0 1])
>>x=-8:0.5:8;
>>z=sqrt(x.^2+16);
>>y=x;
>>y(:)=-4;
>>plot3(x,y,z,'LineWidth',2.5,'Color',[0 1 0])
>>plot3(x,y,-z,'LineWidth',2.5,'Color',[0 1 0])
>>axis equal
>>axis off
>>hidden off              %取消消影
>>hold off
```

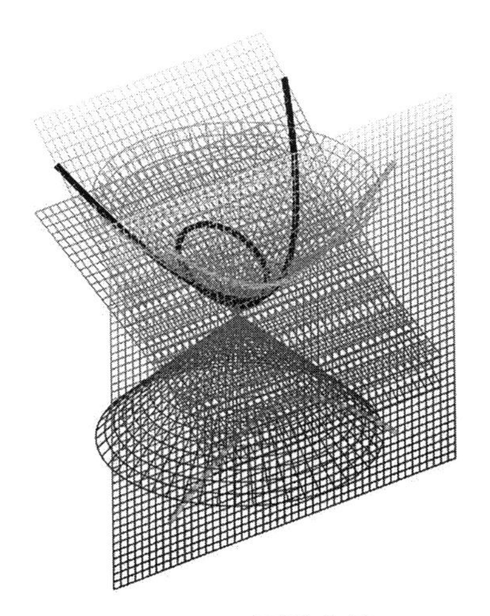

图3.11　圆锥曲线

例 3.24 使用[x,y,z]=sphere(n)画球,其中 n 默认值为 20.命令如下:

```
≫ [a,b,c]=sphere(40);
≫ surf(a,b,c)
≫ axis('equal');
≫ axis('square');
```

运行后,所得图形如图 3.12 所示.

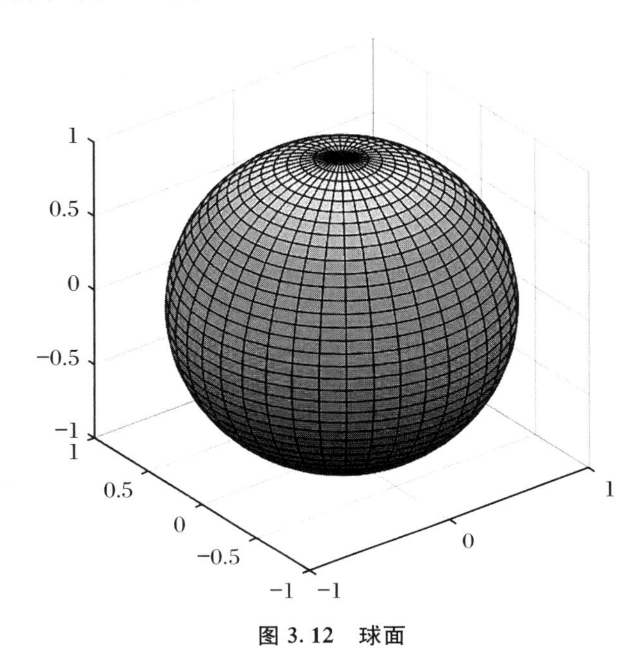

图 3.12 球面

例 3.25 使用[x,y,z]=cylinder(R,N)绘制旋转曲面,其中 R 为母线向量,N 为旋转一周的分格数.命令如下:

```
≫ x=0:pi/20:pi*3;
≫ r=5+cos(x);
≫ [a,b,c]=cylinder(r,30);
≫ mesh(a,b,c)
```

运行后,得到图形如图 3.13 所示.

例 3.26 绘制异形曲面,命令如下:

```
≫ t=linspace(0, 2*pi, 512);
≫ [u,v]=meshgrid (t);
≫ a=-0.4; b=.5; c=.1;
≫ n=3;
≫ x=(a*(1-v/(2*pi)) .*(1+cos(u))+c) .* cos(n*v);
≫ y=(a*(1-v/(2*pi)) .*(1+cos(u))+c) .* sin(n*v);
≫ z=b*v/(2*pi)+a*(1-v/(2*pi)) .* sin (u);
≫ surf(x,y,z,y)
≫ axis off
```

```
≫ axis equal
≫ colormap(hsv(1024))
≫ shadinginterp
≫ material shiny
≫ lightingphong
≫ camlight('left', 'infinite')
≫ view([-160 25])
```

运行后,得到图形如图 3.14 所示.

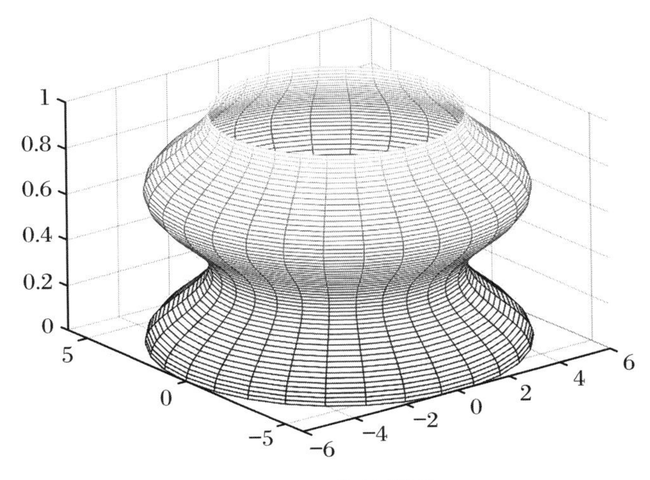

图 3.13　旋转曲面

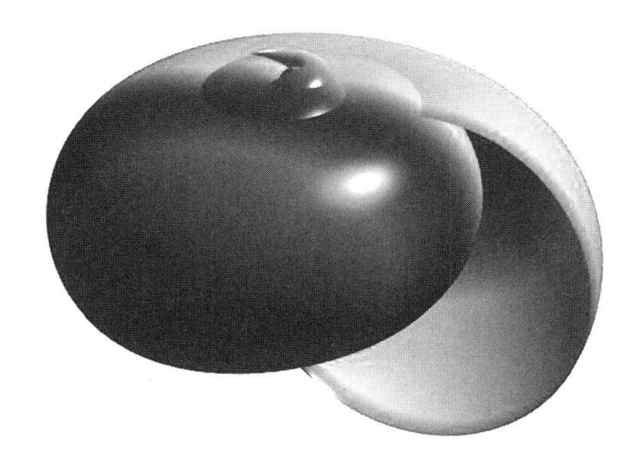
图 3.14　异形曲面

3.3.3　多幅图形

用 subplot(m,n,p)命令可以在同一个画面上建立几个坐标系,把一个画面分成 $m \times n$ 个图形区域,在每个区域中可以分别画一个图形,p 代表当前的区域号.如:

```
≫ x = linspace(0,2 * pi,30);   y = sin(x);   z = cos(x);
≫ u = 2 * sin(x). * cos(x);   v = sin(x)./cos(x);
```

```
≫ subplot(2,2,1),plot(x,y),axis([0 2*pi - 1 1]),...
title('sin(x)')
≫ subplot(2,2,2),plot(x,z),axis([0 2*pi - 1 1]),...
title('cos(x)')
≫ subplot(2,2,3),plot(x,u),axis([0 2*pi - 1 1]),....
title('2sin(x)cos(x)')
≫ subplot(2,2,4),plot(x,v),axis([0 2*pi - 20 20]),...
title('sin(x)/cos(x)')
```

运行后,所得图形如图 3.15 所示.

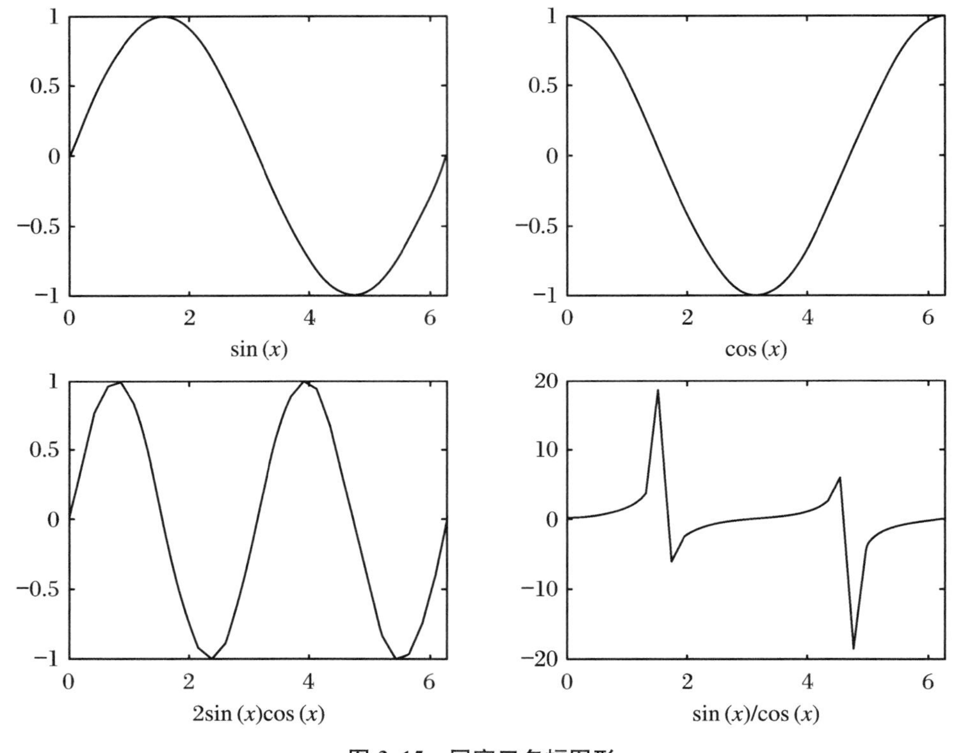

图 3.15 同窗口多幅图形

3.4 MATLAB 程序设计及应用

3.4.1 MATLAB 程序设计

MATLAB 作为高级语言,它不仅可以以交互式的命令行的方式工作,还可以像 BASIC、FORTRAN、C 等其他高级计算机语言一样进行控制流的程序设计,执行存储在文件中的一系列语句. 此类文件被称为 M 文件,因为它们的文件名必须具有".m"扩展名.

1. M文件的类型

M文件有两种类型:脚本文件和函数文件.

(1) 脚本文件.脚本文件由一系列常规MATLAB语句组成.如果脚本文件被命名为"rotate.m",则在MATLAB中输入命令"rotate"会使文件中的语句被执行.脚本文件中的变量是全局变量,执行脚本文件后,当前MATLAB会话环境中的同名变量的值将被更改.脚本文件通常用于将数据输入大型矩阵.在这样的文件中,可以很容易地编辑出输入错误.例如,如果输入一个磁盘文件data.m:

```
A=[1  2  3  4  5  6  7  8];
```

然后MATLAB语句data将导致执行data.m中给定的赋值.一个M文件也可以引用其他M文件,包括递归引用自己.

(2) 函数文件.函数文件扩展MATLAB的功能,可以创建针对具体的问题的新函数,这些新函数的状态与其他MATLAB函数相同.默认情况下,函数文件中的变量是局部变量,可以根据需要将变量声明为全局变量.下面用一个函数文件的简单例子来说明:

```
functiony=randint(m,n)
%randint 随机生成的整数矩阵
%randint(m,n)返回一个m×n的矩阵,元素为0到9之间的随机整数
y=floor(10 * rand(m,n));
```

该函数的更通用版本如下:

```
function y=randint(m,n,a,b)
%randint 随机生成的整数矩阵
%randint(m,n)返回一个m×n的矩阵,元素为0到9之间的随机整数
%randint(m,n,a,b)返回一个m×n的矩阵,元素为a到b之间的随机整数
ifnargin<3, a=0; b=9; end
y=floor((b-a+1) * rand(m,n))+a;
```

以上代码应该保存在文件名为"randint.m"的文件中(对应于函数名称).第一行用于声明函数名称,输入自变量和输出自变量,没有这一行,该文件将是脚本文件.在MATLAB中输入指令"z=randint(4,5)",将把4和5传递给函数文件中的变量m和n,输出结果传递给变量z.由于函数文件中的变量是局部变量,因此它们的名称与当前MATLAB环境中的变量无关.

请注意,使用nargin(输入参数数量)可以设置省略的输入变量的默认值,例如上面给出的示例中的a和b.

一个函数可能还具有多个输出参数.例如:

```
function [mean,stdev]=stat(x)
[m n]=size(x);
if m= =1
   m=n;  % handle case of a row vector
end
mean=sum(x)/m;
stdev=sqrt(sum(x.^2)/m-mean.^2);
```

将其保存在文件stat.m中后,MATLAB命令[xm,xd]=stat(x)可分别将向量x中元

素的平均值和标准差分配给 xm 和 xd. 另外,也可以使用具有多个输出参数的函数进行单个分配. 例如,xm = stat(x)会将 x 的平均值分配给 xm.

%符号表示该行的其余部分为注释,MATLAB 将忽略该行的其余部分. 但是,在线帮助工具可以使用 M 文件的前几条注释行,并且这些注释行将在例如输入帮助统计信息的情况下显示.

MATLAB 的某些功能是内置的,而其他功能则作为 M 文件分发. 使用 MATLAB 命令 type functionname 可以查看任何 M 文件的实际列表,可尝试输入"type eig""type sin"和"type var"查看结果.

2. 循环与分支语句

像大多数计算机语言一样,MATLAB 提供了各种各样的控制语句,如 for、while 和 if.

(1) for 语句

例如,对于一个给定的 n,输入以下命令:

```
x=[]; fori=1:n, x=[x,i^2], end
```

或

```
x=[];
for i=1:n
  x=[x,i^2]
end
```

会产生一个 n 维行向量. 输入以下命令:

```
x=[]; fori=n:-1:1, x=[x,i^2], end
```

将产生具有相反顺序的向量. 注意,矩阵也可以是空的(如语句"x=[]").

例 3.27 将 $m\times n$ 希尔伯特矩阵显示在屏幕上. 代码如下:

```
for i=1:m
  for j=1:n
    H(i,j)=1/(i+j-1);
  end
end
H
```

以";"结束的语句,声明不需要输出不必要的中间结果,最后 H 用于显示最后的结果.

(2) while 语句

while 循环的一般形式如下:

```
while relation
  statements
end
```

只要条件 relation 为真,语句 statements 就会一直执行. 比如,给定数值 a,下面的循环会给出满足 $2^n>a$ 的最小自然数.

```
n=0;
while 2^n <=a
  n=n+1;
end
```

```
n
```

(3) if 语句

if 语句的一般形式如下:

```
if relation
  statements
end
```

语句 statements 仅会在条件 relation 为真的情况下执行. if 语句也可以进行多重条件嵌套,比如:

```
if n < 0
  parity = 0;
elseif rem(n,2) = = 0
  parity = 2;
else
  parity = 1
end
```

例 3.28 绘制旋转双曲面及其直纹线簇,代码如下:

```
function [] = DrawHyperSurf(H,R,e,m,n,lcolor)
% 绘制旋转双曲面及其直纹线簇
% H 为双曲面上下底面之间的高,R 为上下底面的半径
% e 为母线双曲线的离心率,最小值由公式 sqrt(1 + H^2/R^2/4)确定
emin = sqrt(1 + H^2/R^2/4);
if nargin < 3
  e = emin * 1.25; m = 20; n = 40; lcolor = rand(1,3);
elseifnargin < 4
  m = 20; n = 40;lcolor = rand(1,3);
elseifnargin < 5
  n = 40;lcolor = rand(1,3);
elseifnargin < 6
  lcolor = rand(1,3);
end
if e <emin
  error(['The eccentricity must be greater than 'sprintf('%0.8g',emin)....
  'accroding to the input H and R! ']);
end

a2 = R^2 - H^2/(e^2 - 1)/4;
b2 = (e^2 - 1) * a2;
a = sqrt(a2);
[X,Y] = cylinder(linspace(a,R * 5/4,n));
theta = linspace(0,2 * pi,n);
```

```
dtheta = 2 * acos(a/R);
alpha = linspace(0,2 * pi,m);

hold on
Z = abs(sqrt(((X.^2 + Y.^2)/a2 - 1) * b2));
surf(X,Y,Z);
surf(X,Y, - Z);
shadinginterp
x = R * cos(theta);
y = R * sin(theta);
plot3([x ',x '],[y ',y '],[H/2 * ones(n,1), - H/2 * ones(n,1)],'LineWidth ',2,'
Color ',lcolor);
u = rem(2 * pi,dtheta);
x1 = R * cos(alpha);
y1 = R * sin(alpha);
x2 = R * cos(alpha + u/2);
y2 = R * sin(alpha + u/2);
xp = R * cos(alpha + dtheta);
yp = R * sin(alpha + dtheta);
xb = R * cos(alpha - dtheta + u/2);
yb = R * sin(alpha - dtheta + u/2);
z = H * ones(1,m)/2;
plot3([x1;xp],[y1;yp],[z; - z],'LineWidth ',2,'Color ',lcolor);
plot3([xb;x2],[yb;y2],[ - z;z],'LineWidth ',2,'Color ',lcolor);
axis equal
view([20 45])
hold off
```

在命令窗口输入以下命令,即可得到图 3.16.

```
DrawHyperSurf(30,18)
```

3. 递归函数

MATLAB 支持递归函数调用,具体来说就是在一个函数模块里,通过调用自己直到停止条件来实现本身.比如下面实现阶乘计算的例子:

```
function f = factor(n)   % function 输出形参表 = 函数名(输入形参表)
if n<=1   % 停止递归函数调用条件
  f = 1;
else
  f = n * factor(n - 1);
end
```

递归函数可以简化一些程序设计难度,如下例.

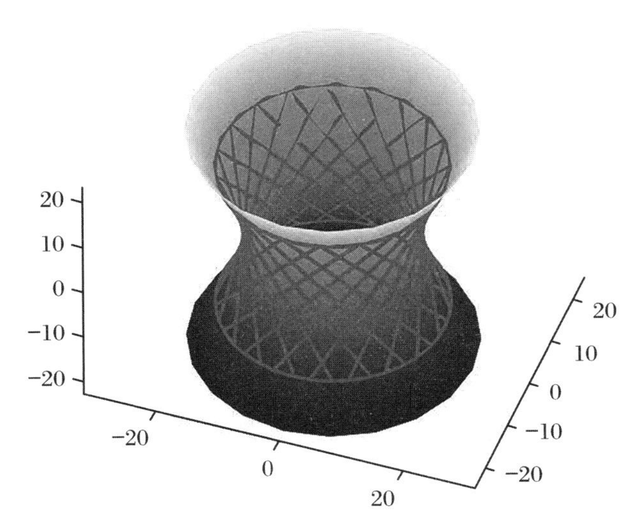

图3.16　旋转双曲面及其直纹线簇

例3.29　绘制 Pythagoras 树(勾股树),代码如下:

```
function[] = DrawPythagorasTree(XY,alpha,beta,theta,n,color,r)
%画出 Pythagoras 树(勾股树)
%XY 给出初始的正方形位置,alpha 为直角三角形的锐角
%theta 为倾斜角,n 为迭代深度
if nargin < 6
  color = rand(1,4);
  r = 0;
elseif nargin < 7
  r = 0;
end
if n < 1
  return
elseif n > 20
  error('Reduce deepth should not be more than 20! ')
end
x1 = XY(1,1);   y1 = XY(2,1);
x2 = XY(1,2);   y2 = XY(2,2);
x3 = XY(1,3);   y3 = XY(2,3);
x4 = x3 + x2 - x1; y4 = y3 + y2 - y1;
%beta = pi/2 - alpha;
theta1 = theta + alpha;
theta2 = theta - beta;
L = sqrt((x2 - x1)^2 + (y2 - y1)^2);
R2 = L/sin(alpha + beta);
L1 = R2 * sin(beta);
```

```
L2 = R2 * sin(alpha);

x5 = x3 + L1 * cos(theta1);
y5 = y3 + L1 * sin(theta1);
x6 = x3 + L1 * cos(theta1 + pi/2);
y6 = y3 + L1 * sin(theta1 + pi/2);
x7 = x5 + L2 * cos(theta2 + pi/2);
y7 = y5 + L2 * sin(theta2 + pi/2);
patch([x1 x2 x4 x3],[y1 y2 y4 y3],color);

DrawPythagorasTree([x3 x5 x6;y3 y5 y6],alpha - r,beta - r,theta1,n - 1,
color,r)
DrawPythagorasTree([x5 x4 x7;y5 y4 y7],alpha - r,beta - r,theta2,n - 1,
color,r)
```

在命令窗口输入以下命令,即可得到图 3.17.

```
DrawPythagorasTree([0 1 0;0 0 1],pi/6,pi/3,0,10)
axis equal
```

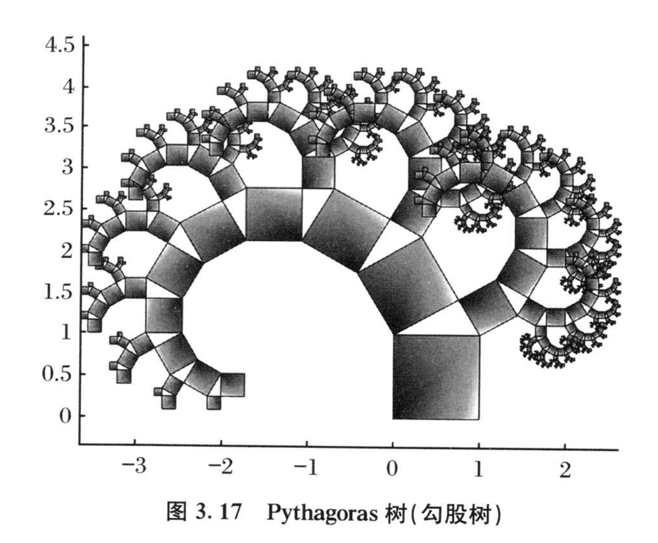

图 3.17 Pythagoras 树(勾股树)

3.4.2 MATLAB 符号计算

MATLAB 常用符号计算包括:微积分、线性代数、代数和微分方程组、函数变换.

在 MATLAB 中,创建符号变量进行符号计算的关键函数是 sym 或 syms(用于创建多个符号).

例 3.30 2 的平方根的浮点计算和符号计算:

```
≫sqrt(2)
ans =
```

```
  1.4142
>>sqrt(sym(2))
ans=
    2^(1/2)
>> 2 / 5
ans=
  0.4
>> 2/5+1/3
ans=
  0.7333
>>sym(2) / sym(5)
ans=
  2/5
>>sym(2) / sym(5)+sym(1) / sym(3)
ans=
  11/15
```

1. 定义符号表达式

```
>>syms a b c x % define symbolic math variables
>> f=a*x^2+b*x+c;
```

从现在开始,我们可以用 f 符号来表示这个给定的函数.

2. 符号表达式求值

```
>> subs(f,x,5)
ans=
  25 * a+5 * b+c
>>subs(f,[x a b c],[5 1 2 3])
ans=
  38
```

3. 绘制符号函数

```
>>syms x y a b c
>> y=sin(x)
y=
  sin(x)
>>ezplot(y)
>> f=sin(x);
>>ezsurf(f);
>> f=sin(x);
>> g=cos(y);
>>ezsurf(f+g);
>>ezsurf('real(atan(x+i*y))');
>>ezplot(y, [-5, 10 ]);  % from-5 < x < 10
```

```
≫ezsurf(z,[[1 2] [5 7]]); % x from 1 to 2, y from 5 to 7
≫ f = sym(a * x^2 + b * x + c);
≫ezplot(subs(f,[a b c],[1 2 3]));
```

4. 导数与积分

```
≫syms x;
≫ f = sin(5 * x)
≫ f =
  sin(5 * x)
≫diff(f)
ans =
  5 * cos(5 * x)
≫ f = x^3
f =
  x^3
≫ diff(f)   %一阶导数
ans =
  3 * x^2
≫ diff(f,2)   %二阶导数
ans =
  6 * x
≫ diff(f,3)   %三阶导数
ans =
  6
≫ diff(f,4)
ans =
  0
≫syms x t;
≫ f =   x  *  x ;
≫int(f)   %不定积分
ans =
  1/3 * x^3

≫ int(x^3,0,10)%定积分
ans =
2500
```

5. 级数求和

1 + 1/2^2 + 1/3^2 + 1/4^2 + . . . + 1/N^2

```
≫syms x k
≫ s1 = symsum(1/k^2,1,inf)
s1 =
```

```
    pi^2/6
```

6. 求极限

```
>>limit(x / x^2, inf) %x → inf
ans =
    0
```

7. 展开与化简

```
>>syms x;
>> f1 = (x+5) * (x+5);
f1 =
    (x+5)^2
>>expand(f1)
ans =
    x^2+10*x+25
>>simplify(sin(x)^2+cos(x)^2)
ans =
    1
```

习　　题

1. 已知 $A=\begin{bmatrix}6 & 12 & -3\\10 & 3 & 8\\5 & 11 & 9\end{bmatrix}$，$B=\begin{bmatrix}2 & 1 & -5\\1 & 3 & 7\\-3 & 5 & 10\end{bmatrix}$，求下列各式的值：

(1) $A+3\times B$ 和 $A-2\times B+E$（其中 E 为单位矩阵）.

(2) $A\times B$ 和 $A.\times B$.

(3) A^3 和 A.^3.

(4) A/B 和 $B\backslash A$.

(5) [A,B]和[A([1,3],:);B^2].

2. 编程实现下列操作：

(1) 找出[1000,9999]之间能被 21 整除的数.

(2) 建立字符串向量 CH = “78Bc429Dh5b546wSgK6”，删除其中的小写字母.

3. 已知矩阵 A = [1,2,3,4;5,6,7,8;4,3,2,1;8,7,6,5]，编程实现下列操作：

(1) 删除矩阵 A 的第 1 列和第 2 列.

(2) 提取矩阵 A 的第 1 行和第 3 行.

4. 已知矩阵 $A=\begin{bmatrix}3 & 0\\-5 & 2\end{bmatrix}$，$B=\begin{bmatrix}1 & 8\\7 & -2\end{bmatrix}$，$C=\begin{bmatrix}6 & 9\\4 & -1\end{bmatrix}$，编程实现如下操作：

(1) 按矩阵 A，B 和 C 的列顺序，排列成如下的矩阵 D.

$$D=\begin{bmatrix}3 & 1 & 6\\-5 & 7 & 4\\0 & 8 & 9\\2 & -2 & -1\end{bmatrix}$$

(2) 按矩阵 A,B 和 C 的列顺序,排列成如下的行向量 E.

$$E=[3\quad -5\quad 0\quad 2\quad 1\quad 7\quad 8\quad -2\quad 6\quad 4\quad 9\quad -1]$$

(3) 将矩阵 A,B 和 C 的元素按从小到大排成一列.

5. 生成一个正态分布的 1000×6 的随机矩阵,求各列的均值和标准方差,并计算此矩阵的相关系数矩阵.

6. 已知分段函数 $y=\begin{cases} x^2+x-6 & x<0 \text{ 且 } x\neq -3 \\ x^2-5x+6 & 0\leqslant x<5 \text{ 且 } x\neq 3 \\ x^2-x-1 & \text{其他} \end{cases}$,编程计算当 x 分别为 $-8,-5,-3,-2,0,1,2,3,4,5,10$ 时的 y 值.

7. 编程计算 1～1000 中既能被 3 整除,又能被 7 整除的所有数之和.

8. 已知公式 $\dfrac{\pi^2}{6}=\dfrac{1}{1^2}+\dfrac{1}{2^2}+\dfrac{1}{3^2}+\cdots+\dfrac{1}{n^2}$,分别用循环结构和向量运算(使用 sum 函数),计算当 n 分别取 100,1000,10000 时,π 的近似值.

9. 绘制出下面函数的图形:

(1) $\cos(1/t)$,其中 $t\in(-1,1)$.

(2) $\cos(\tan t)-\sin(\sin t)$,其中 $t\in(-\pi,\pi)$.

10. 试绘制出二元函数 $z=f(x,y)=\dfrac{1}{\sqrt{(1-y)^2+x^2}}+\dfrac{1}{\sqrt{(1+x)^2+y^2}}$ 的三维图形.

11. 已知两个曲面方程 $y=2x^2+y^2$ 和 $y=6-x^2-2y^2$,计算并绘制它们的交线.

12. 试求出以下极限.

(1) $\lim\limits_{x\to\infty}(5^x+1)^{\frac{1}{x}}$.

(2) $\lim\limits_{n\to\infty}\left[\dfrac{1}{3^2-1}+\dfrac{1}{5^2-1}+\dfrac{1}{7^2-1}+\cdots+\dfrac{1}{(2n+1)^2-1}\right]$.

(3) $\lim\limits_{n\to\infty}n\left(\dfrac{1}{n^2+1}+\dfrac{1}{n^2+2}+\dfrac{1}{n^2+3}+\cdots+\dfrac{1}{n^2+n}\right)$.

13. 假设 $f(x,y)=\dfrac{xy}{1+x^2+y^2}$,试求 $\dfrac{x}{y}\dfrac{\partial^2 f}{\partial x^2}-2\dfrac{\partial^2 f}{\partial x\partial y}+\dfrac{\partial^2 f}{\partial y^2}$.

14. 计算以下积分.

(1) $\displaystyle\int\frac{1}{(1+5x^2)\sqrt{1+x^2}}\mathrm{d}x$.　　(2) $\displaystyle\int_{-\infty}^{+-\infty}x^2\mathrm{e}^{-x^2}\mathrm{d}x$.

(3) $\displaystyle\int_0^1\frac{\ln(1+x)}{1+x^2}\mathrm{d}x$.　　(4) $\displaystyle\int_0^{\pi}\frac{x\sin x}{1+\cos^2 x}\mathrm{d}x$.

15. 如下代码是否可以画出两个半径为 1 且相切的球体,试验证.

```
>> [X,Y,Z]=sphere(50);          %产生球面的坐标
>> surf(X,Y,Z)
>> axis equal                    %使坐标刻度等长,使球体看起来是正球体
>> X=X+2;
>> hold on
>> surf(X,Y,Z)
>> axis([-1,3,-1,1,-1,1])       %X,Y,Z 轴的显示范围
```

```
>> hold off
```

现在的问题是至多可以画多少个与已知球(半径为 1)相切且半径也为 1 的球体？能画出它们相切的图形吗？效果图如图 3.18 所示.

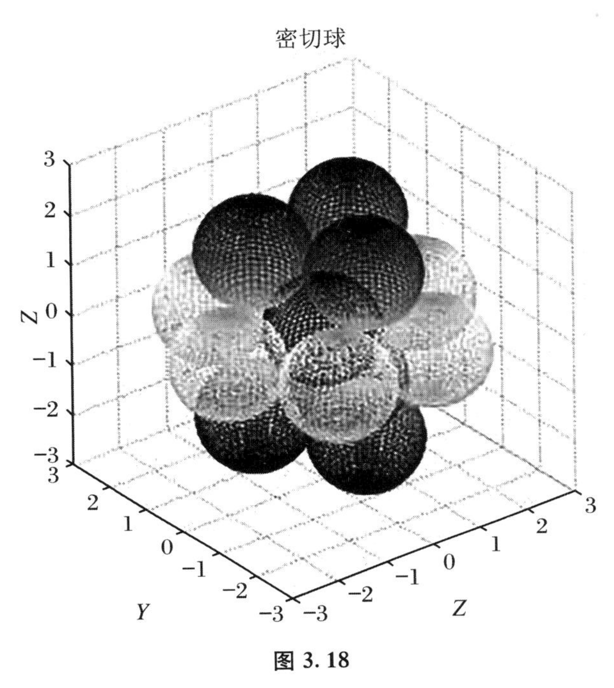

图 3.18

16. 将编号为 1,2,…,n 的 n 个球放入编号为为 1,2,…,n 的 n 个盒子里,每个盒子放入一个球,要求放入盒子的球的编号不能和盒子自身的编号相同,那么一共有多少种放法？

第 4 章　优化问题及 LINGO 软件

优化问题是与最大、最小、最长、最短等最优化有关的问题，主要用于求解在特定情况下特定函数或变量的最优值. 解决最优化问题的数学方法称为数学规划. 本章主要讲解数学规划模型的基本概念和主要分类，求解数学规划的一款专业计算机软件 LINGO，以及数学建模中的一些优化问题的典型案例.

4.1　数学规划简介

数学规划是运筹学的一个重要分支，也是现代数学的一门重要学科. 其基本思想出现在 19 世纪初，并由美国哈佛大学的 Robert Dorfman 于 20 世纪 40 年代末提出. 数学规划的研究对象是数值最优化问题，这是一类古老的数学问题. 古典的微分法只可以用来解决某些简单的非线性最优化问题. 直到 20 世纪 40 年代以后，由于大量实际问题的需要和电子计算机的高速发展，数学规划才得以迅速发展，并成为一门十分活跃的新兴学科. 今天，数学规划的应用极为普遍，它的理论和方法已经渗透到自然科学、社会科学和工程技术中. 根据问题的性质和处理方法的差异，数学规划可分成许多不同的分支，如线性规划、非线性规划、多目标规划、动态规划、参数规划、组合优化和整数规划、随机规划、模糊规划、非光滑优化、多层规划、全局优化、变分不等式与互补问题等.

4.1.1　数学规划模型的一般形式

数学规划模型的一般形式是

$$\text{opt } f(X)$$
$$\text{s.t.} \begin{cases} g_i(X) \leqslant 0 & (i = 1,2,\cdots,m) \\ h_j(X) = 0 & (j = 1,2,\cdots,s) \end{cases}$$

式中，$X=(x_1,x_2,\cdots,x_n)^{\mathrm{T}} \in R^n$ 是 n 维未知向量，称为决策变量；$f(X)$ 为目标函数；$g_i(X)$ 与 $h_j(X)$ 为约束函数. $f(X)$、$g_i(X)$ 与 $h_j(X)$ 均为 X 的数量函数. 符号 opt 表示对函数 $f(X)$ 求最优化结果. 如果要求 $f(X)$ 最大，则 opt $f(X)$ 记为 max $f(X)$；如果要求 $f(X)$ 最小，则 opt $f(X)$ 记为 min $f(X)$. 符号 s. t. 为 subject to 的缩写，意思是受约束于或受限于 m 个不等式约束条件 $g_i(X) \leqslant 0 (i=1,2,\cdots,m)$，以及 s 个等式约束条件 $h_j(X)=0 (j=1,2,\cdots,s)$. 满足约束条件 $g_i(X) \leqslant 0 (i=1,2,\cdots,m)$ 和 $h_j(X)=0 (j=1,2,\cdots,s)$ 的 n 维向量 X 称为可行解，可行解构成的集合称为模型的可行解集.

综上所述，数学规划问题可以表述为：求满足约束条件的 X^*，使 $f(X^*)$ 成为最优，从而

将 X^* 称为数学规划问题的最优解，将 $f^* = f(X^*)$ 称为最优值.

4.1.2　数学规划的主要分类

1. 线性规划

当目标函数 $f(X)$ 是线性函数，而且约束条件是由线性等式函数和线性不等式函数来确定时，我们称这一类问题为线性规划.线性规划模型的一种标准形式如下：

$$\max z = c^{\mathrm{T}} X$$

$$\text{s.t.}\begin{cases} AX \leqslant b \\ X \geqslant 0 \end{cases}$$

例4.1　某企业生产甲、乙两种产品，对应的每千克产品销售后的利润分别为4000元与3000元.生产每千克甲产品需用A原材料16千克和B原材料15千克；生产每千克乙产品需用A原材料12千克、B原材料8千克和C原材料6千克.若可用于加工的A、B、C三种原材料库存分别为600千克、560千克和300千克，并且A、B、C三种原材料每千克成本分别为30元、20元和10元，问该厂应如何安排生产，才能使总利润最大？

解　如果设该厂生产 x_1 千克甲产品和 x_2 千克乙产品时总利润最大，则 x_1, x_2 应满足以下表达式

$$\begin{aligned} \max z &= 4000x_1 + 3000x_2 - (30\times 16 + 20\times 15)x_1 - (30\times 12 + 20\times 8 + 10\times 6)x_2 \\ &= 3220x_1 + 2420x_2 \end{aligned}$$

$$\text{s.t.}\begin{cases} 16x_1 + 12x_2 \leqslant 600 \\ 15x_1 + 8x_2 \leqslant 560 \\ 6x_2 \leqslant 300 \\ x_1, x_2 \geqslant 0 \end{cases}$$

根据线性规划模型的标准形式，$X = \begin{bmatrix} x_1 \\ x_2 \end{bmatrix}$ 为决策变量，$c = \begin{bmatrix} c_1 \\ c_2 \end{bmatrix} = \begin{bmatrix} 3220 \\ 2420 \end{bmatrix}$ 为系数向量，

$A = \begin{bmatrix} 16 & 12 \\ 15 & 8 \\ 0 & 6 \end{bmatrix}$ 为约束矩阵，$b = \begin{bmatrix} b_1 \\ b_2 \\ b_3 \end{bmatrix} = \begin{bmatrix} 600 \\ 560 \\ 300 \end{bmatrix}$ 为约束向量.

具有实用价值的线性规划问题中的变量个数通常可达数百个甚至更多.求解线性规划问题的基本方法是单纯形法，已有的单纯形法的标准化软件，可在计算机上求解有数以万计的约束条件和决策变量的线性规划问题，如LINGO、MATLAB、IBM ILOG CPLEX和GUROBI等.Excel也可以求解一些较为简单的线性规划问题.下一节我们将会学习使用LINGO求解上述线性规划模型的具体步骤.

2. 整数规划

当规划问题的部分或所有的变量局限于整数值时，我们称这一类问题为整数规划问题.

3. 二次规划

其目标函数是二次函数，而且约束条件必须是由线性等式函数和线性不等式函数来确定的.

4. 非线性规划

非线性规划研究的是目标函数或者限制函数中含有非线性函数的优化问题.

5. 动态规划

动态规划是将问题分解成若干个较小的子问题,把多阶段过程转化为一系列单阶段问题,利用各阶段之间的关系,逐个求解.

6. 组合最优化

组合最优化研究的可行解是离散或是可转化为离散的问题.最优化问题可以自然地分成两类:一类是连续变量的问题,另一类是离散变量的问题.具有离散变量的问题,我们称它为组合的.在连续变量的问题里,一般是求一组实数或者一个函数;在组合问题里,是从一个有限集或者可数无限集里寻找一个对象——典型的是一个整数、一个集合、一个排列或者一个图.一般地,这两类问题的特色相当不同,并且求解它们的方法也是很不相同.

7. 随机规划

随机规划研究的是某些变量是随机变量的优化问题.

4.2 LINGO 软件简介

LINGO 是 Linear Interactive and General Optimizer 的缩写,即交互式的线性和通用优化求解器,由美国 LINDO 系统公司(Lindo System Inc.)推出.该软件包括功能强大的建模语言,读取和写入 Excel 和数据库的功能以及一系列完全内置的求解程序,能方便有效地构建和求解线性、非线性和整数等最优化模型,是求解优化模型的专业化计算工具.本节主要以 LINGO11.0 为例,介绍 LINGO 的常见操作和基本语法.

4.2.1 LINGO 基本功能介绍

LINGO 打开后的典型窗口布局如图 4.1 所示,主要由菜单栏、工具栏和一个多任务窗

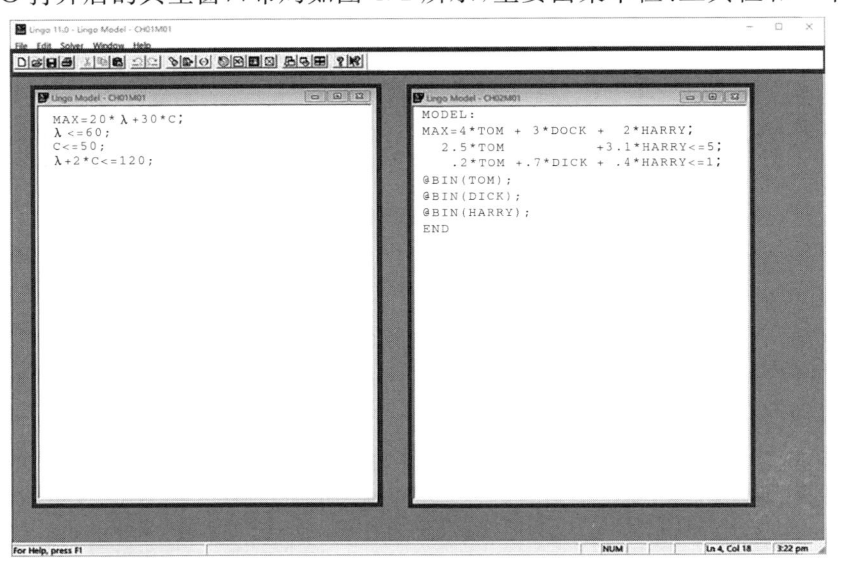

图 4.1 LINGO 窗口布局

口构成,工具栏具体功能按钮如图 4.2 所示.

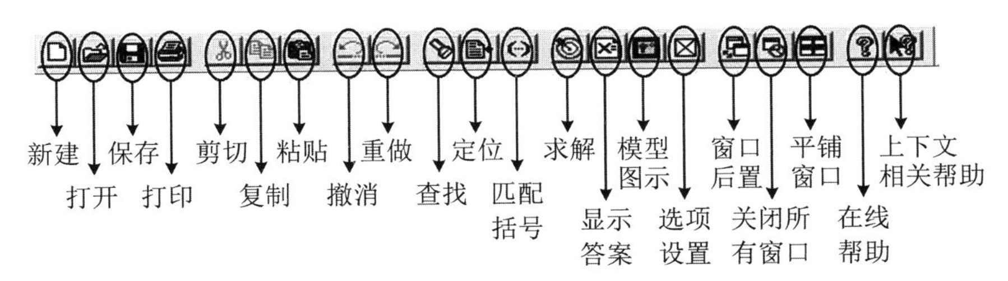

图 4.2　LINGO 工具栏介绍

例 4.2　使用 LINGO 求解例 4.1 中的线性规划模型.

$$\max z = 4000x_1 + 3000x_2 - (30 \times 16 + 20 \times 15)x_1 - (30 \times 12 + 20 \times 8 + 10 \times 6)x_2$$
$$= 3220x_1 + 2420x_2$$

$$\text{s.t.}\begin{cases} 16x_1 + 12x_2 \leqslant 600 \\ 15x_1 + 8x_2 \leqslant 560 \\ 6x_2 \leqslant 300 \\ x_1, x_2 \geqslant 0 \end{cases}$$

解　打开 LINGO 输入以下代码,也可以将代码保存到硬盘指定位置方便以后调用或修改,如图 4.3 所示.

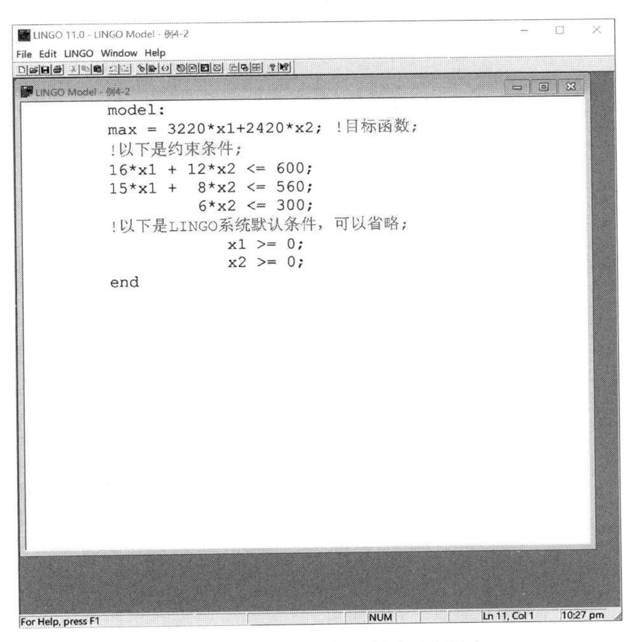

图 4.3　LINGO 代码输入及保存

```
model:
max = 3220 * x1 + 2420 * x2; ! 目标函数;
! 以下是约束条件;
16 * x1 + 12 * x2 <= 600;
15 * x1 + 8 * x2 <= 560;
```

```
        6 * x2 <= 300;
    ! 以下是 LINGO 系统默认条件,可以省略;
        x1 >= 0;
        x2 >= 0;
    end
```

点击工具栏上的求解按钮,即可在弹出窗口中得到模型求解结果如图 4.4 所示,具体求解报告如图 4.5 所示.

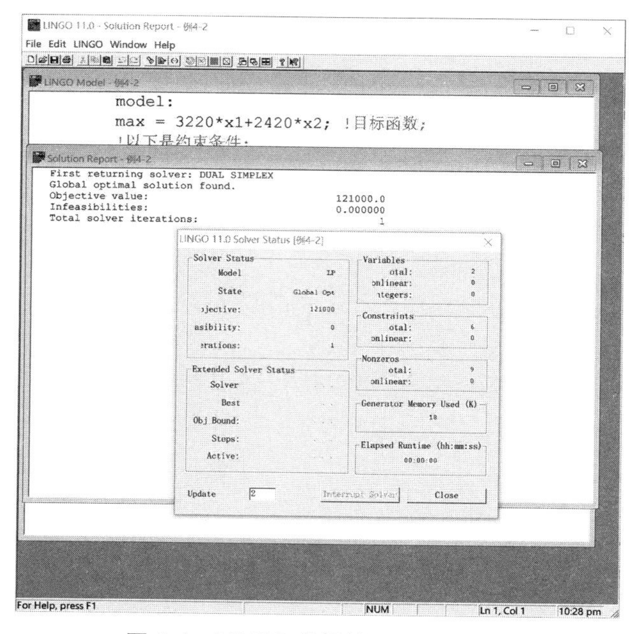

图 4.4 LINGO 求解结果及运行状态

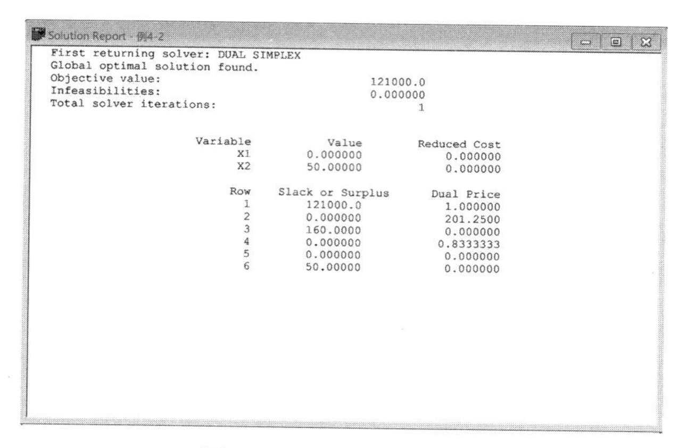
Solution Report - 例4-2

First returning solver: DUAL SIMPLEX
Global optimal solution found.
Objective value: 121000.0
Infeasibilities: 0.000000
Total solver iterations: 1

Variable	Value	Reduced Cost
X1	0.000000	0.000000
X2	50.00000	0.000000

Row	Slack or Surplus	Dual Price
1	121000.0	1.000000
2	0.000000	201.2500
3	160.0000	0.000000
4	0.000000	0.8333333
5	0.000000	0.000000
6	50.00000	0.000000

图 4.5 LINGO 求解报告

LINGO 运行状态对话框中左侧求解器(求解程序)状态框(Solver Status)主要含义是:

Model:当前模型的类型,有 LP、QP、ILP、IQP、PILP、PIQP、NLP、INLP、PINLP (以 I 开头表示 IP,以 PI 开头表示 PIP);

State:当前解的状态,有 Global Optimum(全局最优)、Local Optimum(局部最优)、

Feasible(可行)、Infeasible(不可行)、Unbounded(无界)、Interrupted(中断)、Undetermined(未确定);

Objective:解的目标函数值;

Feasibility:当前约束不满足的总量,不是不满足的约束的个数;

Iterations:目前为止的迭代次数.

右侧主要有:

Variables:变量数量,有Total(变量总数)、Nonlinear(非线性变量数)、Integer(整数变量数);

Constraints:约束数量,有Total(约束总数)、Nonlinear(非线性约束个数);

Nonzeros:非零系数数量,有Total(总数)、Nonlinear(非线性项系数个数);

Generator Memory Used (K):内存使用量;

Elapsed Runtime (hh:mm:ss):求解花费的时间.

从上述约束条件中可以看出,当变量 x_1 取0,x_2 取50时,目标函数取得全局最优解121000.在取得最优解时,变量的缩减成本系数值(Reduced Cost)应该取零.对于"<="不等式约束剩余,称之为松弛(Slack);对于">="不等式约束,称之为剩余(Surplus).不等式左右两边值相等时,松弛和剩余的值为0.影子价格(Dual Price)表示,在当前最优解下"资源"增加1单位时的"效益"增量.例如上例最终求解结果中,由于约束 $15x_1+8x_2\leqslant 560$ 严格成立,如果增加原料B一个单位,则总收益值将增加201.25.如果约束条件无法满足,则松弛和剩余的值为负.

4.2.2 LINGO语法简介

1. LINGO的基本语法规定

(1) 求目标函数的最大值和最小值分别用"MAX="和"MIN="来表示.

(2) 每个语句必须以分号";"结束,每行可以有多个语句,语句可以跨行.

(3) 变量名称必须以字母开头,其他由字母、数字(0~9)和下划线"_"组成,长度不超过32个字符,字母不区分大小写,所有的变量名和程序语句对字母大小写不敏感,求解报告中变量名全部转换为大写形式.

(4) 可以给语句加上标号,例如[OBJ]　MAX=… .

(5) 以"!"开头,以";"结束的语句是注释语句.

(6) 如果对变量的取值范围没有作特殊说明,则默认所有决策变量都非负.

(7) LINGO模型以语句"model:"开头,以"end"结束,对于比较简单的模型,这两句可以省略.

对于中文输入的用户还需要注意,所有的变量名、语句和符号必须在英文半角状态下录入,注释语句中可以使用中文进行说明.

2. LINGO中的运算符

以下运算符在LINGO中是非常常用的.

(1) 算术运算符

算术运算符针对数值进行操作.LINGO提供了5种二元运算符:^(乘方)、*(乘)、/(除)、+(加)、-(减).LINGO唯一的一元算术运算符是-(取反函数).

这些运算符的优先级由高到低为：

高　－(取反函数)

↓　^

　　* /

低　+ －

运算符的运算次序为从左到右按优先级高低来执行.运算的次序可以用圆括号“()”来改变.

(2) 逻辑运算符

在 LINGO 中,逻辑运算符主要用于集循环函数的条件表达式中,用来控制函数中哪些集成员被包含,哪些被排斥.在创建稀疏集时用在成员资格过滤器中.LINGO 具有如下 9 种逻辑运算符：

#not#　否定该操作数的逻辑值,#not#是一个一元运算符

#eq#　若两个运算数相等,则为 true;否则为 false

#ne#　若两个运算符不相等,则为 true;否则为 false

#gt#　若左边的运算符严格大于右边的运算符,则为 true;否则为 false

#ge#　若左边的运算符大于或等于右边的运算符,则为 true;否则为 false

#lt#　若左边的运算符严格小于右边的运算符,则为 true;否则为 false

#le#　若左边的运算符小于或等于右边的运算符,则为 true;否则为 false

#and#　仅当两个参数都为 true 时,结果为 true;否则为 false

#or#　仅当两个参数都为 false 时,结果为 false;否则为 true

这些运算符的优先级由高到低为：

高　#not#

↓　#eq#　#ne#　#gt#　#ge#　#lt#　#le#

低　#and#　#or#

例如,表达式 2 #gt# 3 #and# 4 #gt# 2 其结果为假(0).

(3) 关系运算符

在 LINGO 中,关系运算符主要用于模型中,用来指定一个表达式的左边是否等于、小于等于、或者大于等于右边,形成模型的一个约束条件.关系运算符与逻辑运算符#eq#、#le#、#ge#截然不同,前者是模型中该关系运算符所指定关系的为真描述,而后者仅仅判断该关系是否被满足(满足为真,不满足为假).

LINGO 有 3 种关系运算符：=、<=和>=.LINGO 中还能用“<”表示小于等于关系,“>”表示大于等于关系.LINGO 并不支持严格小于和严格大于关系运算符.

下面给出以上三类操作符的优先级：

高　#not#　－(取反函数)

↓　^

　　* /

　　+ －

　　#eq#　#ne#　#gt#　#ge#　#lt#　#le#

　　#and#　#or#

低　<=　=　>=

3. 常用数学函数

LINGO 提供了大量的标准数学函数，如表 4.1 所示.

表 4.1　LINGO 标准数学函数

函数名	功能
@abs(x)	返回 x 的绝对值
@sin(x)	返回 x 的正弦值，x 采用弧度制
@cos(x)	返回 x 的余弦值
@tan(x)	返回 x 的正切值
@exp(x)	返回常数 e 的 x 次方
@log(x)	返回 x 的自然对数
@lgm(x)	返回 x 的 gamma 函数的自然对数
@sign(x)	如果 $x<0$ 返回 -1；否则，返回 1
@floor(x)	返回 x 的整数部分. 当 $x>=0$ 时，返回不超过 x 的最大整数；当 $x<0$ 时，返回不低于 x 的最大整数.
@smax(x1,x2,…,xn)	返回 $x1,x2,\cdots,xn$ 中的最大值
@smin(x1,x2,…,xn)	返回 $x1,x2,\cdots,xn$ 中的最小值

还有一些常用的反三角函数、双曲三角函数等.

4. 变量界定函数

变量界定函数用于对变量取值范围进行附加限制，共 4 种，如表 4.2 所示.

表 4.2　变量界定函数

函数名	功能
@bin(x)	限制 x 为 0 或 1
@bnd(L,x,U)	限制 $L\leqslant x\leqslant U$
@free(x)	取消对变量 x 的默认下界为 0 的限制，x 可以取任意实数
@gin(x)	限制 x 为整数

在默认情况下，LINGO 规定变量是非负的，也就是说下界为 0，上界为 $+\infty$. @free 取消了默认的下界为 0 的限制，使变量也可以取负值. @bnd 用于设定一个变量的上下界，也可以用它取消默认下界为 0 的约束.

4.2.3　使用 LINGO 构建规划模型的主要方法

1. 在 LINGO 中使用集合

针对实际问题进行建模的时候，总会遇到一群或多群相联系的对象，比如工厂、消费者、交通工具和雇工等. 同时，由于变量规模庞大，逐一写出目标函数和约束条件的具体形式不太现实，鉴于目标函数和约束条件表达式一般具有显著的结构性、规律性，LINGO 允许把这些相联系的对象聚合成集(set)，并采用一定模式的程序语句自动化生产相应的表达式. 一旦按照这种方式把对象聚合成集，就可以利用集来最大限度地发挥 LINGO 建模语言的优势. 下面我们将深入介绍如何创建集，并用数据初始化集的属性.

集(set)是一群相联系的对象，这些对象被称为集的成员. 每个集成员可能有一个或多个与之有关联的特征，我们把这些特征称为属性(Attribute). 属性值可以预先给定，也可以是未知的，有待于 LINGO 求解. 例如，产品集中的每个产品可以有一个价格属性，也可以有一个尺寸属性；雇员集中的每位雇员可以有一个薪水属性，也可以有一个生日属性，等等.

LINGO 有两种类型的集：原始集(primitive set)和派生集(derived set). 一个原始集是由一些最基本的对象组成的.

一个派生集是用一个或多个其他集来定义的，也就是说，它的成员来自于其他已存在的集.

集部分是 LINGO 模型的一个可选部分. 在 LINGO 模型中使用集之前，必须在集部分事先定义. 集部分以关键字"sets"开始，以"endsets"结束. 一个模型可以没有集部分，或有一个简单的集部分，或有多个集部分. 一个集部分可以放置于模型的任何地方，但是一个集及其属性在模型约束中被引用之前必须先定义.

例 4.3 某公司需要决定四个季度的帆船生产量. 下四个季度的帆船需求量分别是 40 条、60 条、75 条、25 条，这些需求必须按时满足. 该公司每个季度正常的生产能力是 40 条，每条帆船的生产费用为 400 美元. 如果加班生产，每条帆船的生产费用为 450 美元. 每个季度末，每条帆船的库存费用为 20 美元. 假定生产提前期为 0，初始库存为 10 条. 如何安排生产可使总费用最小?

解 用 DEM、RP、OP、INV 分别表示需求量、正常生产的产量、加班生产的产量、库存量，则 DEM、RP、OP、INV 相对每个季度都应该有一个对应的值，也就说它们应该是一个由 4 个元素组成的数组，其中 DEM 是已知的，而 RP、OP、INV 是未知数.

目标函数是所有费用的和，即

$$\text{MIN} \sum_{I=1,2,3,4} \{400RP(I) + 450OP(I) + 20INV(I)\}$$

约束条件主要有以下两个：

① 能力限制：$RP(I) < 40, I = 1,2,3,4$；

② 产品数量的平衡方程：

$$INV(I) = INV(I-1) + RP(I) + OP(I) - DEM(I), I = 2,3,4$$

$$INV(1) = 10 + RP(I) + OP(I) - DEM(I)$$

加上变量的非负约束.

LINGO 中没有数组，只能对每个季度分别定义变量，如定义正常生产的量就要有 RP_1、RP_2、RP_3、RP_4 4 个变量，写起来就比较麻烦，尤其是在变量更多(如 1000 个季度)的时候. 记四个季度组成的集合 QUARTERS = {1,2,3,4}，它们就是上面数组的下标集合，而数组 DEM、RP、OP、INV 对应集合 QUARTERS 中的每个元素分别有一个值. LINGO 正是充分利用了这种数组及其下标的关系，引入了"集合"及其"属性"的概念，把 QUARTERS = {1,2,3,4}称为集合，把 DEM、RP、OP、INV 称为该集合的属性(即定义在该集合上的属性).

输入如图 4.6 所示代码，可以看出，LINGO 程序以"model:"开始，以"end"结束；集合定义部分(从"sets:"到"endsets")定义集合及其属性，接着给出优化目标和约束，集合赋值部分从("data:"到"enddata").

```
LINGO Model - 例4-3
model:
sets:
    quarters/1..4/:DEM,RP,OP,INV;
endsets
min=@sum(quarters(I):400*RP(I)+450*OP(I)+20*INV(I));
@for(quarters(I):RP(I)<40);
@for(quarters(I)|I#GT#1:
    INV(I)=INV(I-1)+RP(I)+OP(I)-DEM(I););
INV(1)=10+RP(1)+OP(1)-DEM(1);
data:
    DEM=40,60,75,25;
enddata
end
```

图 4.6　LINGO 代码组成部分介绍

点击工具栏上的求解按钮,即可在弹出窗口中得到模型求解结果,如图 4.7 所示.

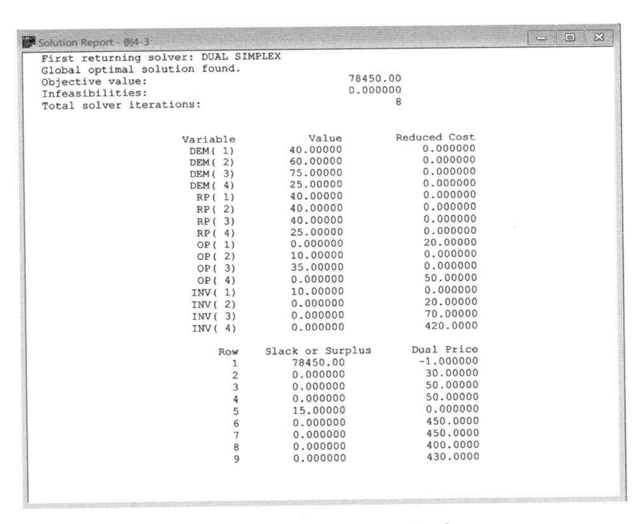

```
First returning solver: DUAL SIMPLEX
Global optimal solution found.
Objective value:                              78450.00
Infeasibilities:                              0.000000
Total solver iterations:                             8

                 Variable           Value        Reduced Cost
                 DEM( 1)         40.00000            0.000000
                 DEM( 2)         60.00000            0.000000
                 DEM( 3)         75.00000            0.000000
                 DEM( 4)         25.00000            0.000000
                  RP( 1)         40.00000            0.000000
                  RP( 2)         40.00000            0.000000
                  RP( 3)         40.00000            0.000000
                  RP( 4)         25.00000            0.000000
                  OP( 1)         0.000000            20.00000
                  OP( 2)         10.00000            0.000000
                  OP( 3)         35.00000            0.000000
                  OP( 4)         0.000000            50.00000
                 INV( 1)         10.00000            0.000000
                 INV( 2)         0.000000            20.00000
                 INV( 3)         0.000000            70.00000
                 INV( 4)         0.000000            420.0000

                      Row    Slack or Surplus      Dual Price
                        1        78450.00           -1.000000
                        2        0.000000            30.00000
                        3        0.000000            50.00000
                        4        0.000000            50.00000
                        5        15.00000            0.000000
                        6        0.000000            450.0000
                        7        0.000000            450.0000
                        8        0.000000            400.0000
                        9        0.000000            430.0000
```

图 4.7　LINGO 求解报告

从图 4.7 可以看出,模型的最小成本为 78450,全局最优解在决策变量取:四个季度产量 $RP=(40,40,40,25)$,四个季度加班产量 $OP=(0,10,35,0)$时获得.

LINGO 集合使用方法如下:

(1) 集合属性求和

@sum(集合(下标):关于集合的属性的表达式)

对语句中冒号":"后面的表达式,按照":"前面的集合指定的下标(元素)进行求和.例 4.3 中的目标函数也可以等价地写成

@sum(QUARTERS(I): 400 * RP(I) + 450 * OP(I) + 20 * INV(I)),

"@sum"相当于求和符号"$\sum$","QUARTERS(I)"相当于"IQUARTERS"的含义.

由于例 4.3 中的目标函数对集合 QUARTERS 的所有元素(下标)都要求和,所以可以

将下标 I 省去.

(2) 集合下标循环

@for(集合(下标):关于集合的属性的约束关系式)

对冒号":"前面的集合的每个元素(下标),冒号":"后面的约束关系式都要成立.例 4.3 中,每个季度正常的生产能力是 40 条帆船,这正是语句"@for(QUARTERS(I):RP(I)<40);"的含义.

由于对所有元素(下标 I),约束的形式是一样的,所以也可以像上面定义目标函数时一样,将下标 I 省去,这个语句可以简化成"@FOR(QUARTERS:RP<40);".

例 4.3 中,对于产品数量的平衡方程,由于下标 $I=1$ 时的约束关系式与 $I=2,3,4$ 时有所区别,所以不能省略下标"I".实际上,$I=1$ 时要用到变量 INV(0),但定义的属性变量中 INV 不包含 INV(0)(INV(0)=10 是已知的).

为了区别 $I=1$ 和 $I=2,3,4$,把 $I=1$ 时的约束关系式单独写出,即"INV(1)=10+RP(1)+OP(1)-DEM(1);".而对 $I=2,3,4$ 对应的约束,对下标集合的元素(下标 I)增加了一个逻辑关系式"I#GT#1"(这个限制条件与集合之间用一个竖线"|"分开,称为过滤条件).限制条件"I#GT#1"是一个逻辑表达式,意思就是 $I>1$;"#GT#"是逻辑运算符号,意思是"大于(Greater Than 的首字母缩写)".

2. LINGO 模型基本组成要素

一般来说,在 LINGO 中建立的优化模型由五个部分组成,被称为五段(section),除目标与约束段外,其他部分都是可选的.

(1) 集合段(sets):以"sets:"开始,以"endsets"结束,定义必要的集合变量(set)及其元素(含义类似于数组的下标)和属性(含义类似于数组).

(2) 目标与约束段:目标函数、约束条件等,没有段的开始和结束标记,因此实际上就是除其他四个段(都有明确的段标记)外的 LINGO 模型.这里一般要用到 LINGO 的内部函数,尤其是与集合相关的求和函数@sum 和循环函数@for 等.

(3) 数据段(data):以"data:"开始,以"endata"结束,对集合的属性(数组)输入必要的常数数据.其格式为

attribute(属性)=value_list(常数列表);

value_list 中数据之间可以用逗号","分开,也可以用空格分开(回车等价于一个空格),如例 4.3 中对 DEM 的赋值可以写成"DEM=40　60　75　25;".

(4) 初始段(init):以"init:"开始,以"endinit"结束,对集合的属性(数组)定义初值(因为求解算法一般是迭代算法,所以用户如果能给出一个比较好的迭代初值,对提高算法的计算效果是有益的).定义初值的格式为

attribute(属性)=value_list(常数列表);

这与数据段中的用法是类似的.

(5) 计算段(calc):以"calc:"开始,以"endcalc"结束,对一些原始数据进行计算处理.

在实际问题中,输入的数据通常是原始数据,不一定能在模型中直接使用,可以在这个段对这些原始数据进行一定的"预处理",就得到模型中真正需要的数据.

3. 与磁盘文件交换数据

当问题涉及大量数据时,可以使用 LINGO 的输入和输出函数把模型和外部数据,比如文本文件、数据库和电子表格等连接起来.LINGO 的输入和输出函数主要有:@file 函数、

@text函数和@ole函数.下面以常用的@ole函数为例,介绍LINGO利用Excel引入或输出数据的方法.@ole函数基于OLE技术实现数据传输,直接在内存中传输数据,并不借助于中间文件.当使用@ole时,LINGO先装载Excel,再通知Excel装载指定的电子数据表,最后从电子数据表中获得Ranges.@ole函数可在数据部分和初始部分引入数据.@ole只能读一维或二维的Ranges(在单个的Excel工作表(sheet)中),但不能读间断的或三维的Ranges.Ranges是自左而右、自上而下来读.

例4.4　使用LINGO与Excel文件交换数据.

解　将以下代码输入新建的LINGO文件,新建名称为“data.xls”的Excel文件,运行前后的效果如图4.8所示.

```
sets:
  class/std1,std2,std3/:sc;
  week/mon..sun/:num;
endsets
data:
  num=10 20 30 10 21 25 18;
  sc=@ole('data.xls',B1:B3);          ! 指定变量在excel文件中的读取位置;
  @ole('data.xls','A1:A7')=num;       ! 指定变量在excel文件中的存储位置;
enddata
```

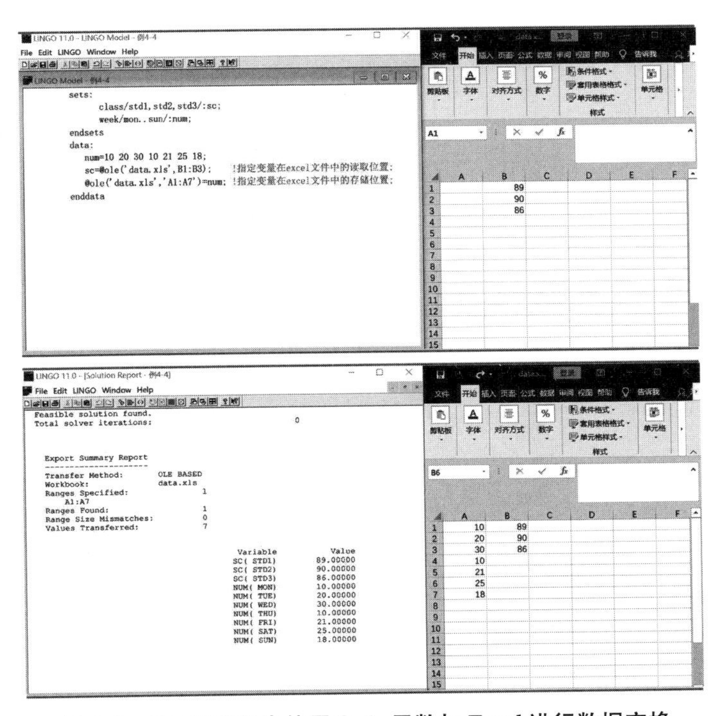

图4.8　在LINGO中使用@ole函数与Excel进行数据交换

4. 分段函数

LINGO中有if函数可实现分段函数功能,格式为

@if(logical_condition,true_result,false_result)

@if 函数将评价一个逻辑表达式 logical_condition,如果为真,返回 true_result,否则返回 false_result.

例 4.5 求解最优化问题

$$\max f(x)+g(y)$$

$$\text{s.t.}\ f(x)=\begin{cases}100-2x, & x>25\\ 2x, & x\leqslant 25\end{cases}$$

$$g(y)=\begin{cases}80-2y, & y>20\\ 2y, & y\leqslant 20\end{cases}$$

$$x+y\leqslant 160$$

$$x,y\geqslant 0$$

解 编写 LINGO 代码如下:

```
model:
  max = fx + fy;
  fx = @if(x #gt# 25,100 - 2 * x,2 * x);
  fy = @if(y #gt# 20,80 - 2 * y,2 * y);
  x + y< = 160;
end
```

一种常用的技巧是使用 0-1 变量将分段函数写成如下等价形式,可以获得一定的性能提升.两种方法的对比结果如图 4.9 所示,可以看到在获得相同的模型的全局最优解的前提下,第二种方法的迭代次数由 433 次大幅降为 157 次.

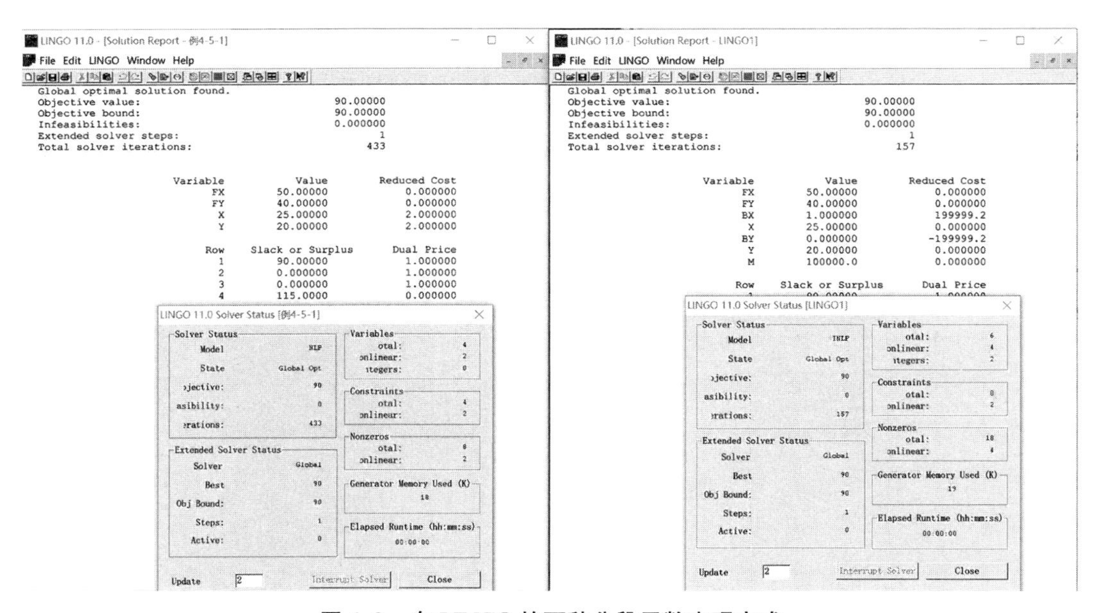

图 4.9 在 LINGO 的两种分段函数实现方式

```
model:
  max = fx + fy;
  fx = (1 - bx) * 2 * x + bx * (100 - 2 * x);
  fy = (1 - by) * 2 * y + by * (80 - 2 * y);
```

```
x-25<M*bx;
y-20<M*by;
25-x<M*(1-bx);
20-y<M*(1-by);
x+y<=160;
M=100000;
@bin(bx);
@bin(by);
end
```

5. LINGO 建立模型的注意事项

(1) 尽量使用实数优化模型，减少整数约束和整数变量的个数.

(2) 尽量使用光滑优化模型，减少非光滑约束的个数，如：尽量少地使用绝对值函数、符号函数、多个变量求最大(或最小)值、四舍五入函数、取整函数等.

(3) 尽量使用线性优化模型，减少非线性约束和非线性变量的个数(如 $x/y<5$ 改为 $x<5y$).

(4) 合理设定变量的上下界，尽可能给出变量的初始值.

(5) 模型中使用的单位的数量级要适当.

4.3　优化模型典型案例

4.3.1　运输问题与集合派生

例 4.6　(求解最优化问题)某公司有 6 个供货栈，库存货物总数分别为 60，55，51，43，41，52，现有 8 个客户各要一批货，数量分别为 35，37，22，32，41，32，43，38. 各供货栈到 8 个客户处的单位货物运输价如表 4.3 所示. 试确定各货栈到各客户处的最优货物调运数量，使总的运输费用最少.

表 4.3　运输单价表

客户货栈	V1	V2	V3	V4	V5	V6	V7	V8
W1	6	2	6	7	4	2	9	5
W2	4	9	5	3	8	5	8	2
W3	5	2	1	9	7	4	3	3
W4	7	6	7	3	9	2	7	1
W5	2	3	9	5	7	2	6	5
W6	5	5	2	2	8	1	4	3

解　设 x_{ij} 表示从第 i 个货栈到第 j 个客户的运货量，c_{ij} 表示从第 i 个货栈到第 j 个客

户的单位货物运价，a_i 表示第 i 个货栈的最大供货量，d_j 表示第 j 个客户的订货量，得到以下优化模型

$$\min z = \sum_{i=1}^{6}\sum_{j=1}^{8} c_{ij}x_{ij};$$

$$\text{s.t.} \sum_{j=1}^{8} x_{ij} \leqslant a_i, i = 1,2,\cdots,6;$$

$$\sum_{i=1}^{6} x_{ij} = d_j, j = 1,2,\cdots,8;$$

$$x_{ij} \geqslant 0,, i = 1,2,\cdots,6, j = 1,2,\cdots,8;$$

根据以上模型，使用 LINGO 软件，编制程序如下：

```
model:
！6 发点 8 收点运输问题；
sets:
  warehouses/wh1..wh6/: capacity;
  vendors/v1..v8/: demand;
  links(warehouses,vendors): cost, volume;
endsets
！目标函数；
  min=@sum(links: cost*volume);
！需求约束；
  @for(vendors(J):
    @sum(warehouses(I): volume(I,J))=demand(J));
！产量约束；
  @for(warehouses(I):
    @sum(vendors(J): volume(I,J))<=capacity(I));

！这里是数据；
data:
  capacity=60 55 51 43 41 52;
  demand=35 37 22 32 41 32 43 38;
  cost=6 2 6 7 4 2 9 5
       4 9 5 3 8 5 8 2
       5 2 1 9 7 4 3 3
       7 6 7 3 9 2 7 1
       2 3 9 5 7 2 6 5
       5 5 2 2 8 1 4 3;
enddata
end
```

具体结果如图 4.10 所示，可以看到这是一个有 48 个变量的线性规划问题. 通过菜单 LINGO→Generate→Display model 可以得到在不使用集合的情况下模型本来的书写形

式，这显然是不适合逐条输入的，如图 4.11 所示.

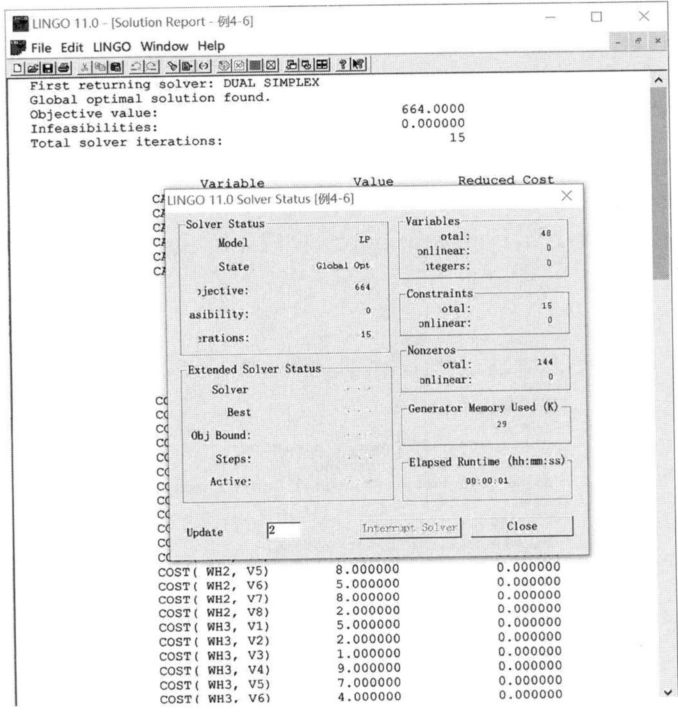

图 4.10　运输问题的求解状态

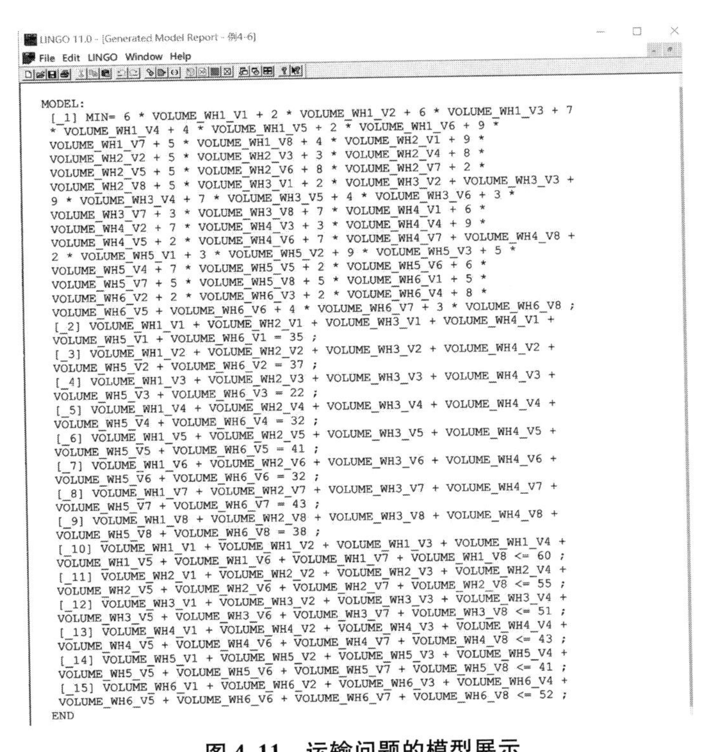

图 4.11　运输问题的模型展示

LINGO建模语言也称为矩阵生成器(MATRIX GENERATOR).例4.6中类似warehouses和vendors直接把元素列举出来的集合,称为基本集合(primary set),而把links这种基于其他集合派生出来的二维或多维集合称为派生集合(derived set).如图4.12所示,程序中定义了三个集合,其中links是在前两个集合warehouses和vendors的基础上定义的,表示集合links中的元素就是集合warehouses和vendors的元素组合成的有序二元组.从数学上看links是warehouses和vendors的笛卡儿积,也就是说links={(w,v)|w属于warehouses,v属于vendors}.因此,其属性cost也就是一个6×8的矩阵(或者说是含有48个元素的二维数组).由于是warehouses和vendors生成了派生集合links,所以warehouses和vendors称为links的父集合.

```
File Edit LINGO Window Help
model:
!6发点8收点运输问题;
sets:
  warehouses/wh1..wh6/: capacity;
  vendors/v1..v8/: demand;
  links(warehouses,vendors): cost, volume;
endsets
!目标函数;
  min=@sum(links: cost*volume);
!需求约束;
  @for(vendors(J):
    @sum(warehouses(I): volume(I,J))=demand(J));
!产量约束;
  @for(warehouses(I):
    @sum(vendors(J): volume(I,J))<=capacity(I));

!这里是数据;
data:
  capacity=60 55 51 43 41 52;
  demand=35 37 22 32 41 32 43 38;
  cost=6 2 6 7 4 2 9 5
       4 9 5 3 8 5 8 2
       5 2 1 9 7 4 3 3
       7 6 7 3 9 2 7 1
       2 3 9 5 7 2 6 5
       5 5 2 2 8 1 4 3;
enddata
end
```

图4.12 LINGO集合的派生

4.3.2 车辆路径问题(VRP)

车辆路径问题(VRP)一般定义为:对一系列装货点和卸货点,组织适当的行车线路,使车辆有序地通过它们,在满足一定的约束条件下,如货物需求量、发送量、交发货时间、车辆容量限制、行驶里程限制、时间限制等,达到一定的目标,如路程最短、费用最少、时间尽量少、使用车辆数尽量少等,如图4.13所示.车辆路径问题在许多服务系统中都有广泛应用,如送货、客户提货、维修保养等.

例4.7 已知有8个城市,需要从城市1运输物资到其他7个城市.城市2~8对这种物资的需求量分别为6,3,7,7,18,4,5.城市1到其他各城市以及城市2~8之间的距离如表4.4所示.现使用运输量为18的汽车进行物资配送,试设计最优方案使得汽车的行驶里程数最小.

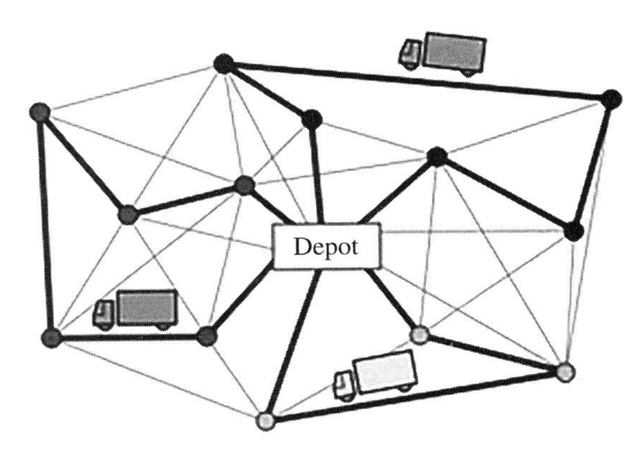

图 4.13　车辆路径问题

表 4.4　配送城市之间的距离

城市	2	3	4	5	6	7	8
1	996	2162	1067	499	2054	2134	2050
2	0	1167	1019	596	1059	1227	1055
3	1167	0	1747	1723	214	168	250
4	1019	1747	0	710	1538	1904	1528
5	596	1723	710	0	1589	1827	1579
6	1059	214	1538	1589	0	371	36
7	1227	168	1904	1827	371	0	407
8	1055	250	1528	1579	36	407	0

解　在 LINGO 中建立模型如下：

```
MODEL:
SETS:
  ! Q(I)表示城市 I 的物资需求量,U(I)表示到达城市 I 时的累计分发量;
  CITY/1..8/: Q, U;
  ! DIST(I,J)表示城市 I 到城市 J 的距离,X(I,J)是 0-变量,表示城市 I 到 J 之
  间是否有路径;
  CXC(CITY, CITY): DIST, X;
ENDSETS
DATA:
  ! 各城市的物资需求量,输出点 1 需求为 0;
  Q=0 6 3 7 7 18 4 5;
  ! 各地之间的距离,空车返程不计里程,各地到 1 的距离记为 0;
  DIST=! To City;
  0 996 2162 1067 499 2054 2134 2050
  0 0 1167 1019 596 1059 1227 1055
```

```
  0 1167 0 1747 1723 214 168 250
  0 1019 1747 0 710 1538 1904 1528
  0 596 1723 710 0 1589 1827 1579
  0 1059 214 1538 1589 0 371 36
  0 1227 168 1904 1827 371 0 407
  0 1055 250 1528 1579 36 407 0;
  ! 车辆最大荷载;
  VCAP=18;
ENDDATA
! 目标函数为总里程数最小;
MIN=@SUM(CXC: DIST * X);
! 对于除了出发点之外的各地K,需要满足以下条件;
@FOR(CITY(K)| K #GT# 1:
  ! 各地内部不需要重新进入;
  X(K, K)=0;
  ! 必须恰好有一个车辆进入,各顶点入度为1;
  @SUM(CITY(I)| I #NE# K #AND# (I #EQ# 1 #OR# Q(I)+Q(K)
  #LE# VCAP): X(I, K))=1;
  ! 必须恰好有一个车辆离开,各顶点出度为1;
  @SUM(CITY(J)| J #NE# K #AND# (J #EQ# 1 #OR# Q(J)+Q(K)
  #LE# VCAP): X(K, J))=1;
  ! 累计配送量U(K)必须大于当地需求量,但是不能大于车辆荷载;
  @BND(Q(K), U(K), VCAP);
  ! 可以按如下估计U(K)-U(I);
  @FOR(CITY(I)| I #NE# K #AND# I #NE# 1:
    U(K) >=U(I)+Q(K)-VCAP+VCAP*(X(K, I)+X(I, K))-(Q(K)
    +Q(I)) * X(K, I);
    ! 如果K是I的后继点,X(I,K)=1,则X(K,I)=0,U(K)>=U(I)+Q
    (K);! 如果I是K的后继点,X(I,K)=0,则X(K,I)=1,U(K)>=U(I)+
    Q(K)-Q(K)-Q(I)=U(I)-Q(I);
    ! 以上效果等价于,如果K是I的后继点,U(K)=U(I)+Q(K);
! 如果X(I,K)=0,则X(K,I)=0,U(K)>=U(I)+Q(K)- VCAP始终成立;
);
  ! 如果K是第一站,U(K)=Q(K);
  U(K) <=VCAP-(VCAP-Q(K)) *X(1, K);
  ! 如果K不是第一站,U(K)大于本地需求量和上一站需求量之和;
  U(K)>=Q(K)+@SUM(CITY(I)| I #GT# 1: Q(I) * X(I, K));
);
! 申明0-1变量;
@FOR(CXC(I, J): @BIN(X(I, J)) ;
```

```
);
! 通过各地累计需求量和车辆荷载,估计出发车辆至少是 3;
@SUM(CITY(J) | J #GT# 1: X(1, J)) >=3;
END
```

以上模型使用 LINGO 求解的部分输出结果如下,问题求解答案如图 4.14 所示.

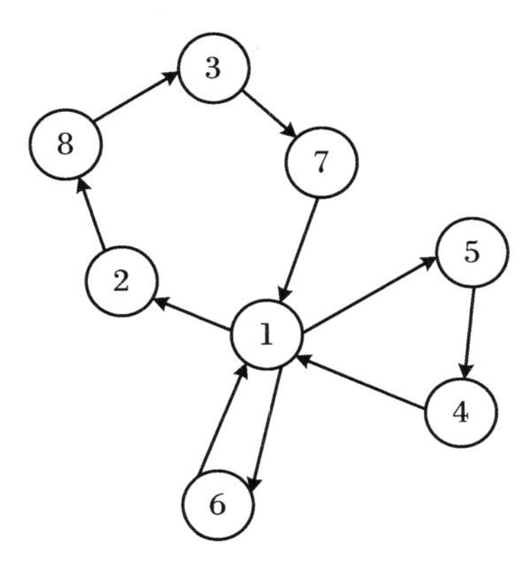

图 4.14　路径车量问题求解结果

```
Global optimal solution found.
  Objective value:  5732.000
  Objective bound:  5732.000
  Infeasibilities:  0.2697842E-13
  Extended solver steps:  6
  Total solver iterations:  271
              Variable           Value        Reduced Cost
                  VCAP        18.00000            0.000000
                X(1,1)        0.000000            0.000000
                X(1,2)        1.000000            996.0000
                X(1,3)        0.000000            2162.000
                X(1,4)        0.000000            1067.000
                X(1,5)        1.000000            499.0000
                X(1,6)        1.000000            0.000000
                X(1,7)        0.000000            2134.000
                X(1,8)        0.000000            2050.000
                X(2,1)        0.000000            0.000000
                X(2,2)        0.000000            0.000000
                X(2,3)        0.000000            1167.000
                X(2,4)        0.000000            1019.000
                X(2,5)        0.000000            596.0000
                X(2,6)        0.000000            1059.000
                X(2,7)        0.000000            1227.000
```

```
X(2,8)    1.000000    1055.000
X(3,1)    0.000000    0.000000
X(3,2)    0.000000    1167.000
X(3,3)    0.000000    0.000000
X(3,4)    0.000000    1747.000
X(3,5)    0.000000    1723.000
X(3,6)    0.000000    214.0000
X(3,7)    1.000000    168.0000
X(3,8)    0.000000    250.0000
X(4,1)    1.000000    0.000000
X(4,2)    0.000000    1019.000
X(4,3)    0.000000    1747.000
X(4,4)    0.000000    0.000000
X(4,5)    0.000000    710.0000
X(4,6)    0.000000    1538.000
X(4,7)    0.000000    1904.000
X(4,8)    0.000000    1528.000
X(5,1)    0.000000    0.000000
X(5,2)    0.000000    596.0000
X(5,3)    0.000000    1723.000
X(5,4)    1.000000    710.0000
X(5,5)    0.000000    0.000000
X(5,6)    0.000000    1589.000
X(5,7)    0.000000    1827.000
X(5,8)    0.000000    1579.000
X(6,1)    1.000000    0.000000
X(6,2)    0.000000    1059.000
X(6,3)    0.000000    214.0000
X(6,4)    0.000000    1538.000
X(6,5)    0.000000    1589.000
X(6,6)    0.000000    0.000000
X(6,7)    0.000000    371.0000
X(6,8)    0.000000    36.00000
X(7,1)    1.000000    0.000000
X(7,2)    0.000000    1227.000
X(7,3)    0.000000    168.0000
X(7,4)    0.000000    1904.000
X(7,5)    0.000000    1827.000
```

```
X(7,6)        0.000000        371.0000
X(7,7)        0.000000        0.000000
X(7,8)        0.000000        407.0000
X(8,1)        0.000000        0.000000
X(8,2)        0.000000        1055.000
X(8,3)        1.000000        250.0000
X(8,4)        0.000000        1528.000
X(8,5)        0.000000        1579.000
X(8,6)        0.000000        36.00000
X(8,7)        0.000000        407.0000
X(8,8)        0.000000        0.000000
```

4.3.3　最短路径问题

给定 N 个点 p_i ($i=1,2,\cdots,N$)组成集合$\{p_i\}$,由集合中任一点 p_i 到另一点 p_j 的距离用 c_{ij} 表示,如果 p_i 到 p_j 没有弧联结,则规定 $c_{ij}=+\infty$,又规定 $c_{ii}=0$ ($1\leqslant i\leqslant N$),指定一个终点 p_N,求从 p_i 点出发到 p_N 的最短路线.

显然这是一个不定期多阶段决策过程,可以建立动态规划模型.用所在的点 p_i 表示状态,决策集合就是除 p_i 以外的点,选定一个点 p_j 以后,得到 c_{ij} 并转入新状态 p_j,当状态是 p_N 时,过程停止.

定义 $f(i)$ 是由 p_i 点出发至终点 p_N 的最短路程,由最优化原理可得

$$\begin{cases} f(i)=\min\limits_{j}\{c_{ij}+f(j)\}, & i=1,2,\cdots,N-1 \\ f(N)=0 \end{cases}$$

这是一个函数方程,用LINGO可以方便地解决.

例4.8　计算如图4.15中顶点1到顶点10的最短路径.

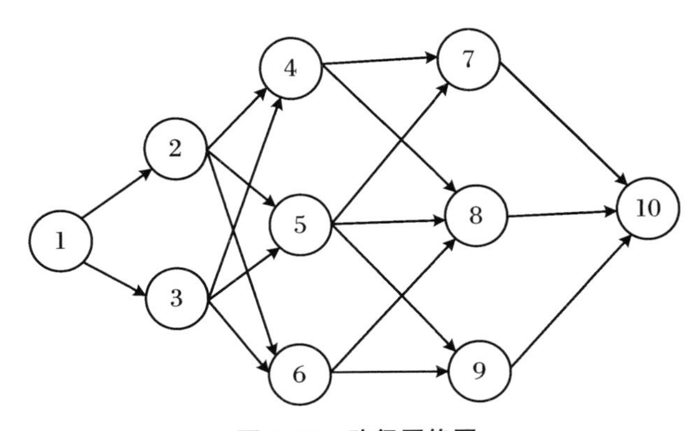

图4.15　路径网络图

解　LINGO建立模型如下:

model:

data:

```
  n=10;
enddata
sets:
  cities/1..n/: F;   ! 10个城市;
    roads(cities,cities)/
      1,2  1,3
      2,4  2,5  2,6
      3,4  3,5  3,6
      4,7  4,8
      5,7  5,8  5,9
      6,8  6,9
      7,10
      8,10
      9,10
    /: D, P;
endsets
data:
D=
  6  5
  3  6  9
  7  5  11
  9  1
  8  7  5
  4  10
  5
  7
  9;
enddata
  F(n)=0;
  @for(cities(i) | i #lt# n:
    F(i)=@min(roads(i,j): D(i,j)+F(j));
  );
  ! 显然,如果P(i,j)=1,则点i到点n的最短路径的第一步就是i→j,否则就不
  是.由此,我们就可方便地确定出最短路径;
  @for(roads(i,j):
    P(i,j)=@if(F(i) #eq# D(i,j)+F(j),1,0)
  );
end
```

以上模型使用 LINGO 求解的部分输出结果如下，问题解出答案如图 4.16 所示.

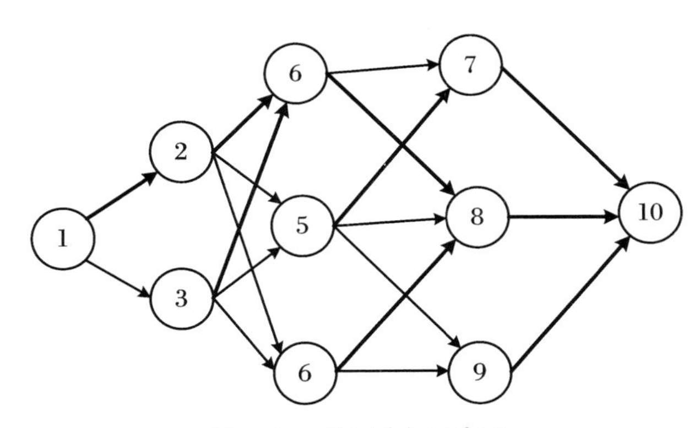

图 4.16　最短路径示意图

Feasible solution found.

Total solver iterations:　0

Variable	Value
N	10.00000
F(1)	17.00000
F(2)	11.00000
F(3)	15.00000
F(4)	8.000000
F(5)	13.00000
F(6)	11.00000
F(7)	5.000000
F(8)	7.000000
F(9)	9.000000
F(10)	0.000000
D(1,2)	6.000000
D(1,3)	5.000000
D(2,4)	3.000000
D(2,5)	6.000000
D(2,6)	9.000000
D(3,4)	7.000000
D(3,5)	5.000000
D(3,6)	11.00000
D(4,7)	9.000000
D(4,8)	1.000000
D(5,7)	8.000000
D(5,8)	7.000000
D(5,9)	5.000000

```
D(6,8)      4.000000
D(6,9)      10.00000
D(7,10)     5.000000
D(8,10)     7.000000
D(9,10)     9.000000
P(1,2)      1.000000
P(1,3)      0.000000
P(2,4)      1.000000
P(2,5)      0.000000
P(2,6)      0.000000
P(3,4)      1.000000
P(3,5)      0.000000
P(3,6)      0.000000
P(4,7)      0.000000
P(4,8)      1.000000
P(5,7)      1.000000
P(5,8)      0.000000
P(5,9)      0.000000
P(6,8)      1.000000
P(6,9)      0.000000
P(7,10)     1.000000
P(8,10)     1.000000
P(9,10)     1.000000
```

4.3.4 料场选址问题

例 4.9 建筑工地的位置(用平面坐标 a,b 表示距离,单位:km)及水泥日用量 d(t),由表 4.5 给出.有两个临时料场位于 $P(5,1)$, Q (2, 7),日储量各有 20 t.从两料场分别向各工地运送多少吨水泥 S 可使总的吨千米数最小?若新建两个料场,应建在何处可节省吨千米数,节省的吨千米数有多少?

表 4.5 料场及工地位置参数表

	1	2	3	4	5	6
a	1.25	8.75	0.5	5.75	3	7.25
b	1.25	0.75	4.75	5	6.5	7.75
d	3	5	4	7	6	11

解 记工地的位置坐标为(a_i,b_i),水泥日用量为 d_i,料场位置为(x_j,y_j),日储量为 e_j,从料场(x_j,y_j)向工地(a_i,b_i)的运送量为 c_{ij},得到模型如下:

$$\min f = \sum_{j=1}^{2}\sum_{i=1}^{6} c_{ij}\sqrt{(x_j - a_i)^2 + (y_j - b_i)^2}$$

$$\text{s.t.} \sum_{j=1}^{2} c_{ij} = d_i, i = 1,2,\cdots,6$$

$$\sum_{i=1}^{6} c_{ij} \leqslant e_j, j = 1,2$$

LINGO 建立模型如下：

```
model:
sets:
demand/1..6/:a,b,d;
supply/1..2/:x,y,e;
link(demand,supply):c;
endsets
data:
! locations for the demand(需求点的位置);
a=1.25,8.75,0.5,5.75,3,7.25;
b=1.25,0.75,4.75,5,6.5,7.75;
! quantities of the demand and supply(供需);
d=3,5,4,7,6,11;
e=20,20;
enddata
init:
! initi locations for the supply(初始点);
! x,y=5,1,2,7;
endinit
! Objective function(目标);
min=@sum(link(i,j):c(i,j)*@sqrt((x(j)-a(i))^2+(y(j)-b(i))^2));
! demand constraints(需求约束);
@for(demand(i):@sum(supply(j):c(i,j))=d(i););
! supply constraints(供应约束);
@for(supply(i):@sum(demand(j):c(j,i))<=e(i););
x(1)=5;x(2)=1;y(1)=2;y(2)=7;
@for(supply:@free(X);@free(Y););
end
```

在给定 P、Q 位置时，上述模型是一个线性规划模型，可以快速求得结果. 当 P、Q 位置设定为待定未知变量时，模型转变为非线性规划模型，求解一段时间后获得局部最优解，运输量有所改善，具体如图 4.17 所示.

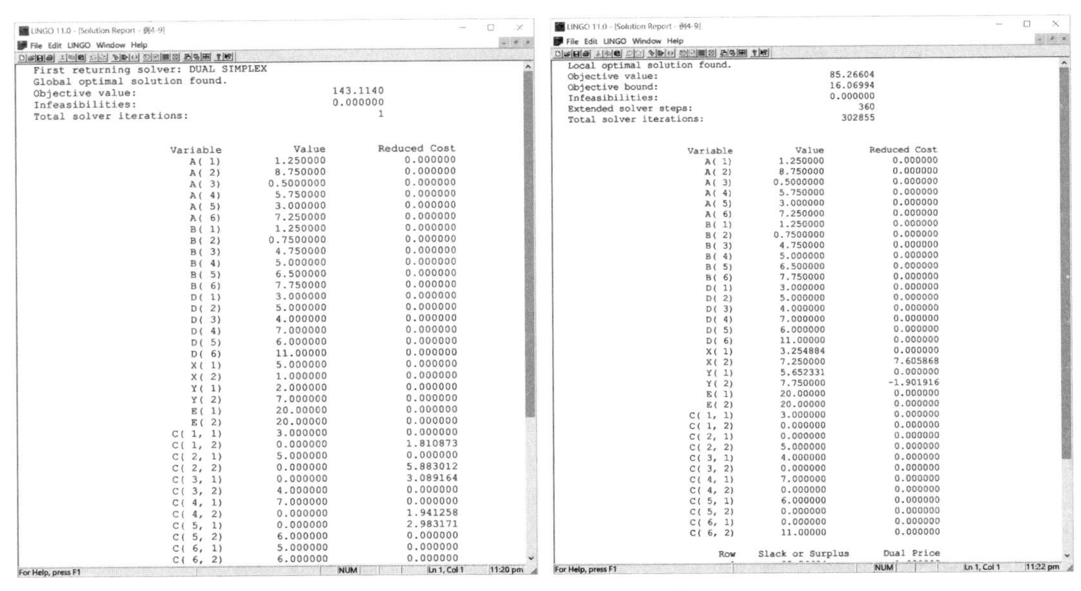

图 4.17 料场选址 LINGO 计算结果

4.3.5 装配线平衡问题

一条装配线含有一系列的工作站，在产品的加工过程中每个工作站执行一种或几种特定的任务.装配线周期是指所有工作站完成分配给它们各自的任务所花费时间中的最大值.平衡装配线的目标是为每个工作站分配加工任务，尽可能使每个工作站执行相同数量的任务，其最终标准是装配线周期最短.不适当的平衡装配线将会产生瓶颈——任务较少的工作站将被迫等待其前面分配了较多任务的工作站.装配线平衡问题会因为众多任务之间存在优先关系而变得更复杂，任务的分配必须服从这种优先关系.

目标是最小化装配线周期，其有以下约束：

(1) 要保证每件任务只能也必须分配至一个工作站来加工.

(2) 要保证满足任务间的所有优先关系.

例 4.10 有 11 件任务(A～K)分配到 4 个工作站(1～4)，任务的优先次序如图 4.18 所示.每件任务所花费的时间如表 4.6 所示.

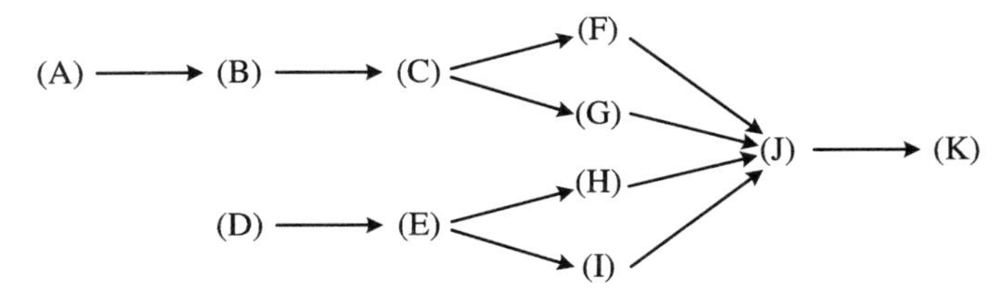

图 4.18 装配任务优先关系

表 4.6 装配任务时间表

任务	A	B	C	D	E	F	G	H	I	J	K
时间	45	11	9	50	15	12	12	12	12	8	9

LINGO 建立模型如下：

```
model:
  ! 装配线平衡模型;
sets:
  ! 任务集合,有一个完成时间属性 t;
    task/ a b c d e f g hi j k/: t;
  ! 任务之间的优先关系集合(a 必须完成才能开始 b,等等);
  pred(task, task)/ a,b  b,c  c,f  c,g  f,j  g,j
    j,k  d,e  e,h  e,i  h,j  i,j /;
  ! 工作站集合;
    station/1..4/;
  txs(task, station): x;
  ! x 是派生集合 txs 的一个属性.如果 x(i,k) = 1,则表示第 i 个任务指派给第 k
  个工作站完成;
endsets
data:
  ! 任务 a  b  c  d  e  f  g  h  i  j  k 的完成时间估计如下;
    t=  45  11  9  50  15  12  12  12  12  8  9;
enddata
  ! 当任务超过 15 个时,模型的求解将变得很慢;
  ! 每一个作业必须指派到一个工作站;
  @for(task(i): @sum(station(k): x(i, k)) = 1);
  ! 对于每一个存在优先关系的作业对来说,前者对应的工作站 i 必须小于后者
  对应的工作站 j;
  @for(pred(i, j): @sum(station(k): k * x(j, k) - k * x(i, k)) >= 0);
  ! 对于每一个工作站来说,其花费时间必须不大于装配线周期;
  @for(station(k):
  @sum(txs(i, k): t(i) * x(i, k)) <= cyctime);
  ! 目标函数是最小化转配线周期;
  min = cyctime;
  ! 指定 x(i,j) 为 0/1 变量;
  @for(txs: @bin(x));
end
```

使用 LINGO 求解输出如下，计算结果如表 4.7 所示.

表 4.7　装配任务工作站分配表

任务	A	B	C	D	E	F	G	H	I	J	K
工作站	1	3	4	2	3	4	4	3	3	4	4

Global optimal solution found.

Objective value： 50.00000
Objective bound： 50.00000

Total solver iterations： 207

Variable	Value	Reduced Cost
CYCTIME	50.00000	0.000000
X(A，1)	1.000000	0.000000
X(B，3)	1.000000	0.000000
X(C，4)	1.000000	0.000000
X(D，2)	1.000000	50.00000
X(E，3)	1.000000	0.000000
X(F，4)	1.000000	0.000000
X(G，4)	1.000000	0.000000
X(H，3)	1.000000	0.000000
X(I，3)	1.000000	0.000000
X(J，4)	1.000000	0.000000
X(K，4)	1.000000	0.000000

4.3.6 会议选派问题

例 4.11 某学会在今年(2019)暑假期间（7～8 月）在中国部分主要城市召开系列学术会议，具体日程、参会基本要求以及相关费用如表 4.8 所示.（2019 年第十五届芜湖高校数学建模联赛 D 题）

表 4.8 会议参会要求

会议时间	地点	住宿费用（元/人/天）	注册费用（元/人）	交通费（元/人）	参会最低要求
7.20～7.25	北京	650	1200	940	5 人(至少二人为教授)
7.21～7.25	上海	600	1100	380	5 人(至少二人为教授)
7.23～7.28	兰州	470	400	1540	3 人(至少一人为副教授或以上)
7.26～7.28	成都	460	400	1300	3 人(至少一人为副教授或以上)
7.29～7.31	昆明	480	400	1860	3 人(至少二人为副教授或以上)
7.29～7.31	太原	480	700	1040	3 人(至少一人为教授)
7.22～7.26	广州	550	1000	1440	3 人(至少一人为副教授或以上)
8.2～8.4	厦门	500	600	1100	3 人(至少一人为副教授或以上)
8.1～8.3	南京	490	800	100	5 人(至少二人为副教授或以上)
8.3～8.6	杭州	500	1000	300	4 人(至少一人为副教授或以上)
8.3～8.5	合肥	460	400	120	5 人(至少一人为教授)

续表

会议时间	地点	住宿费用（元/人/天）	注册费用（元/人）	交通费（元/人）	参会最低要求
8.6～8.9	芜湖	0	600	30	5 人（至少二人为教授）
8.6～8.10	济南	480	600	700	4 人（至少一人为副教授或以上）
8.7～8.10	天津	480	800	900	3 人（至少一人为副教授或以上）
8.7～8.10	长沙	320	600	800	3 人（至少二人为副教授或以上）
8.8～8.10	大连	490	600	1600	3 人（至少一人为教授）
8.10～8.12	咸阳	320	400	700	3 人（至少一人为教授）
8.10～8.12	青岛	560	800	900	5 人（至少一人为教授）
8.10～8.12	武汉	550	1000	500	5 人（至少二人为教授）

为了了解该学科国内外最新的研究动态以及提升芜湖市某大学的国内外影响力，该大学要求某学院所有专职教师积极报名参加这一系列会议.该学院专职教师中有教授 8 人，副教授 10 人，讲师及助教 20 人.

学院希望按下述要求安排教师参会：每位老师至少要参加两个会议，而教授至多参加两个会议.请制订一份详细合理的参会安排，使得所需总费用最少.一个教师在同一时段最多只能参加一个会议.

LINGO 建立模型如下，其中矩阵 M 可以使用 MATLAB 计算生成，用来表示各不同时间段的会议之间的冲突情况.

```
model:
sets:
resualts/1/:opfy,opyx;
huiyi/1..19/:fy,hyyxl,rs,yqjs,yqrs,sfch,chjs,chfjs,chjszj;
jiaoshi/1..38/:jsgl;
links(huiyi,huiyi):M;
links2(jiaoshi,huiyi):x;
endsets
data:
FLAG=2000;
fy=2790   2080   2410   2160   2740   2220   2990   2200   1390   1800   980
    630   1780   2180   1720   2690   1420   2260   2050;
rs=5      5  3  3  3  3  3  3  5  4  5  5  4  3  3  3  3  5  5;
yqjs=1    1  0  0  0  1  0  0  0  0  1  1  0  0  0  1  1  1  1;
yqrs=2    2  1  1  2  1  1  1  2  1  1  2  1  1  2  1  1  1  2;
M=0  0    0  1  1  1  0  1  1  1  1  1  1  1  1  1  1  1  1
  0  0    0  1  1  1  0  1  1  1  1  1  1  1  1  1  1  1  1
  0  0    0  0  1  1  0  1  1  1  1  1  1  1  1  1  1  1  1
  1  1    0  0  1  1  0  1  1  1  1  1  1  1  1  1  1  1  1
```

```
1 1  1 1 0 0 1 1 1 1 1 1 1 1 1 1 1 1 1
1 1  1 1 0 0 1 1 1 1 1 1 1 1 1 1 1 1 1
0 0  0 0 1 1 0 1 1 1 1 1 1 1 1 1 1 1 1
1 1  1 1 1 1 1 0 0 0 0 1 1 1 1 1 1 1 1
1 1  1 1 1 1 1 0 0 0 0 1 1 1 1 1 1 1 1
1 1  1 1 1 1 1 0 0 0 0 0 0 1 1 1 1 1 1
1 1  1 1 1 1 1 0 0 0 0 1 1 1 1 1 1 1 1
1 1  1 1 1 1 1 1 1 0 1 0 0 0 0 0 1 1 1
1 1  1 1 1 1 1 1 1 0 1 0 0 0 0 0 0 0 0
1 1  1 1 1 1 1 1 1 1 1 0 0 0 0 0 0 0 0
1 1  1 1 1 1 1 1 1 1 1 0 0 0 0 0 0 0 0
1 1  1 1 1 1 1 1 1 1 1 0 0 0 0 0 0 0 0
1 1  1 1 1 1 1 1 1 1 1 1 0 0 0 0 0 0 0
1 1  1 1 1 1 1 1 1 1 1 1 0 0 0 0 0 0 0
1 1  1 1 1 1 1 1 1 1 1 1 0 0 0 0 0 0 0;
@ole('D参会安排.xls','A2:S39','B45','B46')=x,opfy,opyx;
enddata
!目标函数1:参会费用;
min=opfy(1);
opfy(1)=@sum(huiyi(I):@sum(jiaoshi(T):fy(I)*x(T,I)));
!####################教师参会次数要求########
###################;
!教授;
@for(jiaoshi(T)|T#LE#8:
  @sum(huiyi(I):x(T,I))=2;
);
!其他;
@for(jiaoshi(T)|T#GT#8:
  @sum(huiyi(I):x(T,I))>=2;
);
!####################参会时间限制#########
#####################;
@for(jiaoshi(T):
  @for(links(I,J)|I#NE#J:
    (x(T,I)+x(T,J))*(1-M(I,J))<=1;
  );
);
!###############人数及教授人数要求#########
#################;
@for(huiyi(I):
```

```
    chjs(I) = @sum(jiaoshi(T) | T#LE#8: x(T,I));
    chfjs(I) = @sum(jiaoshi(T) |(T#GT#8)#AND#(T#LE#18): x(T,I));
    chjszj(I) = @sum(jiaoshi(T) |(T#GT#18)#AND#(T#LE#38): x(T,I));
    chjs(I)>= yqjs(I) * yqrs(I);
    chjs(I) + chfjs(I)>= (1 - yqjs(I)) * yqrs(I);
    @sum(jiaoshi(T):x(T,I))>= sfch(I) * rs(I);
    @sum(jiaoshi(T):x(T,I))<= FLAG * sfch(I);
    @bin(sfch(I));
  );
  @for(links2(T,I):
    @bin(x(T,I));
  );
  end
```

使用 LINGO 计算所得结果如表 4.9 所示.

表 4.9　会议参会安排表

北京	上海	兰州	成都	昆明	太原	广州	厦门	南京	杭州	合肥	芜湖	济南	天津	长沙	大连	咸阳	青岛	武汉	参会	职称
0	0	1	0	0	0	0	0	0	0	0	0	0	0	0	0	1	0	0	2	教授
0	0	0	0	0	0	0	0	0	0	0	1	0	0	0	0	0	0	1	2	
1	0	0	0	0	1	0	0	0	0	0	0	0	0	0	0	0	0	0	2	
1	0	0	0	0	0	0	0	0	0	0	0	0	0	0	1	0	0	0	2	
0	0	0	0	0	0	1	0	0	0	0	1	0	0	0	0	0	0	0	2	
0	1	0	1	0	0	0	0	0	0	0	0	0	0	0	0	0	0	0	2	
0	1	0	0	0	0	0	0	0	0	0	0	0	0	0	0	0	1	0	2	
0	0	0	0	0	0	0	0	0	0	1	0	0	0	0	0	0	0	1	2	
0	0	1	0	0	0	0	0	0	0	0	0	1	0	0	0	0	0	0	2	副教授
0	0	1	0	0	0	0	0	0	0	0	0	0	1	0	0	0	0	0	2	
0	0	0	0	0	0	0	0	0	0	1	0	1	0	0	0	0	0	0	2	
0	0	0	0	0	0	0	0	1	0	0	0	0	0	1	0	0	0	0	2	
0	0	0	0	1	0	0	0	0	1	0	0	0	0	0	0	0	0	0	2	
0	0	0	0	1	0	0	0	0	0	0	0	0	0	0	0	0	0	1	2	
0	0	0	0	0	0	0	0	0	0	0	1	0	0	0	0	0	1	0	2	
0	0	0	0	0	0	0	0	0	0	0	1	0	0	0	0	0	0	1	2	
0	0	0	0	0	0	0	1	0	0	0	0	0	0	1	0	0	0	0	2	
0	0	0	0	0	0	0	0	1	0	0	0	1	0	0	0	0	0	0	2	

续表

北京	上海	兰州	成都	昆明	太原	广州	厦门	南京	杭州	合肥	芜湖	济南	天津	长沙	大连	咸阳	青岛	武汉	参会	职称
0	0	0	0	0	0	1	0	1	0	0	0	0	0	0	0	0	0	0	2	讲师及助教
0	0	0	0	0	0	0	0	0	0	1	0	0	1	0	0	0	0	0	2	
0	0	0	0	0	0	0	0	1	0	0	0	0	0	0	1	0	0	0	2	
0	0	0	0	0	0	0	0	0	0	0	1	0	0	0	0	0	1	0	2	
1	0	0	0	0	0	0	0	0	0	0	0	0	1	0	0	0	0	0	2	
0	0	0	0	0	0	0	0	0	0	1	1	0	0	0	0	0	0	0	2	
0	0	0	0	0	1	0	1	0	0	0	0	0	0	0	0	0	0	0	2	
0	0	0	0	0	0	0	0	0	1	0	0	0	0	0	0	0	0	1	2	
1	0	0	0	0	0	0	0	0	0	0	0	0	0	0	0	1	0	0	2	
0	0	0	0	0	0	0	1	0	0	0	0	0	0	0	0	0	1	0	2	
0	0	0	0	0	0	0	0	0	1	0	0	0	0	0	1	0	0	0	2	
1	0	0	0	0	0	0	0	0	0	0	0	1	0	0	0	0	0	0	2	
0	0	0	0	0	1	0	0	0	1	0	0	0	0	0	0	0	0	0	2	
0	1	0	0	0	0	0	0	0	0	0	0	0	0	1	0	0	0	0	2	
0	0	0	1	0	0	0	0	0	0	0	1	0	0	0	0	0	0	0	2	
0	0	0	0	0	0	0	0	0	0	1	0	0	0	0	0	0	1	0	2	
0	1	0	0	0	0	0	0	0	0	0	0	0	0	0	0	1	0	0	2	
0	1	0	0	0	0	0	0	1	0	0	0	0	0	0	0	0	0	0	2	
0	0	0	0	0	0	1	0	0	0	0	1	0	0	0	0	0	0	0	2	
0	0	0	1	1	0	0	0	0	0	0	0	0	0	0	0	0	0	0	2	
参会人数																				
5	5	3	3	3	3	3	3	5	4	5	8	4	3	3	3	3	5	5		
要求人数																				
5	5	3	3	3	3	3	3	5	4	5	5	4	3	3	3	3	5	5		
	245060						总费用													

习　题

1．使用 LINGO 软件求解下列模型

$$
\begin{aligned}
\max\quad & 6x_{11}+4x_{21}+6x_{12}+5x_{22}-f(x)\\
\text{s.t.}\quad & x_{11}+x_{12}\leqslant x+500\\
& x_{21}+x_{22}\leqslant 1000\\
& x_{11}-x_{21}\geqslant 0
\end{aligned}
$$

$$3x_{12} - 2x_{22} \geqslant 0$$

$$x \leqslant 1000, \quad x_{11}, x_{21}, x_{12}, x_{22}, x \geqslant 0$$

$$f(x) = \begin{cases} 4x, & 0 \leqslant x \leqslant 500 \\ 500 + 3x, & 500 < x \leqslant 1000 \end{cases}$$

2．为了使得长为 a 宽为 b 的矩形物体通过如图 4.19 所示的直角走廊，则走廊的宽至少是多少？

3．如图 4.20 所示，A、B 两地距离一个等腰直角三角形湖泊分别为 50 公里和 40 公里．直角三角形的直角边长为 60 公里，并且关于直线 AB 对称．某人需要从 A 地赶往 B 地，已知其在陆地和水面前行的速度分别为 20 公里每小时和 16 公里每小时．试设计最优路线，使得他行走路程所用的时间最少．

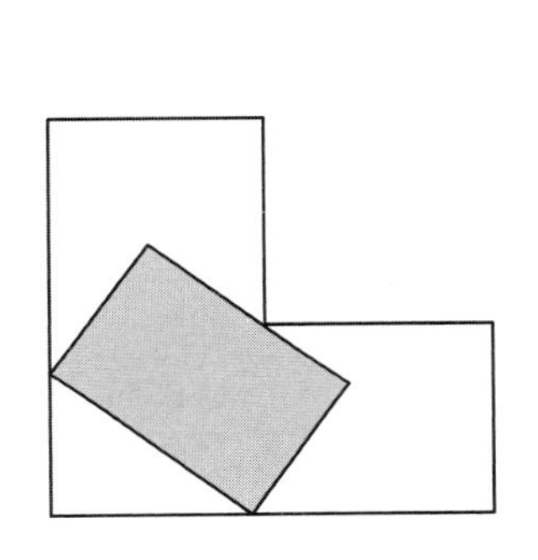

图 4.19　矩形物体通过直角走廊

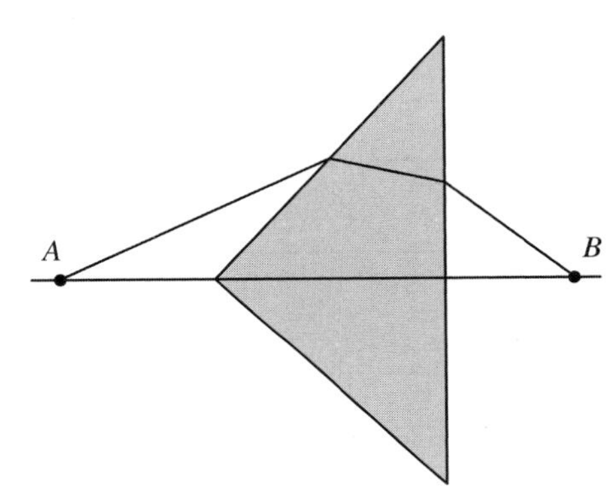

图 4.20　A、B 两地湖泊位置

4．甲、乙两个煤矿分别生产煤 500 万吨，供应 A、B、C 三个电厂发电需要，各电厂用煤量分别为 300 万吨，300 万吨，400 万吨．已知两煤矿之间、各电厂之间距离如表 4.10 所示．煤炭可以直接运达，也可经转运抵达，试确定从煤矿到各电厂间运煤的最优调度方案．

表 4.10　各地间距(km)

	甲	乙	A	B	C
甲	0	120	150	120	80
乙	100	0	60	160	40
A	150	60	0	70	100
B	120	160	50	0	120
C	80	40	100	150	0

5．某公司 10 名职员准备分成 5 个调查队（每队 2 人）前往 5 个地区进行社会调查．这 10 名职员两两之间组队的效率如表 4.11 所示（由于对称性，只列出了严格上三角部分）．问如何组队可以使总效率最高？

6．假设基金会得到了一笔数额为 M 万元的基金，打算将其存入银行，基金会计计划在 n 年内每年用部分本息奖励优秀员工，要求每年的奖金额相同，且在 n 年末仍保留原基金数额．银行存款税后年利率如表 4.12 所示．

表 4.11 职员两两之间组队效率

	M1	M2	M3	M4	M5	M6	M7	M8	M9	M10
M1		9	3	9	6	3	7	9	6	9
M2			5	5	5	9	7	9	4	8
M3				8	3	8	3	10	3	7
M4					3	9	3	6	2	6
M5						10	6	8	8	8
M6							6	8	2	8
M7								2	3	5
M8									4	2
M9										8
M10										

表 4.12 银行存款税后年利率

存期	1 年	2 年	3 年	5 年
税后年利率	1.6%	2.13%	2.692%	3.28%

基金会希望获得最佳的基金使用计划，以提高每年的奖金额，请在 $M=10000$ 万元，$n=5$ 年的情况下设计具体存款方案.

7. 有一批钢材，每根长 10 米. 现需做 100 套短钢材，每套包括长 4.8 米，3.2 米和1.5 米的各一根. 至少用掉多少根钢材才能满足需要？如何切割才能使用料最省.

8. 某车间需要生产 6 种产品(P1～P6)，单价(单位：元)分别为 550，600，350，400，200，500. 每种产品需要四道工序进行加工：研磨、钻孔、校正、装配，所需工时如表 4.13 所示. 各工序的生产能力(工时单位：h)为 388，392，462，428. 如何安排生产使收入最高？

表 4.13 各产品工序所需工时(h)

	P1	P2	P3	P4	P5	P6
研磨	12	20	0	25	15	16
钻孔	10	8	16	0	0	2
校正	20	20	20	20	20	18
装配	3	5	8	6	9	10

9. 计算图 4.21 中点 S 到点 T 的最短路径.

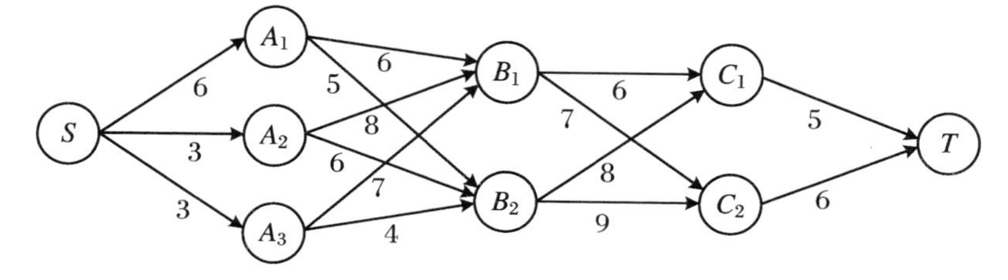

图 4.21 求最短距离路径图

10. 在一次工程检测中测得一个圆形构件的轮廓上的 30 个点的坐标如表 4.14 所示，试建立相应的数学模型，求出这个圆形构件的圆心位置和半径.

表 4.14　圆形构件点的坐标

点	X 坐标	Y 坐标	点	X 坐标	Y 坐标
1	31.4259	34.2927	16	17.278	30.6751
2	30.8802	35.4264	17	17.471	29.4983
3	30.4116	36.4183	18	18.6001	28.5232
4	29.6709	37.9934	19	19.5327	26.7616
5	28.4507	39.2489	20	20.7655	26.1603
6	26.516	39.9268	21	21.942	25.259
7	24.9042	40.3789	22	23.3406	25.1684
8	23.8707	40.3036	23	24.9007	25.2402
9	21.8608	39.5007	24	26.461	25.2643
10	20.7344	39.116	25	28.0668	25.9184
11	19.7067	38.3049	26	29.6605	27.0816
12	18.4311	36.6023	27	30.4353	28.4292
13	17.8012	35.9553	28	31.4635	29.3211
14	16.6713	34.1285	29	31.6817	30.8659
15	16.6028	32.6318	30	31.843	32.5947

11. 在图论中，称无圈的连通图为树. 在一个连通图 G 中，称包含图 G 全部顶点的树为图 G 的生成树. 生成树上各边的权之和称为该生成树的权. 连通图 G 的权最小的生成树称为图 G 的最小生成树. 假设某电话公司计划在六个村庄架设电话线，各村庄之间的距离如图 4.22 所示. 试求使电话线总长度最小的架线方案.

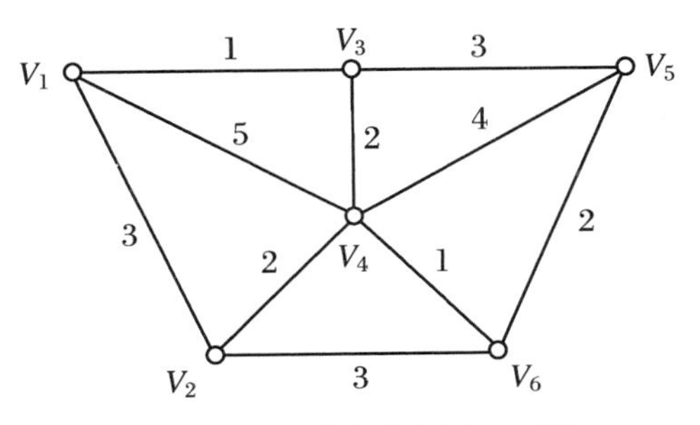

图 4.22　求最小生产树路径图

12. 有 4 名同学到一家公司参加三个阶段的面试：公司要求每个同学都必须首先找公司秘书初试，然后到部门主管处复试，最后到经理处参加面试，并且不允许插队（即在任何一个阶段 4 名同学的顺序是一样的）. 由于 4 名同学的专业背景不同，所以每人在三个阶段的面试时间也不同，具体时间如表 4.15 所示. 这 4 名同学约定他们全部面试完以后一起离开公司.假定现在时间是早晨8:00,问他们最早何时能离开公司?

表 4.15 面试阶段及时间

	秘书初试(min)	主管复试(min)	经理面试(min)
同学甲	13	15	20
同学乙	10	20	18
同学丙	20	16	10
同学丁	8	10	15

第5章　插　　值

在工程技术上,为了设计和加工,往往需要利用一些已知的离散点寻找一条通过这些点的光滑曲线.这个问题反映在数学上,即已知函数在一些点的值,寻求它的函数表达式 $p(x)$.解决该问题的方法是:根据函数 $f(x)$的一些样点值,选定某个便于计算的含参数简单类型的函数 $p(x)$,且要求通过已知样点,从而确定 $f(x)$的近似函数 $p(x)$,即插值法.插值方法在数学建模中也经常用到,如图形处理、地理信息数据的处理等都与插值问题有关.

常用的插值法有:拉格朗日多项式插值、牛顿插值、分段线性插值、Hermite 插值和三次样条插值等.

5.1　插值方法

5.1.1　线性插值

已知两个互异的节点 $A(x_0,y_0)$,$B(x_1,y_1)$,且给定的函数 $y=f(x)$满足 $y_0=f(x_0)$,$y_1=f(x_1)$.现要用线性函数 $p(x)=ax+b$ 近似代替$f(x)$,即求出参数 a,b,使 $p(x_i)=f(x_i)(i=1,2)$.称线性函数 $p(x)$为 $f(x)$的线性插值函数,如图 5.1 所示.

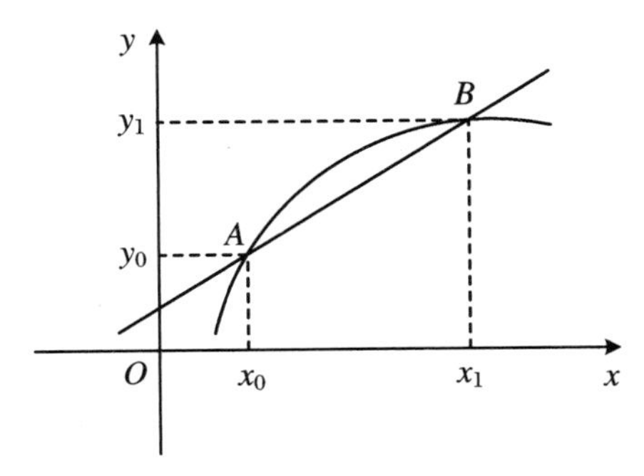

图 5.1　插值函数

由直线方程的点斜式可得过 $A(x_0,y_0)$,$B(x_1,y_1)$两点的直线方程为

$$p(x)=y_0+\frac{y_1-y_0}{x_1-x_0}(x-x_0) \tag{1}$$

可变形为

$$p(x)=\frac{x-x_1}{x_0-x_1}y_0+\frac{x-x_0}{x_1-x_0}y_1 \tag{2}$$

记 $l_0(x)=\frac{x-x_1}{x_0-x_1}$，$l_1(x)=\frac{x-x_0}{x_1-x_0}$，则 $l_i(x)=\prod_{1}\frac{x-x_j}{x_i-x_j}(i=0,1)$，且 $l_0(x)$ 和 $l_1(x)$ 满足 $l_i(x_j)=\begin{cases}1(i=j)\\0(i\neq j)\end{cases}$. $l_0(x)$ 与 $l_1(x)$ 称为线性插值基函数. 于是线性插值函数 $p(x)$ 可表示为

$$p(x)=l_0(x)y_0+l_1(x)y_1 \tag{3}$$

5.1.2 n 次拉格朗日插值多项式

与推导线性插值类似，可利用 $n+1$ 个插值点来构造一个次数为 n 的代数多项式$P(x)$. 首先构造一组插值基函数为

$$l_i(x)=\frac{(x-x_0)\cdots(x-x_{i-1})(x-x_{i+1})\cdots(x-x_n)}{(x_i-x_0)\cdots(x_i-x_{i-1})(x_i-x_{i+1})\cdots(x_i-x_n)}=\prod_{\substack{j=0\\j\neq i}}^{n}\frac{x-x_j}{x_i-x_j} \tag{4}$$

且 $l_i(x)$满足 $l_i(x_j)=\begin{cases}1 & (i=j)\\0 & (i\neq j)\end{cases}(i=0,1,2,\cdots,n)$. 于是满足插值条件 $P(x_i)=f(x_i)$的 n 次代数插值多项式表示为

$$P(x)=l_0(x)y_0+l_1(x)y_1+\cdots+l_n(x)y_n \tag{5}$$

上式称为 n 次拉格朗日插值多项式，并记为 $L_n(x)$，则

$$L_n(x)=\sum_{i=0}^{n}y_il_i(x) \tag{6}$$

拉格朗日插值多项式的误差可用插值多项式与被插函数之差来计算. 即

$$R_n(x)=f(x)-L_n(x)=\frac{f^{(n+1)}(\xi)}{(n+1)!}\omega_{n+1}(x),\xi\in(a,b) \tag{7}$$

式中，$\omega_{n+1}(x)=\prod_{j=0}^{n}(x-x_j)$，$R_n(x)$ 称为截断误差，又称误差余项.

例 5.1 已知 $x_0=0,x_1=1,f(x)=\mathrm{e}^{-x}$，求 $f(x)$的线性插值函数 $L_1(x)$.

解 由 $x_0=0,x_1=1,f(x)=\mathrm{e}^{-x}$，得 $y_0=\mathrm{e}^0=1,y_1=\mathrm{e}^{-1}$. 则 $f(x)$的线性插值函数 $L_1(x)$为

$$\begin{aligned}L_1(x)&=\frac{x-x_1}{x_0-x_1}y_0+\frac{x-x_0}{x_1-x_0}y_1\\&=1\times\frac{x-1}{0-1}+\mathrm{e}^{-1}\frac{x-0}{1-0}=-(x-1)+\mathrm{e}^{-1}x=1+(\mathrm{e}^{-1}-1)x\end{aligned}$$

例 5.2 已知 $f(x)$的观测数据如表 5.1 所示. 试根据表 5.1 数据，构造三次拉格朗日插值多项式.

表 5.1 观测数据

x	0	1	2	4
$f(x)$	1	9	23	3

解 四个点可构造三次拉格朗日插值多项式,其基函数为

$$l_0(x)=\frac{(x-1)(x-2)(x-4)}{(0-1)(0-2)(0-4)}=-\frac{1}{8}x^3+\frac{7}{8}x^2-\frac{7}{4}x+1$$

$$l_1(x)=\frac{(x-0)(x-2)(x-4)}{(1-0)(1-2)(1-4)}=\frac{1}{3}x^3-2x^2+\frac{8}{3}x$$

$$l_2(x)=\frac{(x-0)(x-1)(x-4)}{(2-0)(2-1)(2-4)}=-\frac{1}{4}x^3+\frac{5}{4}x^2-x$$

$$l_3(x)=\frac{(x-0)(x-1)(x-2)}{(4-0)(4-1)(4-2)}=\frac{1}{24}x^3-\frac{1}{8}x^2+\frac{1}{12}x$$

拉格朗日插值多项式为

$$\begin{aligned}L_3(x)&=\sum_{k=0}^{3}y_kl_k(x)=l_0(x)+9l_1(x)+23l_2(x)+3l_3(x)\\&=-\frac{11}{4}x^3+\frac{45}{4}x^2-\frac{1}{2}x+1\end{aligned}$$

5.2 MATLAB 求解插值问题

MATLAB 软件自带的插值功能函数有:一维插值函数 interp1(),二维插值函数 interp2(),griddata(),三维插值函数 interp3(),n 维插值函数 intern()等.

5.2.1 一维插值的 MATLAB 实现

一维插值函数 interp1()的 MATLAB 命令如下:

```
yi=interp1(x,y,xi,'method')
```

其中,x 和 y 表示已知的插值节点;xi 表示需要插值的节点;yi 表示 xi 的插值结果;参数 method 表示的插值方法可设置为:nearest(最邻近插值),spline(三次样条插值),cubic(立方插值),缺省时为 linear(分段线性插值).

5.2.2 拉格朗日插值的 MATLAB 实现

拉格朗日插值多项式的实现不能使用上述一维插值函数 interp1(),需要利用 MATLAB 软件编写一个 M 文件实现插值.数组 $x0$, $y0$ 表示 n 个节点数据的输入,数组 x 表示 m 个插值点的输入,输出数组 y 为m 个插值.编写的 M 文件名为“lagrange.m”.

```
function y=lagrange(x0,y0,x);
n=length(x0);m=length(x);
for i=1:m
   z=x(i);
   s=0.0;
```

```
        for k = 1:n
          p = 1.0;
          for j = 1:n
            if j~ = k
              p = p * (z - x0(j))/(x0(k) - x0(j));
            end
          end
          s = p * y0(k) + s;
        end
        y(i) = s;
      end
```

5.2.3 二维插值的 MATLAB 实现

1. 网格节点数据的插值

MATLAB 命令格式如下：

格式 1　　　　z0 = interp2(x,y,z,x0,y0)

式中，z0 表示被插值点的函数值；x,y,z 为插值节点；x0,y0 为被插值点. x,y 要求单调且有相同的划分格式. x0,y0 可为矩阵，或 x0 为行向量，y0 为列向量. 若 x0,y0 中有在 x,y 范围之外的点，则返回 NaN.

格式 2　　　　z = interp2(x,y,z,x0,y0,'method')

式中，method 是指用给定的方法计算二维插值，包括：linear(双线性插值)，nearest(最邻近插值)，spline(三次样条插值)，cubic(双三次插值).

2. 散点数据的插值

MATLAB 命令格式如下：

z1 = griddata(x1,y1,z1,x,y,'method')

式中，x 为行向量，y 为列向量；z1 表示被插值点的函数值；x1,y1,z1 为插值节点；x,y 为被插值点；method 为插值方法，包括：linear(双线性插值，缺省)，nearest(最邻近插值)，cubic(双三次插值)，v4 插值(MATLAB 提供的插值方法).

例 5.3　为了统计食品加工厂的生产费用，有关部门收集了五个食品加工厂的产量与生产费用资料，如表 5.2 所示. 现有一个年产 240 t 的食品加工厂，估计其生产费用.

表 5.2　食品加工厂的生产量和费用

工厂名称	A	B	C	D	E
生产量(t)	200	220	250	270	280
生产费用(万元)	4	4.5	4.7	4.8	5.2

解　调用 Lagrange 插值的 M 文件 lagrange.m，运行如下程序：

```
clear all
```

```
clc
x=200:1:280;
x0=[200 220 250 270 280];
y0=[4 4.5 4.7 4.8 5.2];
y1=lagrange(x0,y0,x);
plot(x0,y0,'+')
hold on
plot(x,y1)
legend('原始值','Lagrange 插值')
set(gca,'FontName','宋体','FontSize',15)
xlabel('生产量(吨)')
ylabel('生产费用(万元)')
x=240;
y=lagrange(x0,y0,x)
```

运行程序后,可画出拉格朗日的插值曲线,如图5.2所示.计算得年产240吨的食品加工厂,其生产费用大约是4.71万元.

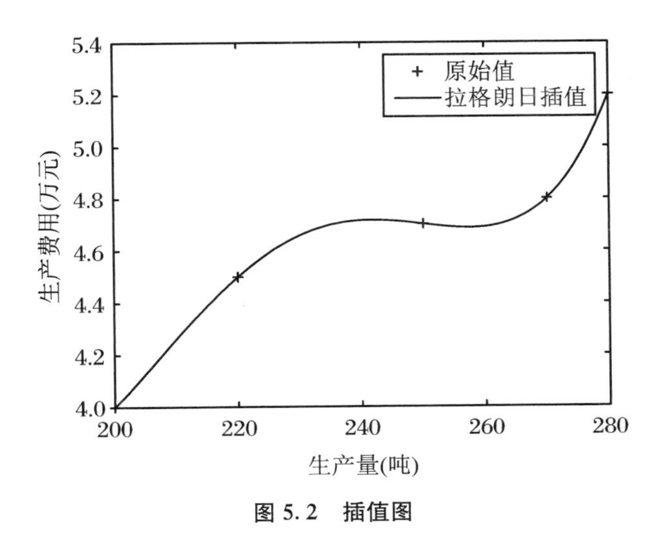

图5.2 插值图

例5.4 分别使用拉格朗日插值、分段线性插值和三次样条插值对函数 $f(x)=\dfrac{1}{1+x^2}$,$x\in[-6,6]$,进行插值比较分析并作出每种插值方法的误差曲线.

解 运行如下的MATLAB程序:

```
clc,clear
x0=-6:0.5:6;
y0=1./(1+x0.^2);
x=-6:0.1:6;
y=1./(1+x.^2);
```

```
y1 = lagrange(x0,y0,x); %调用前面编写的 Lagrange 插值函数
z1 = y1 - y;
y2 = interp1(x0,y0,x);
z2 = y2 - y;
y3 = interp1(x0,y0,x,'spline');
z3 = y3 - y;
figure(1)
subplot(3,1,1), plot(x0,y0,'o',x,y1)
legend('原始值','Lagrange 插值');xlabel('x');ylabel('y');
subplot(3,1,2), plot(x0,y0,'o',x,y2), title('Piecewise linear')
legend('原始值','Piecewise linear 插值');xlabel('x');ylabel('y');
subplot(3,1,3), plot(x0,y0,'o',x,y3), title('Spline')
legend('原始值','Spline 插值');xlabel('x');ylabel('y');
figure(2)
subplot(3,1,1), plot(x,z1), title('Lagrange 下的误差曲线')
subplot(3,1,2), plot(x,z2), title('Piecewise linear 下的误差曲线')
subplot(3,1,3), plot(x,z3), title('Spline 下的误差曲线')
```

运行上述程序可得拉格朗日插值、分段线性插值和三次样条插值的插值图(图 5.3)和误差曲线图(图 5.4).从图 5.3 和图 5.4 可知拉格朗日插值的效果最差,最好的是三次样条插值.

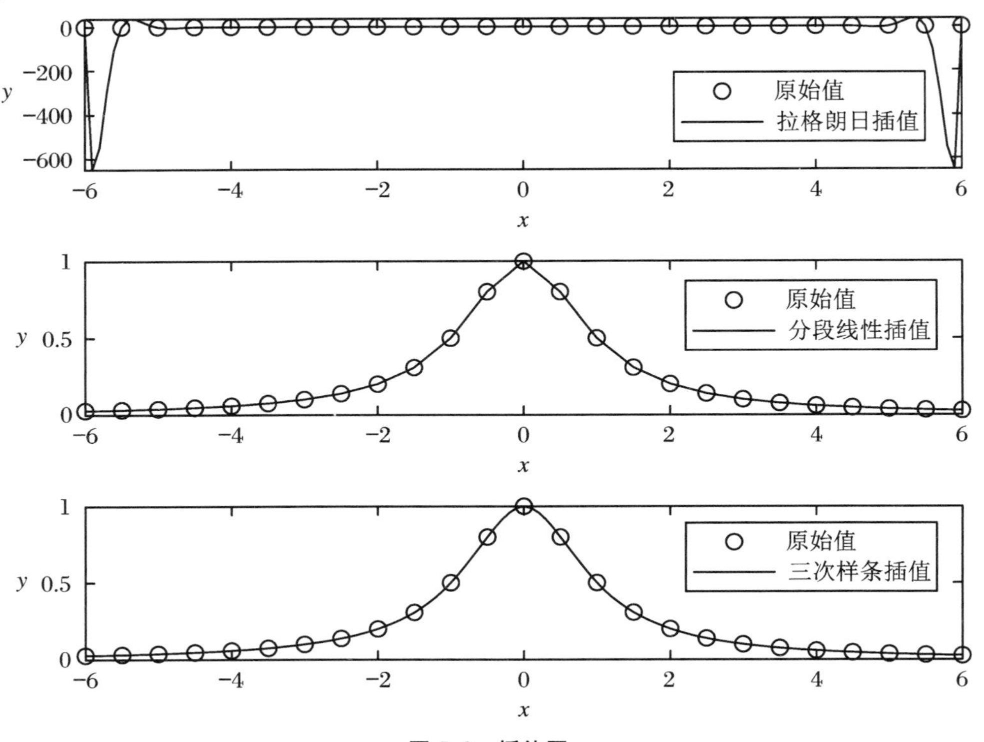

图 5.3 插值图

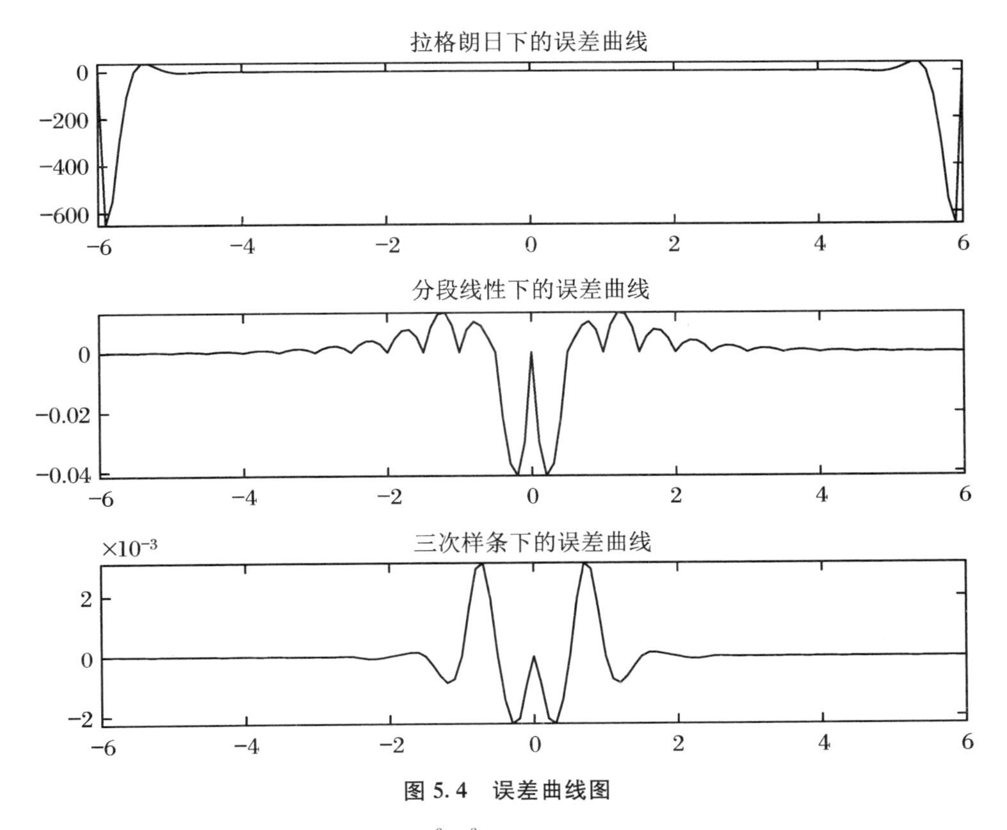

图 5.4　误差曲线图

例 5.5　用函数 $z=f(x,y)=xe^{-x^2-y^2}$（$-3\leqslant x\leqslant 3$，$-3\leqslant y\leqslant 3$）产生一些较稀疏的网格数据，再分别用 linear、cubic、spline 插值方法进行二维插值，并对其进行误差比较.

解　MATLAB 程序如下：

```
clear;
[x,y]=meshgrid(-3:.5:3,-3:.5:3);%用较稀疏的插值点
z=x.*exp(-x.^2-y.^2);
figure(1);
surf(x,y,z)
title('较稀疏的插值点')
[x0,y0]=meshgrid(-3:.2:3,-3:.2:3);%用较密的插值点
z1=interp2(x,y,z,x0,y0);%用默认的线性插值
z2=interp2(x,y,z,x0,y0,'cubic');%立方插值
z3=interp2(x,y,z,x0,y0,'spline');%样条插值
figure(2);
surf(x0,y0,z1)
title('linear 插值')
figure(3);
surf(x0,y0,z2)
title('cubic 插值')
```

```
figure(4);
surf(x0,y0,z3)
title('spline 插值')
%算法误差比较
z=x0.*exp(-x0.^2-y0.^2);
figure(5);
surf(x0,y0,abs(z-z1))
title('linear 插值的误差')
figure(6);
surf(x0,y0,abs(z-z2))
title('cubic 插值的误差')
figure(7);
surf(x0,y0,abs(z-z3))
title('spline 插值的误差')
```

运行程序,首先得到较稀疏的插值点(图 5.5),然后使用 linear、cubic 和 spline 插值方法作曲面图,如图 5.6 所示.从图 5.6 的对比发现,spline 插值方法效果较好.另外从误差图(图 5.7)的比较也说明 spline 插值的效果最好.

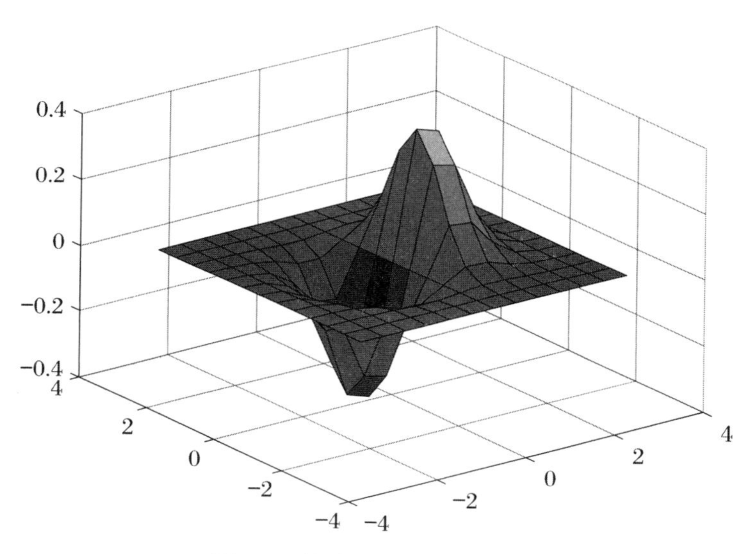

图 5.5 较稀疏插值点的曲面图

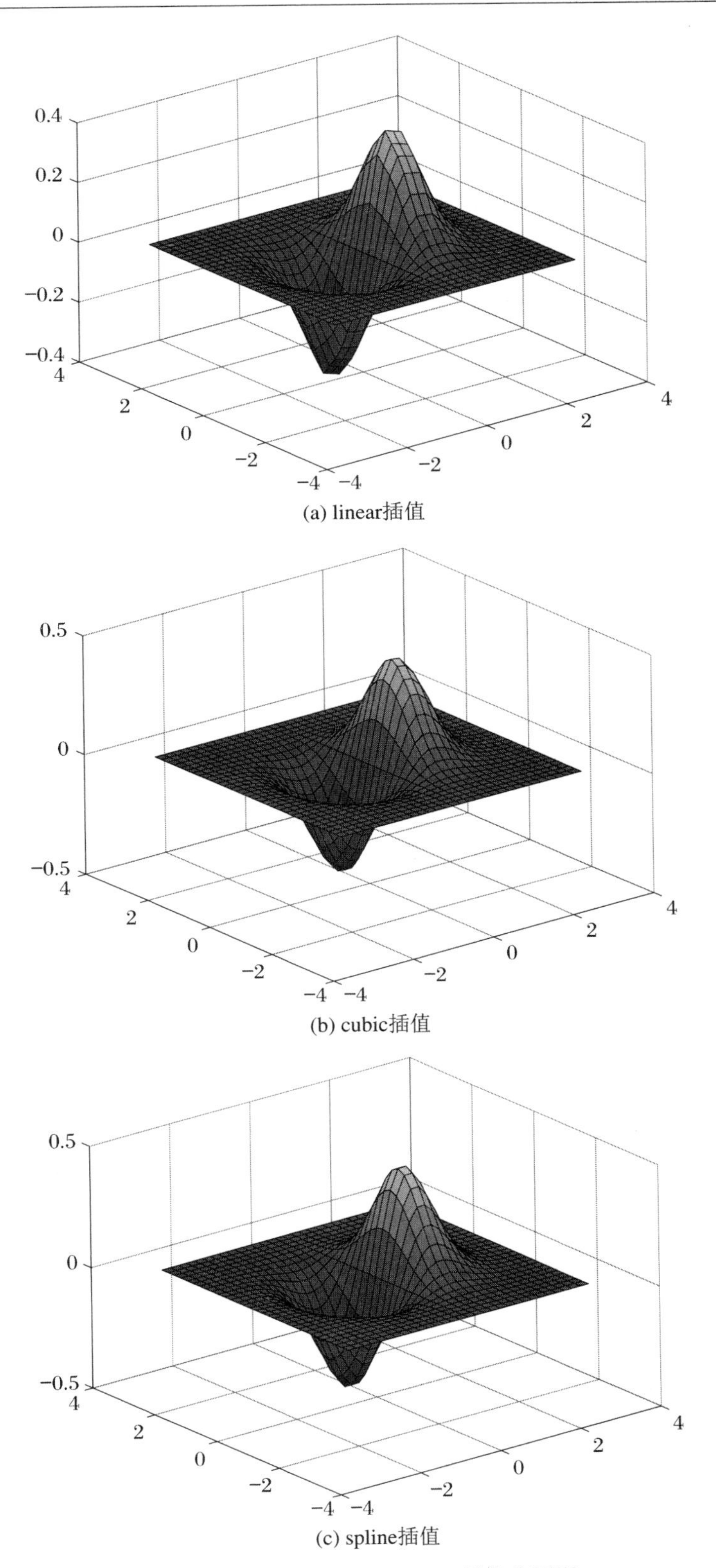

(a) linear插值

(b) cubic插值

(c) spline插值

图 5.6 linear、cubic 和 spline 插值曲面图

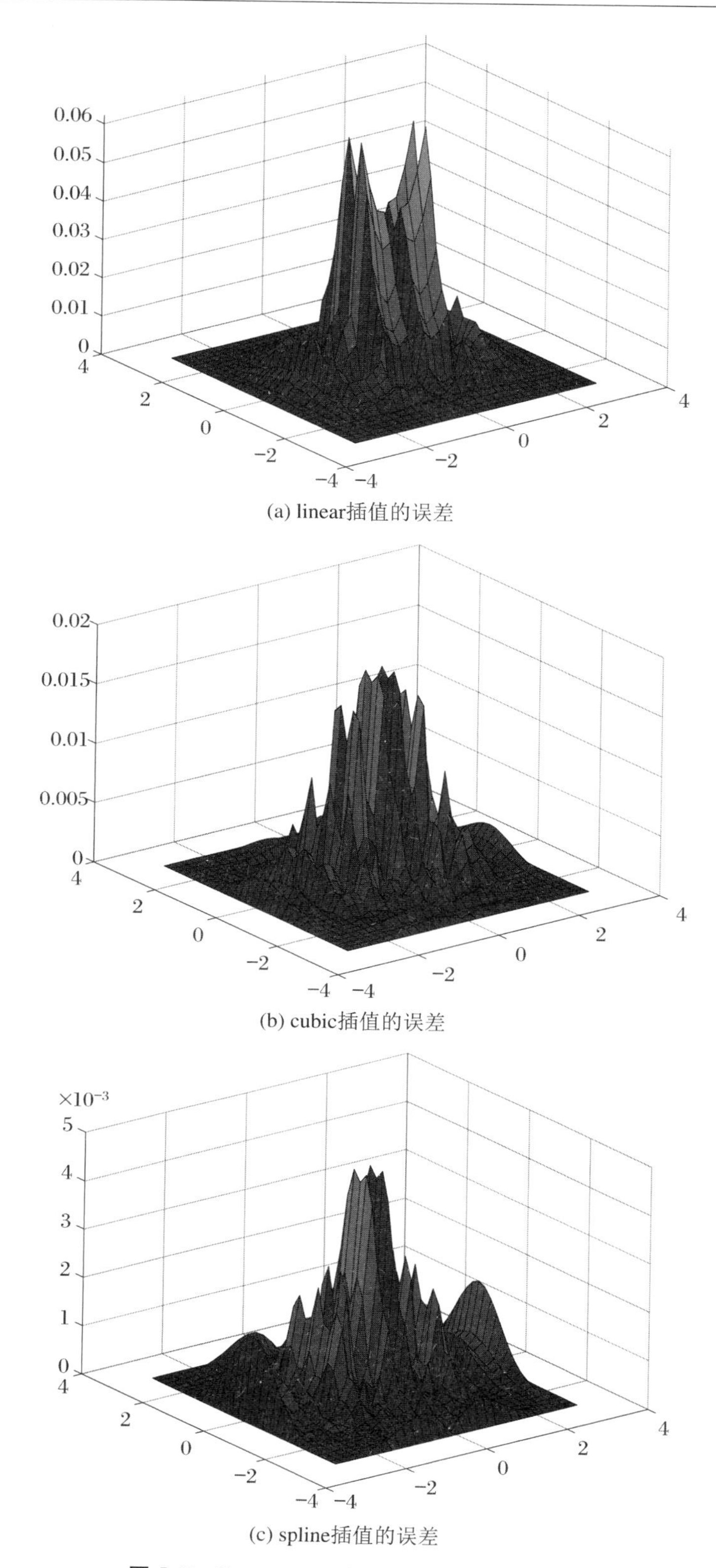

图 5.7 linear、cubic 和 spline 插值的误差图

例 5.6 用函数 $z=f(x,y)=(x^2-2x)e^{-x^2-y^2-xy}$，在矩形区域$[-3,3]\times[-2,2]$内随机选取一组数据，再分别用 nearest 和 v4 插值方法进行二维插值，并对其进行误差比较.

解 由于是对随机数据进行插值，因此使用 griddata()函数命令，MATLAB 程序如下：

```
clear
x0 = -3+6*rand(260,1);
y0 = -2+4*rand(260,1);
z0 = (x0.^2-2*x0).*exp(-x0.^2-y0.^2-x0.*y0);
[x1,y1] = meshgrid(-3:.2:3,-2:.2:2);
z1 = griddata(x0,y0,z0,x1,y1,'nearest'); %nearest 插值
z2 = griddata(x0,y0,z0,x1,y1,'v4');%v4 插值
figure(1);
surf(x1,y1,z1)
axis([-3,3,-2,2,-0.5,1.5])
title('nearest 插值')
figure(2);
surf(x1,y1,z2)
axis([-3,3,-2,2,-0.5,1.5])
title('v4 插值')
%误差分析
z = (x1.^2-2*x1).*exp(-x1.^2-y1.^2-x1.*y1);
figure(3);
surf(x1,y1,abs(z-z1))
axis([-3,3,-2,2,0,0.15])
title('nearest 插值的误差')
figure(4);
surf(x1,y1,abs(z-z2))
axis([-3,3,-2,2,0,0.15])
title('v4 插值的误差')
```

运行程序，先产生一组随机数据，然后使用 nearest 和 v4 插值方法进行插值，得到插值曲面图(图 5.8)和误差图(图 5.9). 从插值曲面图和误差图可知 v4 插值的效果最好.

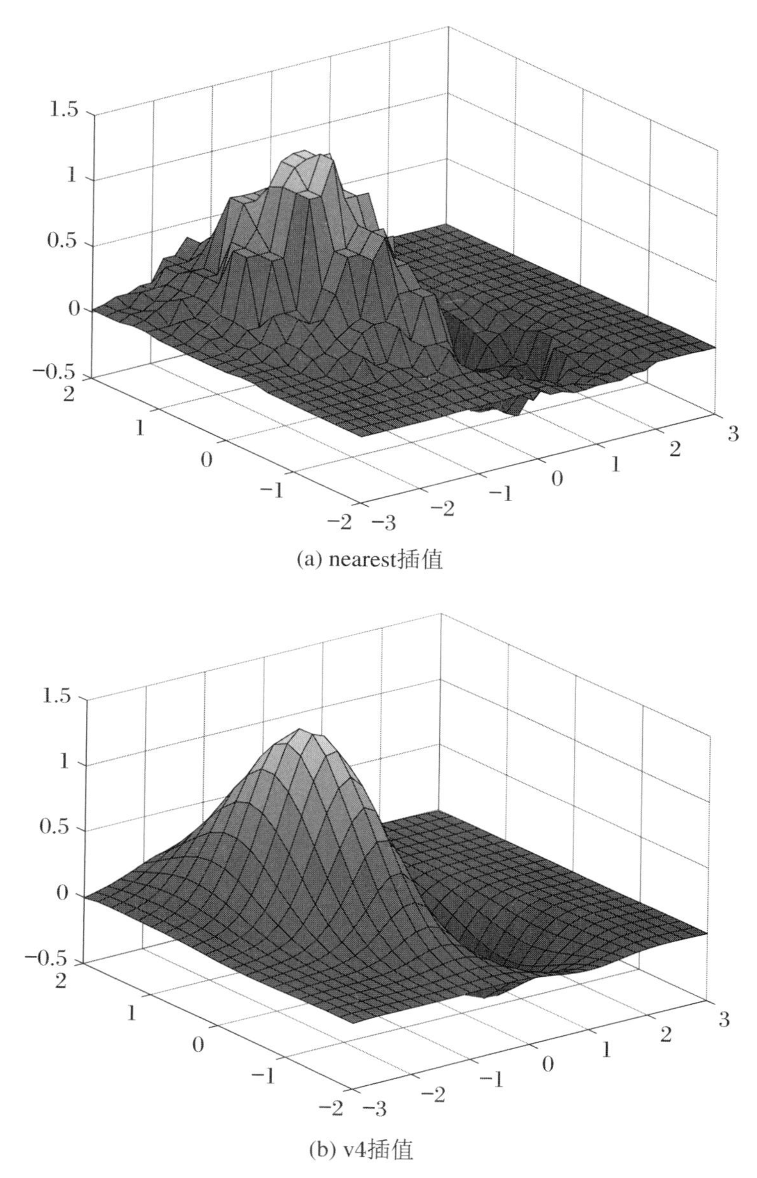

(a) nearest插值

(b) v4插值

图 5.8　nearest 和 v4 插值曲面图

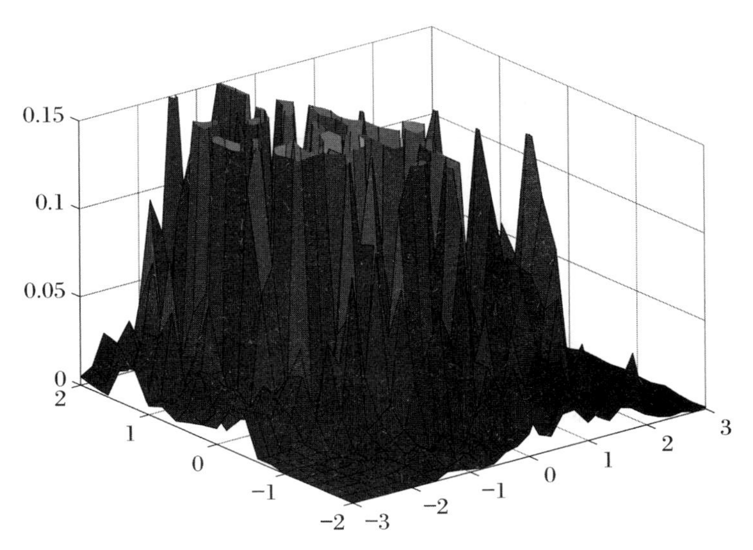

(a) nearest插值的误差

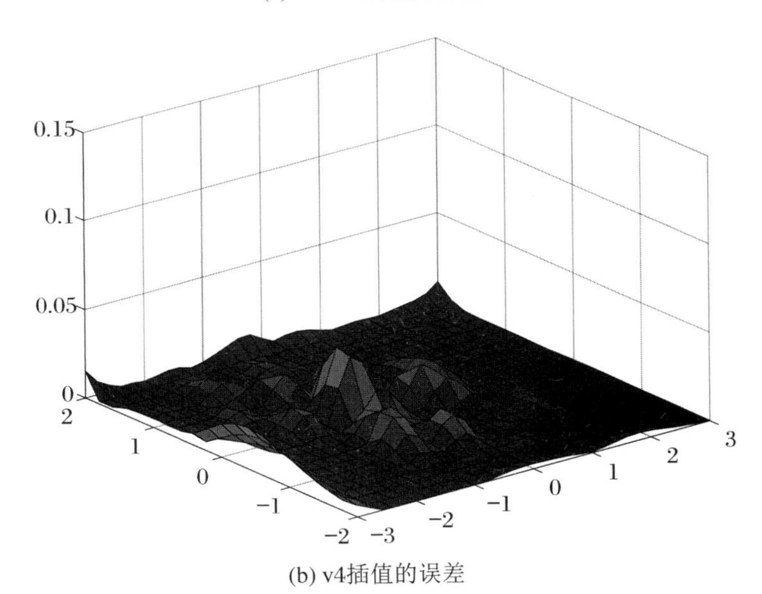

(b) v4插值的误差

图 5.9　nearest 和 v4 插值的误差图

习　题

1. 已知表 5.3 的数据，当 $x=0.15,0.25,0.35$ 时，估计 y 的值.

表 5.3

x	0	0.1	0.2	0.3	0.4	0.5	0.6	0.7	0.8	0.9	1
y	0.3	0.5	1	1.4	1.6	1	0.6	0.4	0.8	1.5	2

2. 从 1 点到 12 点，每隔 1 h 测量一次温度，数据见表 5.4. 试估计每隔 1/5 h 的温度值.

表 5.4

时间(h)	1	2	3	4	5	6	7	8	9	10	11	12
温度(℃)	5	8	9	15	25	29	31	30	22	25	27	24

3. 已知(x,y)的一组数据，如表 5.5 所示，试估计当 x 每隔 0.5 时的 y 值.

表 5.5

x	0	3	5	7	9	11	12	13	14	15
y	0	1.2	1.7	2	2.1	2	1.8	1.2	1	1.6

4. 表 5.6 是记录某水塔一天的时刻(单位：h) − 流速(单位：m^3/h)的测量数据，但其中有 3 个时刻水流速度无记录(表中用符号“//”表示). 试估算出缺失值处水流速度.

表 5.6　水塔时刻-流速测量数据

时刻	0	0.92	1.84	2.95	3.87	4.98	5.9
流速(m^3/h)	54.52	42.32	38.09	41.68	33.3	37.81	30.75
时刻	7.01	7.98	8.97	9.98	10.93	10.95	12.03
流速(m^3/h)	38.46	32.12	41.72	//	//	73.69	76.43
时刻	12.95	13.88	14.98	15.9	16.83	17.93	19.04
流速(m^3/h)	71.69	60.19	68.33	59.22	52.01	56.63	63.02
时刻	19.96	20.84	22.02	22.96	23.88	24.99	25.91
流速(m^3/h)	54.86	55.44	//	57.6	57.77	51.89	36.46

5. 分别使用拉格朗日插值、分段线性插值和三次样条插值对函数 $f(x)=\dfrac{1}{1+25x^2}$，$x\in[-2,2]$，进行插值分析.

6. 用函数 $z=f(x,y)=7-3x^4e^{-x^2-y^2}$，在矩形区域$[-3,3]\times[-3,3]$内产生一组随机数据，再分别用 linear、cubic、spline 插值方法进行二维插值，并对其进行误差比较.

7. 在某海域测得一些点(x,y)处的水深 z，如表 5.7 所示，船的吃水深度为 5 m. 在矩形区域$[75,200]\times[-50,150]$里的哪些地方船要避免进入？作出海底曲面图，并给出水深小于 5 的海域范围，即 $z=5$ 的等高线.

表 5.7

x	129	140	103.5	88	185.5	195	105.5	157.5	107.5	77	81	162	162	117.5
y	7.5	141.5	23	147	22.5	137.5	85.5	−6.5	−81	3	56.5	−66.5	84	−33.5
z	−4	−8	−6	−8	−6	−8	−8	−9	−9	−8	−8	−9	−4	−9

8. 在某山区[1200,3600]×[1200,4000]的范围内测得高程(m)如表 5.8 所示,试作出该山区的地貌图和等高线图,并利用几种插值方法进行比较.

表 5.8

x \ y	1200	1600	2000	2400	2800	3200	3600	4000
1200	1130	1250	1280	1230	1040	900	500	700
1600	1320	1450	1420	1400	1300	700	900	850
2000	1390	1500	1500	1400	900	1100	1060	950
2400	1500	1200	1100	1350	1450	1200	1150	1010
2800	1500	1200	1100	1550	1600	1550	1380	1070
3200	1500	1550	1600	1550	1600	1600	1600	1550
3600	1480	1500	1550	1510	1430	1300	1200	980

9. 已知某气象学家测量南半球地区不同月份、不同纬度的平均气旋数值,如表 5.9 所示.试用合适的插值方法,作出该平均气旋数值的全貌图.

表 5.9 不同月份、不同纬度的平均气旋数值

x \ y	1	2	3	4	5	6	7	8	9	10	11	12
5	2.4	1.6	2.4	3.2	1	0.5	0.4	0.2	0.5	0.8	2.4	3.6
15	18.7	21.4	16.2	9.2	2.8	1.7	1.4	2.4	5.8	9.2	10.3	16
25	20.8	18.5	18.2	16.5	12.9	10.1	8.3	11.2	12.5	21.1	23.9	25.5
35	22.1	20.1	20.5	25.1	29.2	32.6	33	31	28.6	32	28.1	25.6
45	37.3	28.8	27.8	37.2	40.3	41.7	46.2	39.9	35.9	40.3	38.2	43.4
55	48.2	36.6	35.5	40	37.6	35.4	35	34.7	35.7	39.5	40	41.9
65	25.6	24.2	25.2	24.6	21.1	22.2	20.2	21.2	22.6	28.5	25.3	24.3
75	5.3	5.3	5.4	4.9	4.9	7.1	5.3	7.3	7	8.6	6.3	6.6
85	0.3	0	0	0.3	0	0	0.1	0.2	0.3	0	0.1	0.3

第6章　拟　　合

在生产和科学实验中,很多实际问题的观测数据的散点图并不完全在一条直线上或曲线上,即不能直接写出自变量与因变量关系的函数表达式.如何根据数据散点图的变化趋势,选一条曲线近似表达数据的相互关系呢?解决的办法是根据散点图的变化趋势选定近似函数 $y=\varphi(x)$,不要求它们通过已知样本点,但要求在某种准则(如最小二乘法)下它与这些散点最为接近或总偏差最小,即曲线拟合法.

6.1　多项式拟合

假设有实验数据(x_i,y_i),$i=0,1,2,3,\cdots,m$.取多项式 $p_n(x)=\sum_{k=0}^{n}a_kx^k\,(m>n)$,使得

$$I=\sum_{i=0}^{m}[p_n(x_i)-y_i]^2=\min \tag{1}$$

式中,$a_k(k=0,1,2,\cdots,n)$为待求未知系数.满足式(1)的多项式 $p_n(x)$称为多项式最小二乘拟合.特别地,当 $n=1$ 时,称为线性拟合.

显然,该问题转化为求 $I=I(a_0,a_1,\cdots,a_n)$的极值问题.由多元函数求极值的必要条件

$$\frac{\partial I}{\partial a_i}=2\sum_{i=0}^{m}\left(\sum_{k=0}^{n}a_kx_i^k-y_i\right)x_i^j=0 \tag{2}$$

从而得到

$$\sum_{k=0}^{n}\left(\sum_{i=0}^{m}x_i^{j+k}\right)a_k=\sum_{i=0}^{m}x_i^jy_i \tag{3}$$

式中,$j=0,1,2,\cdots,n$.式(3)是一个关于 $a_0,a_1,\cdots,a_n$ 的线性方程组,用矩阵表示为

$$\begin{bmatrix} m+1 & \sum_{i=0}^{m}x_i & \cdots & \sum_{i=0}^{m}x_i^n \\ \sum_{i=0}^{m}x_i & \sum_{i=0}^{m}x_i^2 & \cdots & \sum_{i=0}^{m}x_i^{n+1} \\ \vdots & \vdots & \vdots & \vdots \\ \sum_{i=0}^{m}x_i^n & \sum_{i=0}^{m}x_i^{n+1} & \cdots & \sum_{i=0}^{m}x_i^{2n} \end{bmatrix}\begin{bmatrix} a_0 \\ a_1 \\ \vdots \\ a_n \end{bmatrix}=\begin{bmatrix} \sum_{i=0}^{m}y_i \\ \sum_{i=0}^{m}x_iy_i \\ \vdots \\ \sum_{i=0}^{m}x_i^ny_i \end{bmatrix} \tag{4}$$

式(4) 称为正规方程组.可以证明,式(4) 左端是一个对称的正定矩阵,且方程组(4) 存在唯一解.因此,只要给出数据点(x_i,y_i)及其数据个数,再给出所要拟合的多项式的最高次数

n,则即可求出未知系数矩阵$(a_0, a_1, \cdots, a_n)$,从而得到拟合多项式 $p_n(x) = \sum_{k=0}^{n} a_k x^k$.

多项式拟合的一般步骤可归纳为:

(1) 根据所给数据的散点图,确定拟合多项式的次数 n.

(2) 分别计算 $\sum_{i=0}^{m} x_i^j$ 和 $\sum_{i=0}^{m} x_i^k y_i (j = 0,1,2,\cdots,2n; k = 0,1,2,\cdots,n)$.

(3) 写出方程组(4) 并解出 $a_0, a_1, \cdots, a_n$.

(4) 写出拟合多项式 $p_n(x) = \sum_{k=0}^{n} a_k x^k$.

例 6.1　根据表 6.1 的数据,用二次多项式进行拟合.

表 6.1

x	3	5	6	8	10
y	5	2	1	2	4

解　由表 6.1 数据作平面散点图(图 6.1).根据散点图的变化趋势,设拟合函数为

$$p_2(x) = a_0 + a_1 x + a_2 x^2$$

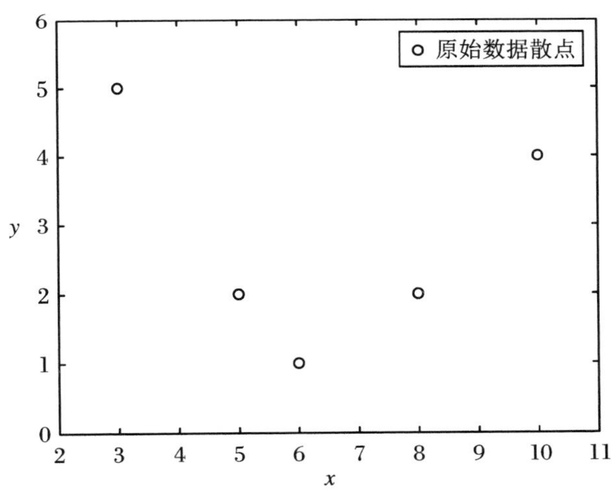

图 6.1　散点图

再根据表 6.1 数据,得表 6.2 数据.

表 6.2

i	x_i	y_i	$x_i y_i$	x_i^2	$x_i^2 y_i$	x_i^3	x_i^4
0	3	5	15	9	45	27	81
1	5	2	10	25	50	125	625
2	6	1	6	36	36	216	1296
3	8	2	16	64	128	512	4096
4	10	4	40	100	400	1000	10000
Σ	32	14	87	234	659	1880	16098

由表 6.2 数据和式(4)可得如下方程组：

$$\begin{pmatrix} 5 & 32 & 234 \\ 32 & 234 & 1880 \\ 234 & 1880 & 16098 \end{pmatrix} \begin{pmatrix} a_0 \\ a_1 \\ a_2 \end{pmatrix} = \begin{pmatrix} 14 \\ 87 \\ 659 \end{pmatrix}$$

利用消元法解方程组，得 $a_0 = 13.454$，$a_1 = -3.657$，$a_2 = 0.272$. 从而得拟合函数 $y = p_2(x) = 13.454 - 3.657x + 0.272x^2$，其拟合图如图 6.2 所示.

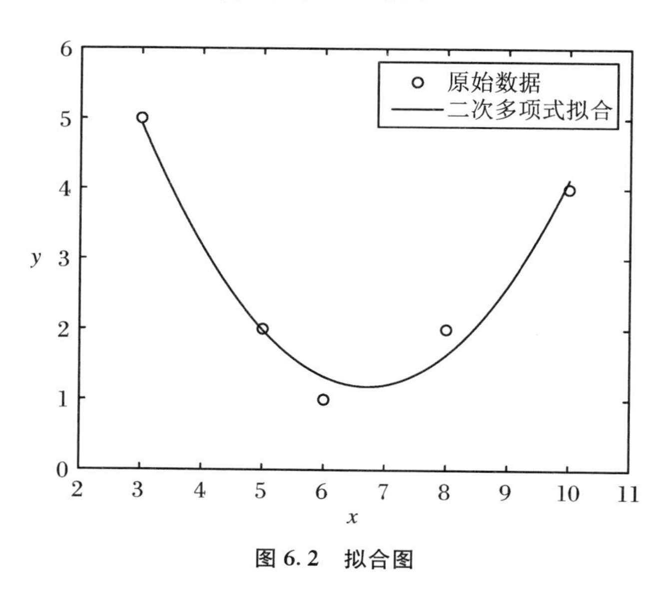

图 6.2 拟合图

6.2 非线性拟合

在实际问题中，根据最小二乘规则，要拟合的函数并不都是线性关系，也有可能是一个非线性函数，则称为非线性最小二乘拟合.

有些非线性拟合曲线可以通过适当的变量代换转化为线性曲线，从而用线性拟合进行处理. 常见的可化为线性拟合的非线性曲线方程和图像如下：

(1) 幂函数型函数 $y = ax^b$. 可进行变换 $\hat{y} = \ln y$，$\hat{x} = \ln x$，变换后的线性方程为 $\hat{y} = \hat{a} + b\hat{x}$（$\hat{a} = \ln a$）. 幂函数型函数的图像（取 $a = 2, b = 2$；$a = 2$，$b = 0.5$；$a = 2$，$b = -2$）如图 6.3 所示.

(2) 指数型函数 $y = ae^{bx}$. 可进行变换 $\hat{y} = \ln y$，变换后的线性方程为 $\hat{y} = \hat{a} + bx$（$\hat{a} = \ln a$）. 指数型函数图像（取 $a = 2$，$b = 2$；$a = 2$，$b = -2$）如图 6.4 所示.

(3) 指数型函数 $y = ae^{b/x}$. 可进行变换 $\hat{y} = \ln y$，$\hat{x} = 1/x$，变换后的线性方程为 $\hat{y} = \hat{a} + b\hat{x}$（$\hat{a} = \ln a$）. 指数型函数图像（取 $a = 2$，$b = 1$；$a = 2$，$b = -1$）如图 6.5 所示.

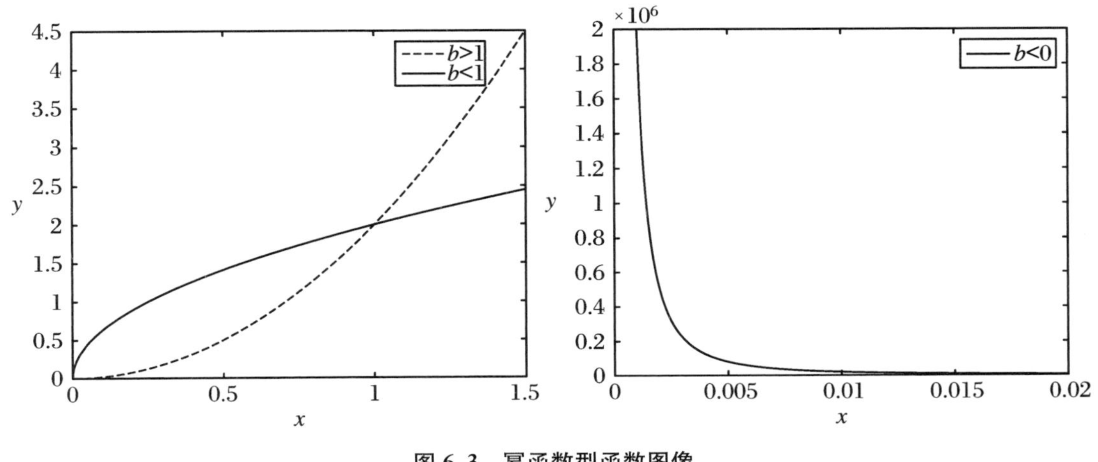

图 6.3 幂函数型函数图像

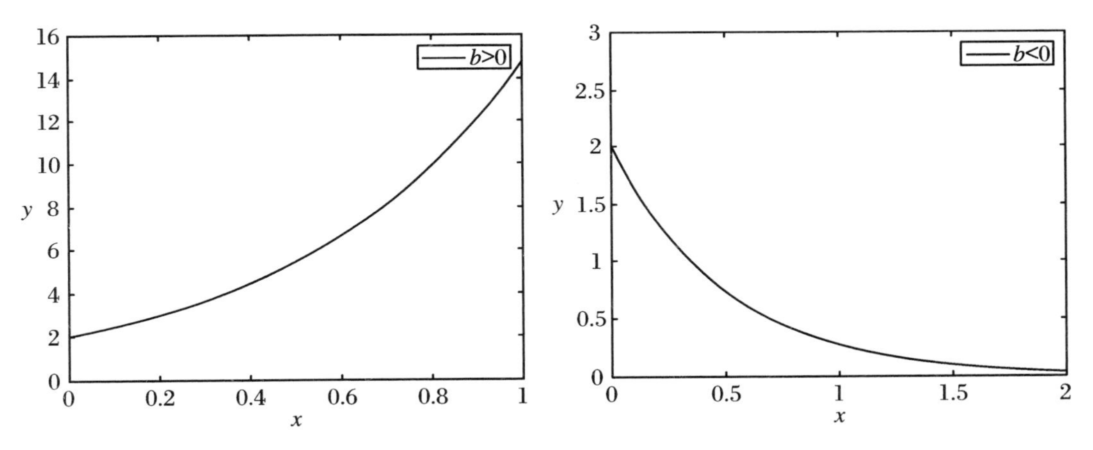

图 6.4 指数型函数图像

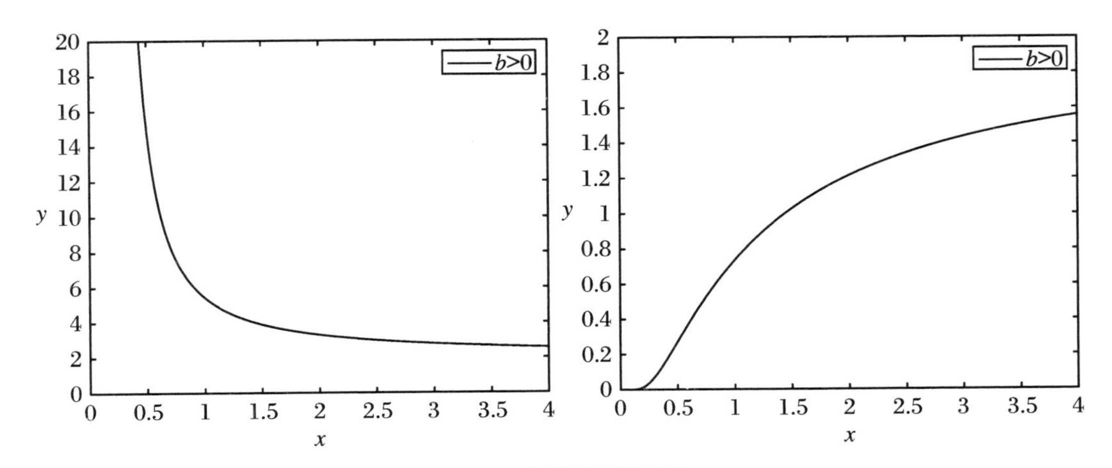

图 6.5 指数型函数图像

(4) 对数型函数 $y=a+b\ln x$. 可进行变换 $\hat{x}=\ln x$,变换后的线性方程为 $y=a+b\hat{x}$. 对数型函数图像(取 $a=2$, $b=1$;$a=2$, $b=-1$)如图 6.6 所示.

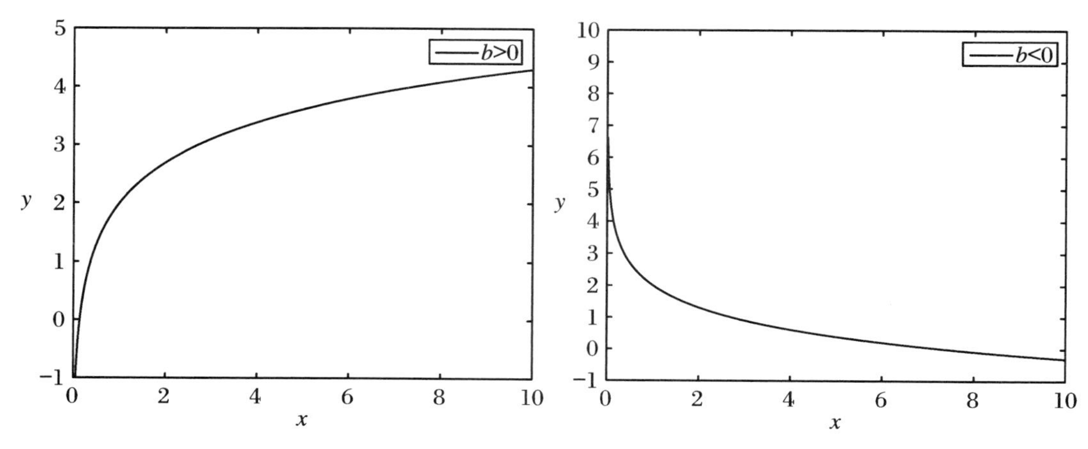

图 6.6 对数型函数图像

(5) 双曲线型函数 $y=\dfrac{1}{ax+b}$. 可进行变换 $\hat{y}=\dfrac{1}{y}$,变换后的线性方程为 $\hat{y}=b+ax$. 双曲线型函数图像(取 $a=2$, $b=4$;$a=-2$, $b=4$)如图 6.7 所示.

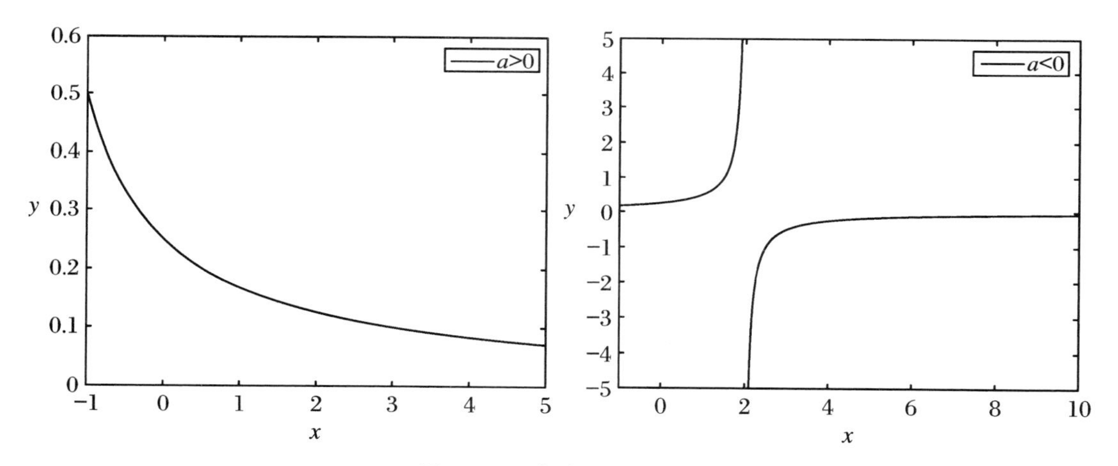

图 6.7 双曲线型函数图像

(6) 双曲线型函数 $y=\dfrac{x}{ax+b}$. 可进行变换 $\hat{y}=\dfrac{1}{y}$, $\hat{x}=\dfrac{1}{x}$,变换后的线性方程为 $\hat{y}=a+b\hat{x}$. 双曲线型函数图像(取 $a=2$, $b=4$;$a=2$, $b=-4$)如图 6.8 所示.

(7) S 型函数 $y=\dfrac{1}{a+be^{-x}}$. 可进行变换 $\hat{y}=\dfrac{1}{y}$, $\hat{x}=e^{-x}$,变换后的线性方程为 $\hat{y}=\hat{a}+b\hat{x}$. S 型函数图像(取 $a=1$, $b=1$)如图 6.9 所示.

具有 S 型曲线的模型还有:

Gomperty(龚帕兹)模型: $y=\alpha\exp(-\beta e^{-kx})$

Logistic(逻辑斯蒂)模型: $y=\dfrac{\alpha}{1+\beta e^{-\lambda x}}$

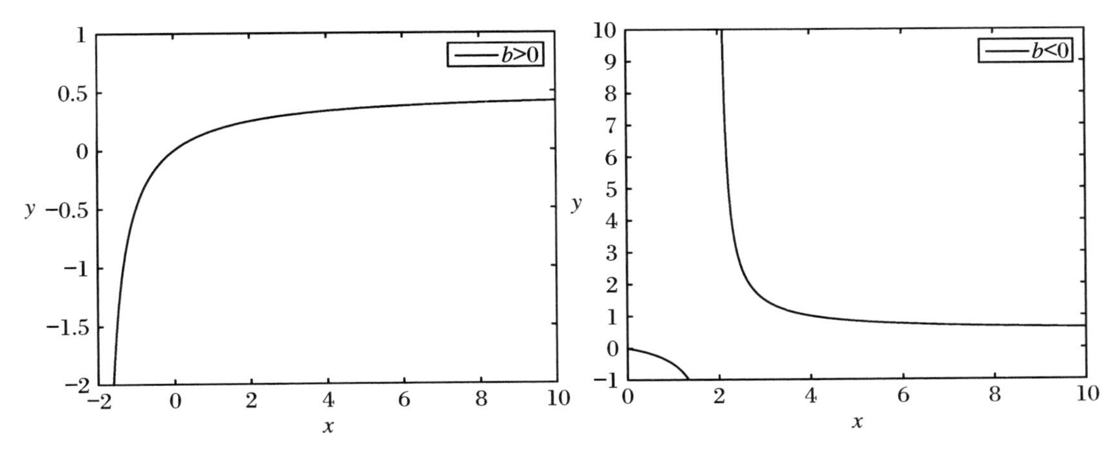

图 6.8 双曲线型函数图像

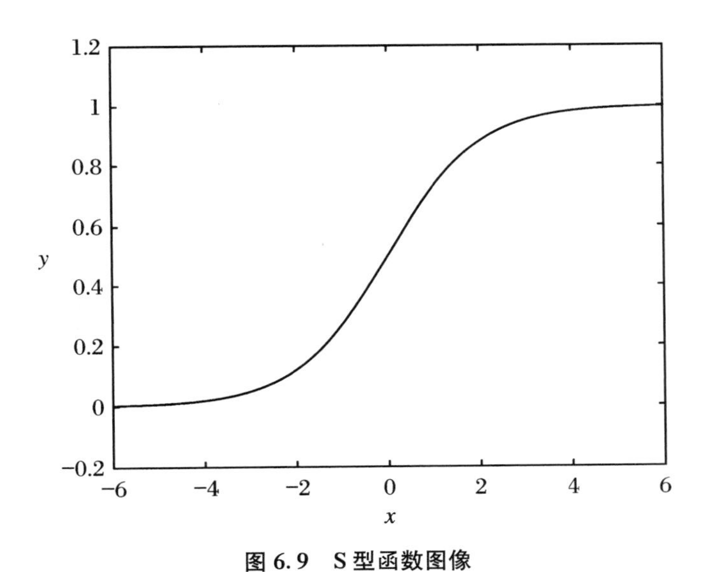

图 6.9 S 型函数图像

Weibull(威布尔)模型:$y=\alpha-\beta\exp(-\gamma x^{\delta})$

Richards(理查德)模型:$y=\dfrac{\alpha}{[1+\exp(\beta-\gamma x)]^{1/\delta}}$

针对非线性曲线拟合问题,首先可根据数据的散点图,挑选合适的非线性曲线拟合方程.然后通过适当的变量代换转化为线性拟合问题,解出拟合系数.最后还原为原变量所表示的曲线拟合方程.

例 6.2 已知表 6.3 数据,试建立合适的拟合方程.

表 6.3

x	20	30	40	50	60	70	80	90	100
y	2070.2	1349.7	948.2	719.4	574.2	474.1	401.5	341	295.9

数据来源:2016 年全国大学生数学建模竞赛 C 题数据

解　根据表 6.3 数据,作如图 6.10 所示散点图.

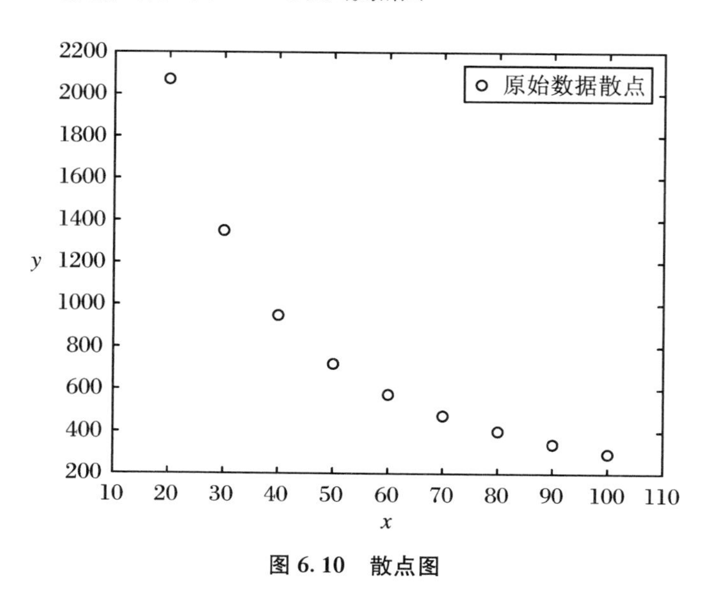

图 6.10　散点图

根据散点图,可考虑建立形如 $y=\dfrac{1}{a+bx}$ 的拟合曲线.

令 $z=1/y$,则拟合函数转化为线性模型:$z=a+bx$,此时数据转化为表 6.4 数据.根据表 6.4 数据的散点图(图 6.11)可知数据的散点落在一条直线附近,因此可进行线性拟合.

表 6.4

x	20	30	40	50	60	70	80	90	100
z	0.000483	0.000741	0.001055	0.00139	0.001742	0.002109	0.002491	0.002933	0.00338

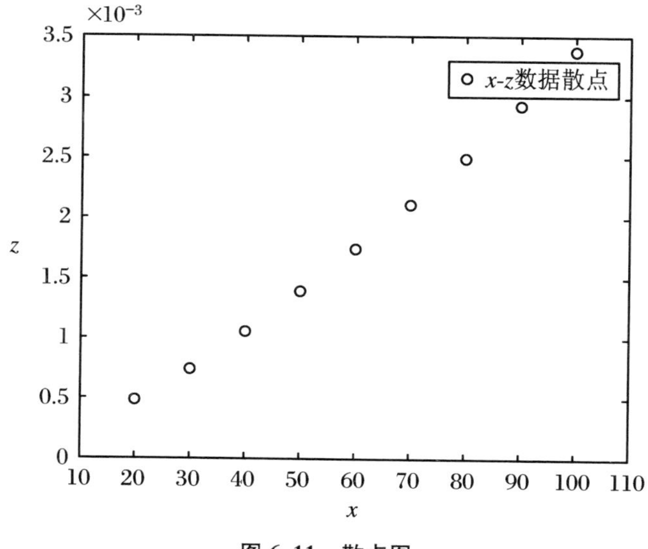

图 6.11　散点图

表 6.5

i	x_i	z_i	x_i^2	x_iz_i
0	20	0.000483	400	0.009661
1	30	0.000741	900	0.022227
2	40	0.001055	1600	0.042185
3	50	0.00139	2500	0.069502
4	60	0.001742	3600	0.104493
5	70	0.002109	4900	0.147648
6	80	0.002491	6400	0.199253
7	90	0.002933	8100	0.26393
8	100	0.00338	10000	0.337952
Σ	540	0.016322	38400	1.196851

由表 6.5 数据和式(4)建立如下的方程组：

$$\begin{pmatrix} n & \sum_{i=1}^{n} x_i \\ \sum_{i=1}^{n} x_i & \sum_{i=1}^{n} x_i^2 \end{pmatrix} \begin{pmatrix} a \\ b \end{pmatrix} = \begin{pmatrix} \sum_{i=1}^{n} z_i \\ \sum_{i=1}^{n} x_i z_i \end{pmatrix}$$

$$\begin{pmatrix} 9 & 540 \\ 540 & 38400 \end{pmatrix} \begin{pmatrix} a \\ b \end{pmatrix} = \begin{pmatrix} 0.016322 \\ 1.196851 \end{pmatrix}$$

解此方程组得，$a=-0.000134$，$b=0.000031$. 将 a 和 b 代入原方程 $y=\dfrac{1}{a+bx}$，可得拟合曲线方程为 $y=\dfrac{1}{-0.000134+0.000031x}$，其拟合效果如图 6.12 所示，拟合效果较好.

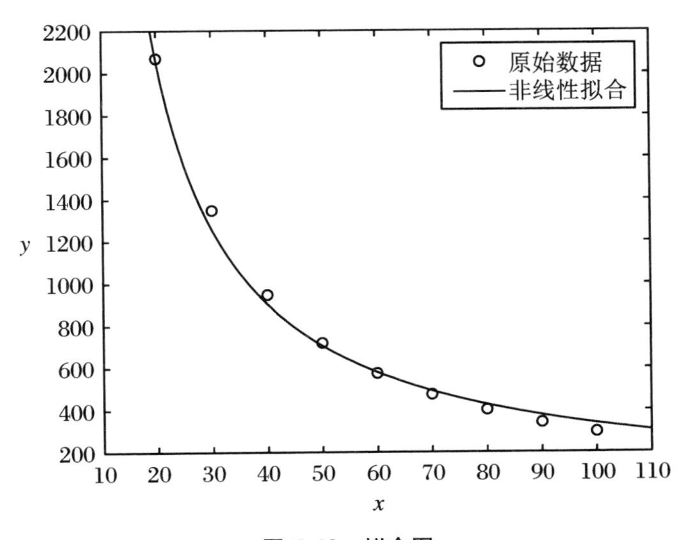

图 6.12 拟合图

本题也可考虑建立形如 $y = ae^{-x/b} + c$ 的拟合曲线方程,感兴趣的读者可尝试一下.

6.3　MATLAB 求解拟合问题

6.3.1　MATLAB 求解多项式拟合

多项式最小二乘拟合可调用 MATLAB 自带的函数 polyfit 实现,其格式为

P = polyfit(x,y,m)

其中,x=(x1,x2,…,xn)和 y=(y1,y2,…,yn)是需要拟合的数据,m 是拟合的多项式的最高次数(m<n),P 是拟合的多项式的系数.多项式在 x 处的预测值 z 可用 polyval 命令计算:z=polyval(P,x).

例 6.3　某种铝合金的含铝量为 x(%),其熔解温度为 y(℃),由实验测得 x 与 y 的数据如表 6.6 所示.试用最小二乘法建立 x 与 y 的经验公式.

表 6.6

x(%)	36.9	46.7	63.7	77.8	84	87.5
y(℃)	181	197	235	270	283	292

解　MATLAB 程序如下:

```
clc
clear all
x=[36.9 46.7 63.7 77.8 84 87.5];
y=[181 197 235 270 283 292];
P=polyfit(x,y,1)
z=polyval(P,x);
plot(x,y,'ko',x,z,'r')
xlabel('x')
ylabel('y')
legend('原始数据','线性拟合')
```

运行后,输出结果如下:

P=2.2337　95.3524

x 与 y 的线性拟合方程为 $y=95.3524+2.2337x$.拟合效果如图 6.13 所示.

例 6.4　对表 6.7 的数据分别作二次和三次多项式拟合,并比较拟合效果.

表 6.7

x	2	4	5	6	7	8	10	12	14	16
y	6.4	8.4	9.28	9.5	9.7	9.86	10.2	10.4	10.5	10.6

解　MATLAB 程序如下:

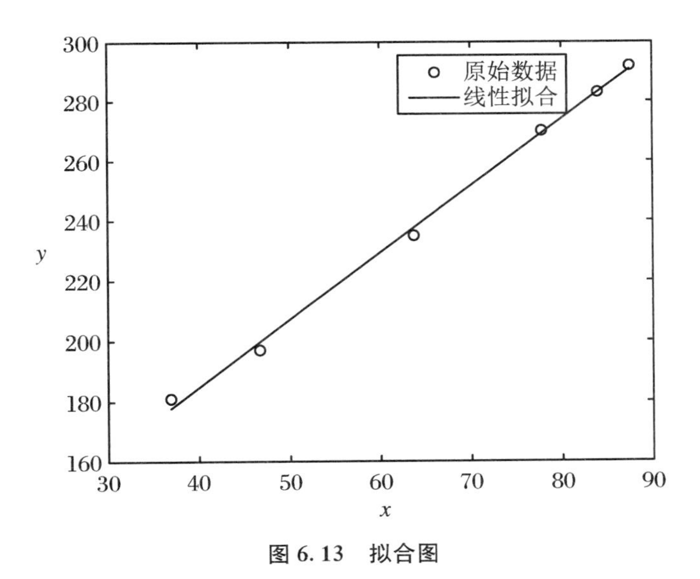

图 6.13　拟合图

```
clc
clear all
x=[2 4 5 6 7 8 10 12 14 16];
y=[6.4 8.4 9.28 9.5 9.7 9.86 10.2 10.4 10.5 10.6];
P1=polyfit(x,y,2)
z1=polyval(P1,x);
P2=polyfit(x,y,3)
z2=polyval(P2,x);
plot(x,y,'ko',x,z1,'--',x,z2,'r')
xlabel('x')
ylabel('y')
axis([1,17,6,11])
legend('原始数据','二次多项式拟合','三次多项式拟合')
```

运行后,输出结果如下:

P1 = −0.0342 0.8577 5.3211;

P2 = 0.0041 −0.1421 1.6727 3.6850;

二次多项式拟合方程为

$$y = 5.3211 + 0.8577x - 0.0342x^2$$

三次多项式拟合方程为

$$y = 3.6850 + 1.6727x - 0.1421x^2 + 0.0041x^3$$

从图 6.14 可看出三次多项式拟合效果较好.

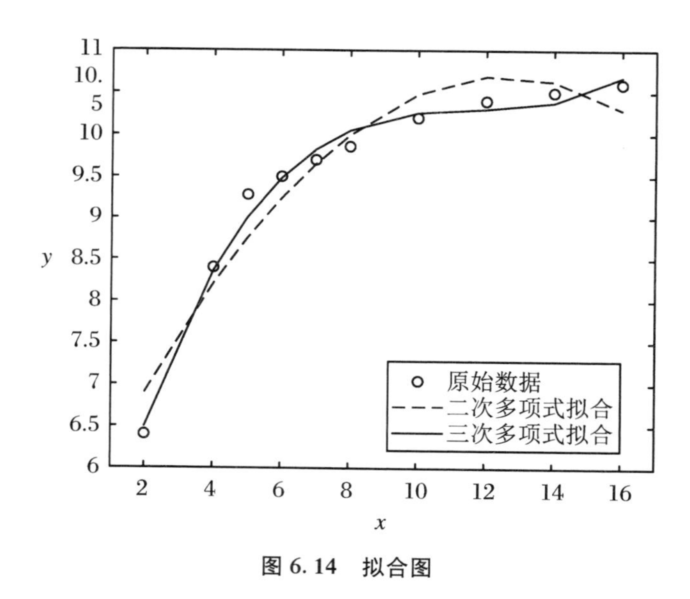

图 6.14 拟合图

6.3.2 MATLAB 求解非线性拟合

MATLAB 中求解非线性拟合的函数常用的有两种:nlinfit 和 lsqcurvefit.

(1) nlinfit 的调用格式为

[beta,r] = nlinfit(xdata,ydata,fun,beta0)

式中,xdata, ydata 为原始数据;fun 是在 M 文件中定义的非线性函数;beta0 是函数中参数的初始值;beta 为拟合的参数;r 是各点处的残差.

(2) lsqcurvefit 的调用格式为

[x,resnorm,residual] = lsqcurvefit('fun ',a0,xdata,ydata)

式中,fun 是在 M 文件中定义的非线性函数;a0 是函数中参数的初始值;xdata, ydata 为原始数据;x 为拟合系数;resnorm 表示在 x 处残差的平方和;residual 表示在 x 处的残差.

例 6.5 根据表 6.8 数据构造合适的拟合函数.

表 6.8

x	0	45	90	142	188	276	370	468	560	655
y	18.27	27.97	34.34	37.81	39.95	42.18	41.07	41.42	42.57	42.62

解 根据数据的散点图,可考虑建立指数型函数模型:$y = ae^{-x/b} + c$. MATLAB 程序如下:

```
clc
clear all
x=[0 45 90 142 188 276 370 468 560 655];
y=[18.27 27.97 34.34 37.81 39.95 42.18 41.07 41.42 42.57 42.62]
b0=[-24,82,42]; %初始参数值
fun=inline('beta(1)*exp(-x/beta(2))+beta(3)','beta ','x ');
```

```
[beta,r,j]=nlinfit(x,y,fun,b0);
y1=beta(1)*exp(-x/beta(2))+beta(3);
plot(x,y,'*',x,y1,'-or')
xlabel('x')
ylabel('y')
legend('原始数据','拟合曲线')
```

运行后，输出结果如下：

```
beta=-24.0688   82.1899   42.2183
```

指数型拟合方程为

$$y=-24.0688e^{-x/82.1899}+42.2183$$

拟合效果如图 6.15 所示.

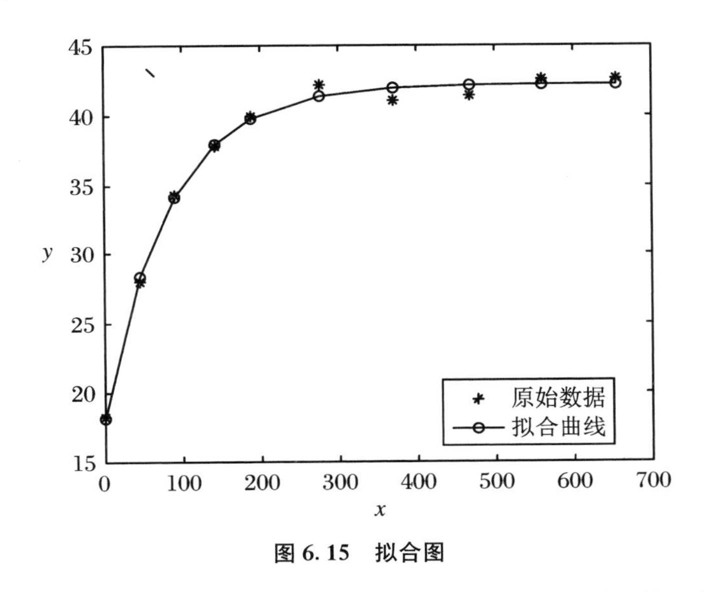

图 6.15　拟合图

例 6.6　体重约 70 kg 的人在短时间内喝下 2 瓶啤酒后，隔一定时间测量他血液中酒精含量（毫克/百毫升），得到数据如表 6.9 所示. 试根据所给数据构造拟合函数并对数据进行拟合.（数据来源：2004 年全国大学生数学建模竞赛 C 题数据）

表 6.9

时间(h)	0.25	0.5	0.75	1	1.5	2	2.5	3	3.5	4	4.5	5
酒精含量(mg/100 mL)	30	68	75	82	82	77	68	68	58	51	50	41
时间(h)	6	7	8	9	10	11	12	13	14	15	16	
酒精含量(mg/100 mL)	38	35	28	25	18	15	12	10	7	7	4	

解　根据喝酒后短时间内血液中酒精浓度与时间的关系，可采用指数型函数 $f(x)=a_1(e^{-a_2x}-e^{-a_3x})$ 对数据进行拟合.

Matlab 程序如下：

编写指数型函数的 M 文件 nihe_1.m：

```
function f = nihe_1(a,xdata)
f = a(1) * (exp( - a(2) * xdata) - exp( - a(3) * xdata));
```

编写主程序如下：

```
clc
clear all
xdata = [0.25 0.5 0.75 1 1.5 2 2.5 3 3.5 4 4.5 5 6 7 8 9 10 11 12 13 14 15 16];
ydata = [30 68 75 82 82 77 68 68 58 51 50 41 38 35 28 25 18 15 12 10 7 7 4];
a0 = [10 0.1 1];
fori = 1:100
[a,resnorm,residual] = lsqcurvefit('nihe_1 ',a0,xdata,ydata);
a0 = a
end
f = nihe_1(a,xdata)
plot(xdata,ydata,'ko ',xdata,f,'r ')
xlabel('时间(小时)')
ylabel('酒精含量(毫克/百毫升)')
axis([0,17,0,90])
legend('原始数据','拟合曲线')
```

运行后，输出结果如下：

```
a = 114.4325   0.1855   2.0079
```

拟合方程为

$$f(x) = 114.4325(e^{-0.1855x} - e^{-2.0079x})$$

拟合效果如图 6.16 所示.

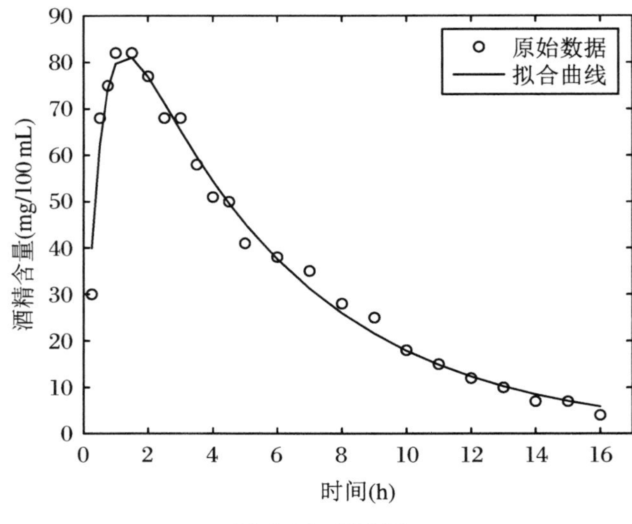

图 6.16 拟合图

6.3.3 MATLAB 曲线拟合工具箱 cftool

MATLAB 自带一个功能强大的非线性曲线拟合工具箱 cftool，操作方便，能对多种函数类型进行线性或非线性曲线拟合，也可自定义函数，进行曲线拟合.可选择的拟合曲线类型有：

(1) Custom Equation(自定义函数).

(2) Exponential(指数逼近，基本函数类型：$f(x)=a*\exp(b*x)$).

(3) Fourier(傅里叶逼近，基本函数类型：$f(x)=a0+a1*\cos(x*w)+b1*\sin(x*w)$).

(4) Gaussian(高斯逼近，基本函数类型：$f(x)=a1*\exp(-((x-b1)/c1)\hat{}2))$.

(5) Interpolant(插值逼近，包括 nearest neighbor、linear、cubic、shape-preserving).

(6) Linear Fitting(线性拟合).

(7) Polynomial(多项式逼近，多项式最高次数可以是 1～9).

(8) Power(幂函数逼近，基本函数类型：$f(x)=a*x\hat{}b$).

(9) Rational(有理函数逼近，基本函数类型：$f(x)=(p1)/(x+q1)$).

(10) Smoothing Spline(样条平滑逼近).

(11) Sum of Sin(正弦型函数逼近，基本函数类型：$f(x)=a1*\sin(b1*x+c1)$).

(12) Weibull(威布尔函数，基本函数类型：$f(x)=a*b*x\hat{}(b-1)*\exp(-a*x\hat{}b)$).

下面结合实际数据，给出具体的操作步骤：

1. 输入数据

首先要在命令窗口输入要拟合的数据.例如，输入以下数据：

```
x=1:16;
y=[440 571 830 1287 1975 2744 4515 5974 7711 9692 11791 14380 17205 20438
   24324 28018];
```

2. 启动曲线拟合工具箱 cftool

可以用下面两种方式启动 cftool：

(1) 从命令窗口输入 cftool 回车，即可启动.

(2) 依次点击 APP→Curve Fitting，即可启动，如图 6.17 所示.

图 6.17 cftool 启动界面

3. 进入界面 Curve Fitting tool

启动 cftool 之后，就进入 Curve Fitting tool 界面，如图 6.18 所示，然后进行以下操作：

(1) 在图 6.18 左侧 1 的位置可修改“Fit name”中数据名称，在“X data”和“Y data”的下拉菜单中分别读入数据 x 和 y，数据会自动出现在中间位置 2 的图形窗口中.

(2) 在位置 3 处选择合适的拟合曲线的类型，根据本数据的特点可选择 Power 函数进行曲线拟合.

(3) 结果展示部分在位置 4，此处展示拟合曲线的表达式、拟合系数及误差分析结果.本题拟合曲线的表达式为 $f(x)=ax^b$，拟合系数 $a\approx51.86$，$b\approx2.268$.SSE：6.743e+05，R-square：0.9994，Adjusted R-square：0.9994，RMSE：219.5.

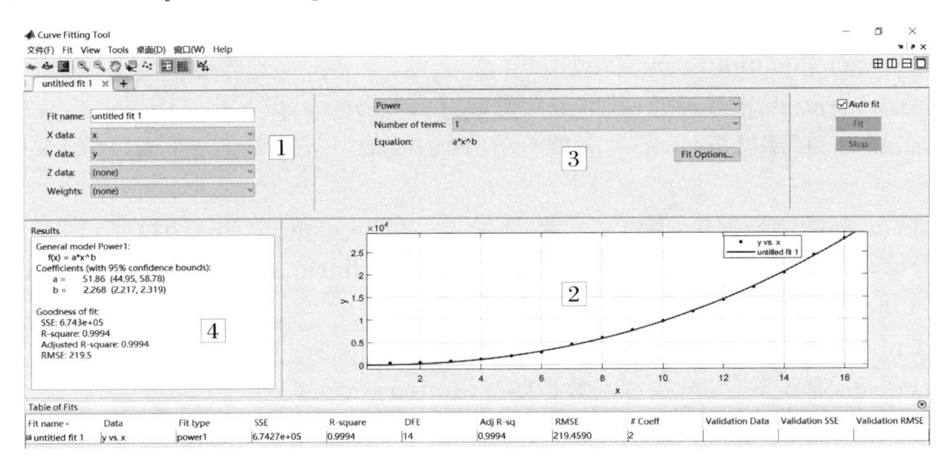

图 6.18 Curve Fitting tool 界面

习　　题

1. 根据表 6.10 的数据作线性拟合.

表 6.10

x	0.1	0.2	0.3	0.4	0.5	0.6	0.7	0.8	0.9	1	1.1	1.2
y	−8	−236	−415	−562	−701	−860	−961	−1082	−1188	−1304	−1405	−1534

2. 对表 6.11 中数据作二次多项式拟合.

表 6.11

x	0.1	0.2	0.3	0.4	0.5	0.6	0.7	0.8	0.9	1	1.1
y	−0.447	1.978	3.28	6.16	7.08	7.34	7.66	9.56	9.48	9.3	11.2

3. 选取合适的多项式函数对表 6.12 的数据进行拟合.

表 6.12

x	−1	−0.5	0	0.5	1	1.5	2
y	−4.447	−0.452	0.551	0.048	−0.447	0.549	4.552

4. 根据表 6.13 数据，求形如 $y=\dfrac{1}{a+bx}$ 的拟合曲线.

表 6.13

x	1	1.4	1.8	2.2	2.6
y	0.931	0.473	0.297	0.224	0.168

5. 根据表 6.14 数据,拟合函数 $y = a + b\mathrm{e}^{cx}$ 中的参数 a, b, c.

表 6.14

x	100	200	300	400	500	600	700	800	900	1000
y	4540	4990	5350	5650	5900	6100	6260	6390	6500	6590

6. 根据表 6.15 数据,拟合函数 $y = a_0 + (a_1 + a_2 x)\mathrm{e}^{-x}$ 中的参数 a_0, a_1, a_2.

表 6.15

x	0	0.3	0.8	1.1	1.6	2.3
y	0.5	0.82	1.14	1.25	1.35	1.4

7. 已知表 6.16 的实验数据,分别利用函数 $y = a\mathrm{e}^{b/x}$, $y = a(1 + b\mathrm{e}^{cx})$ 和 $y = \dfrac{x}{ax + b}$ 进行拟合,并在同一个坐标系内画出拟合图,比较拟合效果.

表 6.16

x	2	3	4	5	6	7	8	9	10	11	12	13	14	15	16
y	6.42	8.2	9.58	9.5	9.7	10	9.93	9.99	10.49	10.59	10.6	10.8	10.6	10.9	10.76

8. 根据表 6.17 数据选择合适的拟合函数对数据进行拟合.

表 6.17

x	0	1	2	3	4	5	7	9
y	6.36	6.48	7.26	8.22	8.66	8.99	9.43	9.63

9. 根据表 6.18 的数据,试构造合适的拟合函数对数据进行拟合.

表 6.18

x	1	2	3	4	5	6	7	8	9	10	10.25
y	0.429	0.434	0.439	0.443	0.446	0.448	0.449	0.451	0.453	0.454	0.482
x	10.5	10.75	11	11.25	11.5	11.75	12	12.25	12.5	12.75	13
y	0.57	0.757	0.899	1.116	1.328	1.458	1.577	1.686	1.745	1.807	1.886
x	13.25	13.5	13.75	14	14.25	14.5	14.75	15	15.25	15.5	15.75
y	1.93	1.954	1.998	2.011	2.036	2.052	2.062	2.07	2.075	2.08	2.085
x	16	17	18	19	20	21	22	23	24	25	26
y	2.09	2.109	2.125	2.132	2.128	2.119	2.108	2.097	2.081	2.069	2.056

第7章　回 归 分 析

回归分析是通过一个变量或多个变量的变化解释另一变量的变化.回归分析不仅可以揭示自变量对因变量的影响大小,还可以用回归方程进行预测和控制.回归模型可分为线性回归模型和非线性回归模型.非线性回归模型是回归函数关于未知的参数具有非线性结构的回归模型,某些非线性回归模型可以化为线性回归模型处理.本章主要讨论多元线性回归模型.

7.1　多元线性回归模型

7.1.1　模型定义

设因变量 y 受 n 个自变量 $x_1,x_2,\cdots,x_n$ 的影响,定义多元线性回归模型如下:

$$y=\beta_0+\beta_1x_1+\cdots+\beta_nx_n+\varepsilon,\varepsilon\sim N(0,\sigma^2) \tag{1}$$

式中,未知参数 $\beta_0,\beta_1,\cdots,\beta_n$ 为回归系数.

假设有 m 个样本$(y_i,x_{i1},x_{i2},\cdots,x_{in})$,$(i=1,2,\cdots,m,m>n)$,代入式(1)得

$$y_i=\beta_0+\beta_1x_{i1}+\beta_2x_{i2}+\cdots+\beta_nx_{in}+\varepsilon_i,i=1,2,\cdots,m \tag{2}$$

式中,$\varepsilon_i\sim N(0,\sigma^2)$,$\mathrm{cov}(\varepsilon_i,\varepsilon_j)=0,i\neq j$.

若令 $Y=(y_1,y_2,\cdots,y_n)^{\mathrm{T}}$,$\beta=(\beta_0,\beta_1,\beta_2,\cdots,\beta_n)^{\mathrm{T}}$,$\varepsilon=(\varepsilon_1,\varepsilon_2,\cdots,\varepsilon_m)^{\mathrm{T}}$,则式(2)用矩阵可表示为

$$Y=X\beta+\varepsilon \tag{3}$$

式中,$X=\begin{bmatrix}1 & x_{11} & \cdots & x_{1n}\\ 1 & x_{21} & \cdots & x_{2n}\\ \vdots & \vdots & \vdots & \vdots\\ 1 & x_{m1} & \cdots & x_{mn}\end{bmatrix}$.

7.1.2　参数估计

用最小二乘法即可对参数 $\beta_0,\beta_1,\cdots,\beta_n$ 进行估计.

令

$$Q(\beta_0,\beta_1,\cdots,\beta_n)=\sum_{i=1}^{m}(y_i-\beta_0-\beta_1x_{i1}-\cdots\beta_nx_{in})^2 \tag{4}$$

使式(4)的平方和达到最小.

根据多元函数的极值理论,令 Q 关于各个参数的偏导数等于零,于是得到如下方程组:

$$\begin{cases} -2\sum_{i=1}^{m}(y_i-\hat{\beta}_0-\hat{\beta}_1x_{i1}-\cdots\hat{\beta}_nx_{in})=0 \\ -2\sum_{i=1}^{m}(y_i-\hat{\beta}_0-\hat{\beta}_1x_{i1}-\cdots\hat{\beta}_nx_{in})x_{i1}=0 \\ \vdots \\ -2\sum_{i=1}^{m}(y_i-\hat{\beta}_0-\hat{\beta}_1x_{i1}-\cdots\hat{\beta}_nx_{in})x_{in}=0 \end{cases} \tag{5}$$

用矩阵表示为$(X^{\mathrm{T}}X)\hat{\beta}=X^{\mathrm{T}}Y$,如果 $X^{\mathrm{T}}X$ 可逆,则方程组的解为

$$\hat{\beta}=(X^{\mathrm{T}}X)^{-1}X^{\mathrm{T}}Y \tag{6}$$

于是得到原模型的估计值

$$\hat{y}=\hat{\beta}_0+\hat{\beta}_1x_1+\cdots+\hat{\beta}_nx_n \tag{7}$$

7.1.3　模型的检验

建立的多元线性回归模型与实际数据是否具有较好的拟合效果以及线性关系的显著性,需要进行数理统计检验.常用的检验方法有 F 检验和判定系数R^2 检验.

1. F 检验

$$F=\frac{(m-n-1)\sum_{i=1}^{n}(\hat{y}_i-\bar{y})^2}{n\sum_{i=1}^{n}(y_i-\hat{y})^2}\sim F(n,m-n-1) \tag{8}$$

式中,n 为自变量个数,m 为样本数,$\hat{y}_i$ 为模型估计值,y_i 为测量值,$\bar{y}$ 为测量值y_i 的均值.

$F\sim F(n,m-n-1)$分布,若 $F>F_\alpha(n,m-n-1)$,说明回归模型显著,可进行预测;反之,则不能进行预测分析.显著性水平一般取 $\alpha=0.05$.

2. 判定系数 R^2 检验

判定系数定义为回归平方和占总离差平方和的比例,即

$$R^2=\frac{\sum_{i=1}^{n}(\hat{y}_i-\bar{y})^2}{\sum_{i=1}^{n}(y_i-\bar{y})^2}=1-\frac{\sum_{i=1}^{n}(y_i-\hat{y}_i)^2}{\sum_{i=1}^{n}(y_i-\bar{y})^2} \tag{9}$$

判定系数等于相关系数的平方.判定系数 R^2 反映了回归的拟合程度,R^2 取值范围为[0,1],R^2 越接近于1,说明回归方程拟合得越好;R^2 越接近于0,说明回归方程拟合得越差.

7.2　多元线性回归的 MATLAB 实现

用 MATLAB 工具箱中的 regress 命令可实现一元或多元线性回归分析,其调用格式

如下：

$$[b, bint, r, rint, stats] = regress(y, x, alpha)$$

(1) 输入因变量 y(列向量)、自变量 x(自变量组成的矩阵左边添加一列 1)，alpha 是显著性水平(缺省时默认为 0.05).

(2) 输出 b 表示回归系数，bint 表示回归系数的置信区间，r 表示残差，rint 表示残差的置信区间，stats 中有 4 个统计量(判定系数 R^2；F 值；F 分布大于 F 值的概率 p；剩余方差 s^2 的值，s^2 也可由程序 sum(r.^2)/(n-2)计算).

(3) 画残差图，使用 rcoplot(r，rint) 命令.

例 7.1 铅酸电池作为电源被广泛用于工业、军事、日常生活中. 在铅酸电池以恒定电流强度放电过程中，电压随放电时间单调下降，直到额定的最低保护电压. 在电流强度 100 A 下，测得的电压 x 和时间 y 的数据如表 7.1 所示. 试建立电压随时间变化的回归模型.(数据来源：2016 年全国大学生数学建模竞赛 C 题)

表 7.1 铅酸电池电压 x 和时间 y 的数据

x(V)	10.2407	10.2386	10.2357	10.2329	10.2307	10.2271	10.2243	10.2221	10.2193	10.2164	10.2143
y	82	84	86	88	90	92	94	96	98	100	102
x(V)	10.2114	10.2086	10.2057	10.2029	10.2	10.1971	10.1943	10.1914	10.1886	10.1857	10.1829
y	104	106	108	110	112	114	116	118	120	122	124
x(V)	10.1807	10.1779	10.175	10.1721	10.1693	10.1664	10.1636	10.1607	10.1579	10.155	10.1521
y	126	128	130	132	134	136	138	140	142	144	146
x(V)	10.1493	10.1457	10.1436	10.1407	10.1371	10.1343	10.1314	10.1286	10.125	10.1221	10.1193
y	148	150	152	154	156	158	160	162	164	166	168

解 首先将表 7.1 中的数据保存到 Excel 中，命名为"例 7.1. xlsx"，使用 scatter(x，y) 命令画出散点图，如图 7.1 所示.

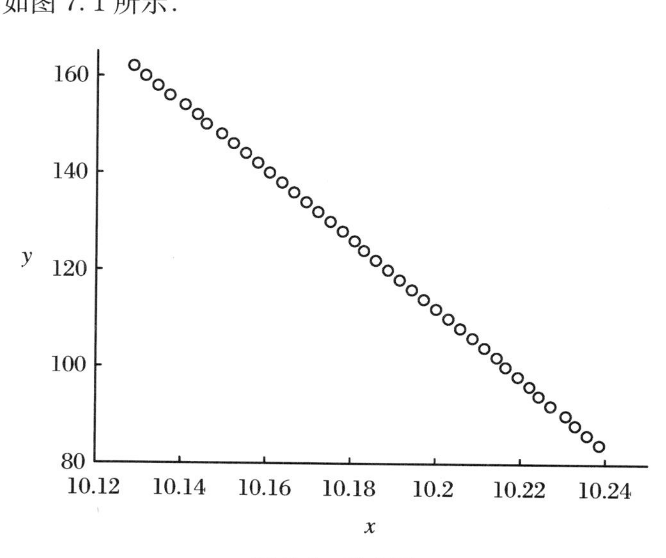

图 7.1 散点图

由图7.1可以看出，这些散点大致在一条直线的左右分布，因此，可建立一元线性回归模型. MATLAB程序如下：

```
clc;clear all;
A=xlsread('例7.1.xlsx');
x=A(:,1);
y=A(:,2);
figure(1);
scatter(x,y)
xlabel('x(电压)')
ylabel('y(时间)')
X=[ones(length(y),1),x];
[b,bint,r,rint,stats]=regress(y,X);
figure(2);
rcoplot(r,rint)
yhat=X*b;
figure(3);
plot(x,y,'ko',x,yhat,'r-')
legend('原始数据','线性回归')
xlabel('x(电压)')
ylabel('y(时间)')
```

运行程序后得如下结果：

```
b=7336.5640   -708.3126
bint=7297.7675   7375.3606
-712.1231   -704.5021
stats=0.9997   140720.0174   1.1424e-75   0.2016
```

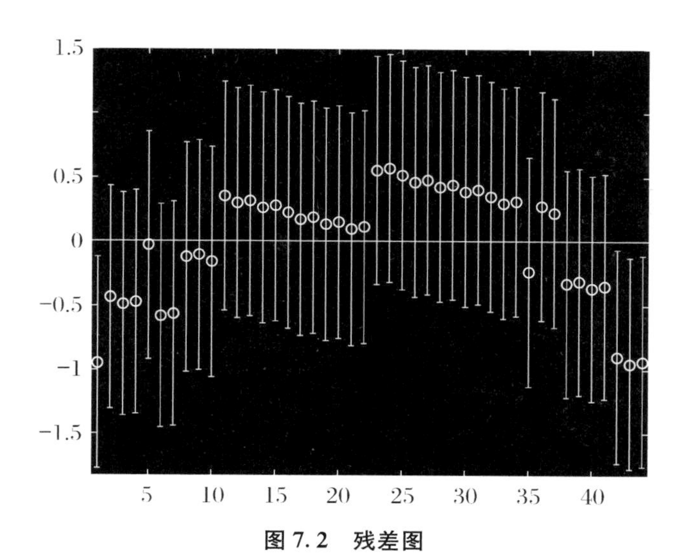

图7.2 残差图

$R^2=0.9997$，$F=140720.0174$. 由 finv(0.95,1,42) = 4.0727，即 $F_{1-\alpha}(1,n-2)=4.0727<F$，$p<0.0001$，说明回归模型显著. 但从残差图 7.2 看，第一个数据和最后三个数据是异常数据. 删除异常数据后，计算结果如下：

```
b = 7365.6465   -711.1591
bint = 7331.9136   7399.3793
 -714.4713   -707.8468
stats = 0.9998   188922.3345   7.4831e-72   0.1128
```

删除异常数据后模型得到有效的改进，其残差图（图 7.3）没有出现异常值，回归效果图（图 7.4）也拟合得比较好. 因此电压随时间变化的回归模型为

$$y = 7365.6465 - 711.1591x$$

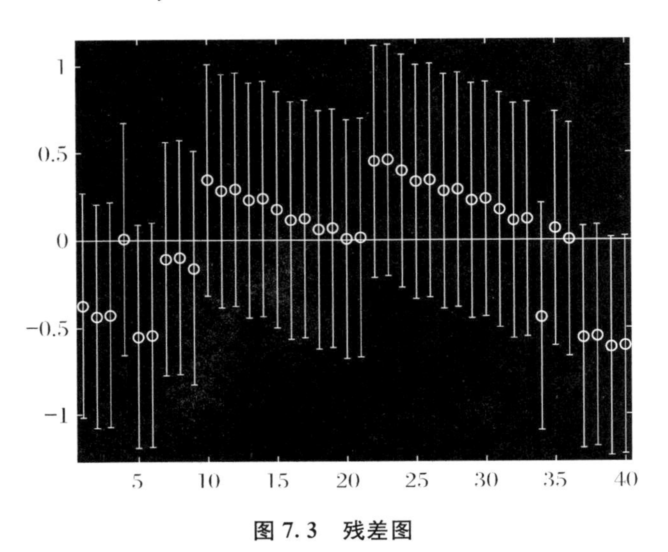

图 7.3　残差图

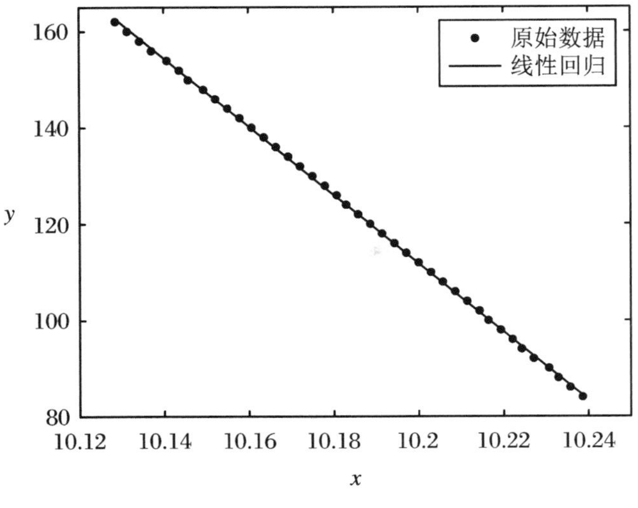

图 7.4　拟合图

例7.2 根据表7.2所提供的颜色读数和溴酸钾浓度数据建立多元线性回归模型.其中,y表示溴酸钾浓度(ppm),$x1$表示蓝色颜色值,$x2$表示色调,$x3$表示饱和度.(数据来源:2017年全国大学生数学建模竞赛C题)

表7.2 溴酸钾浓度与物质颜色读数

y(ppm)	$x1$	$x2$	$x3$
0	129	22	27
100	7	27	241
50	60	27	145
25	69	26	133
12.5	85	26	106
0	128	23	28
100	7	27	242
50	57	27	151
25	70	26	132
12.5	87	26	102

解 MATLAB程序如下:

```
clc;clear all;
A=[0 129 22 27
100 7 27 241
50 60 27 145
25 69 26 133
12.5 85 26 106
0 128 23 28
100 7 27 242
50 57 27 151
25 70 26 132
12.5 87 26 102];
y=A(:,1);x1=A(:,2);x2=A(:,3);x3=A(:,4);
X=[ones(length(y),1),x1,x2,x3];
[b,bint,r,rint,stats]=regress(y,X)
rcoplot(r,rint)
yhat=X*b;
figure;
```

```
plot(y,'ko')
hold on
plot(yhat,'r-')
legend('y 原始数据散点','溴酸钾三元线性回归')
xlabel('y 的观测序号')
ylabel('y')
```

输出结果如下：

b=1396.3810　-8.3703　-9.29099　-4.0935

stats=0.9902　201.1755　2.0788e-06　20.5077

三元线性回归模型为

$$\hat{y} = 1396.3810 - 8.3703x_1 - 9.29099x_2 - 4.0935x_3$$

从检验统计结果 stats 看，整体上模型通过了检验，但从残差图（图 7.5）来看，第 4 组数据出现了异常（区间估计不包含 0）. 从原数据中删除第 4 行数据，重新作回归分析.

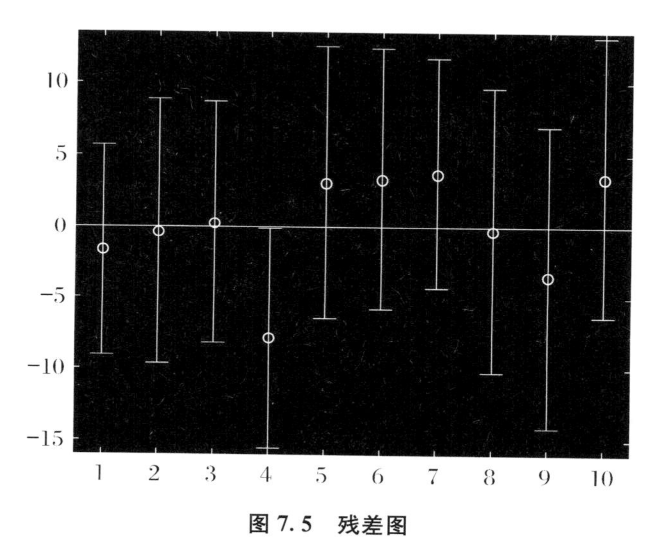

图 7.5　残差图

新的回归模型为

$$\hat{y} = 1310.2575 - 7.8275x_1 - 8.9175x_2 - 3.7914x_3$$

检验统计输出结果为

stats=0.9958　392.3633　2.3669e-06　10.4276

模型较好地通过了检验，其回归图和残差图如图 7.6 和图 7.7 所示.

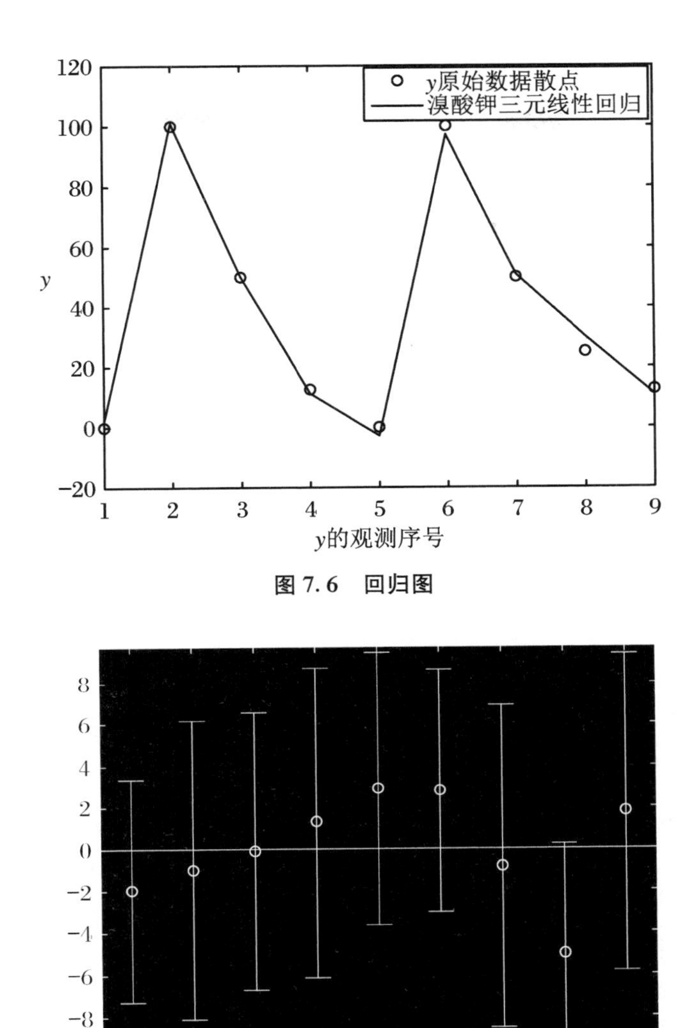

图 7.6 回归图

图 7.7 残差图

7.3 多元非线性回归的 MATLAB 实现

多元非线性回归仍可利用命令 regress 来实现,但需要将非线性变量变换成线性变量.另外也可用非线性回归命令

nlintool(x,y,'fun', b0,alpha)

或

[b,r,J]=nlinfit(x,y,'fun',b0)

式中,x 为 n×m 矩阵,y 为 n 维列向量,fun 为自设函数,a0 为预估的函数系数,b 为回归系

数,r 为残差,J 为估计预测误差需要的数据.用命令 nlintool 或 nlinfit 求得的回归函数在 x 处的预测值 Y,可用如下命令实现

```
[Y,DELTA]=nlpredci('fun', x,b,r,J)
```

式中,Y 为预测值,DELTA 为预测值的显著性为 1－alpha 的置信区间,alpha 缺省时为 0.05.

例 7.3 为了研究某建筑材料的抗压强度,得到了一些实验数据,如表 7.3 所示.用 $x1$ 表示石灰,$x2$ 表示水玻璃,$x3$ 表示细砂,y 表示抗压强度.利用模型

$$y = b_0 + b_1x_2 + b_2x_3 + b_3x_1x_2 + b_4x_1x_3 + b_5x_2x_3 + b_6x_1^2 + b_7x_2^2$$

确定石灰、水玻璃和细砂与抗压强度之间的数量关系.

表 7.3 建筑材料抗压强度的实验数据

抗压强度	2.1449	1.3172	1.1571	1.8996	1.9089	1.9233	1.7376	1.5907	1.2443
石灰	10.8	37.8	5.4	27	43.2	32.4	21.6	16.2	0
水玻璃	9.45	1.35	5.4	6.75	8.1	4.05	10.8	0	2.7
细砂	10.8	75.6	64.8	54	32.4	0	86.4	21.6	43.2

解法一 用 regress 命令求解,程序如下:

```
clear
x1=[10.8 37.8 5.4 27 43.2 32.4 21.6 16.2 0];
x2=[9.45 1.35 5.4 6.75 8.1 4.05 10.8 0 2.7];
x3=[10.8 75.6 64.8 54 32.4 0 86.4 21.6 43.2];
y=[2.1449 1.3172 1.1571 1.8996 1.9089 1.9233 1.7376 1.5907 1.2443 ]';
x=[ones(9,1) x2'x3'(x1. * x2)'(x1. * x3)'(x2. * x3)'(x1.^2)'(x2.^2)'];
[b,bint,r,rint,stats]=regress(y,x);
rcoplot(r,rint)
yhat=x * b;
figure;
plot(y,'ko')
hold on
plot(yhat,'r-')
legend('y 原始数据散点','回归曲线')
xlabel('y 的观测序号')
ylabel('y')
```

运行程序,可得回归系数 $b_0 \approx 2.077561$, $b_1 \approx 0.090729$, $b_2 \approx -0.025778$, $b_3 \approx 0.001088$, $b_4 \approx 0.000585$, $b_5 \approx 0.000779$, $b_6 \approx -0.000509$, $b_7 \approx -0.007962$.

检验统计输出结果如下:

```
stats=
1.0 e+04 *
  0.0001   1.0531   0.0000   0.0000
```

模型较好地通过了检验,残差图(图 7.8)和回归图(图 7.9),也说明回归效果较好.

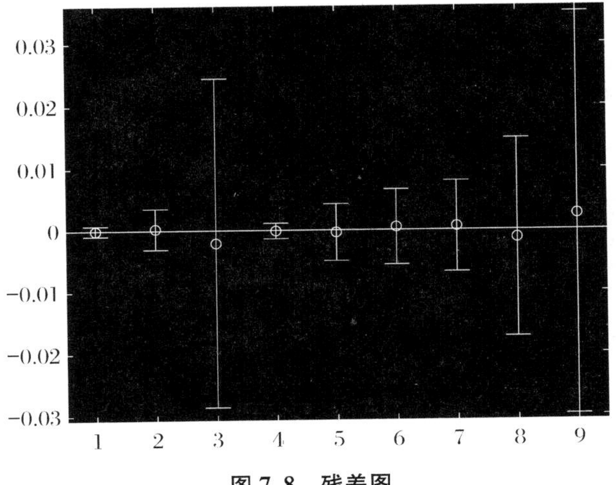

图 7.8　残差图

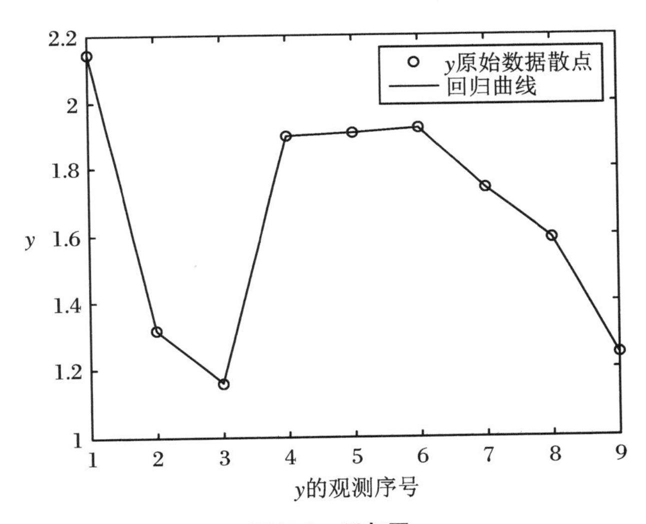

图 7.9　回归图

解法二　用 nlintool 命令求解，程序如下：

首先编写自定义函数 fun，保存为“fun.m”文件.

```
function yy = fun(b0,x)
        x1 = x(:,1);
        x2 = x(:,2);
        x3 = x(:,3);
        yy = b0(1) + b0(2).* x2 + b0(3).* x3 + b0(4).* x1.* x2 + b0(5).*
        x1.* x3...
         + b0(6).* x2.* x3 + b0(7).* x1.^2 + b0(8).* x2.^2;
```

然后运行如下程序，运行结果与解法一相同.

```
clear all
x = [10.8 9.45 10.8
37.8 1.35 75.6
```

```
5.4 5.4 64.8
27 6.75 54
43.2 8.1 32.4
32.4 4.05 0
21.6 10.8 86.4
16.2 0 21.6
0 2.7 43.2];
y=[2.1449 1.3172 1.1571 1.8996 1.9089 1.9233 1.7376 1.5907 1.2443]';
b0=[2 0.09 -0.025 0.001 0.0005 0.0007 -0.0005 -0.007];
nlintool(x,y,'fun',b0)
```

7.4 逐步回归的 MATLAB 实现

在 MATLAB 工具箱中,stepwise 是一个交互式逐步回归命令,可自由选择变量进行分析,其调用格式如下:

stepwise(x,y,inmodel,alpha)

式中,x 是自变量数据,y 是因变量数据,inmodel 表示矩阵 x 的列数的指标(可指定列数,也可不写),alpha 表示显著性水平,缺省时为 0.05.

例 7.4 表 7.4 所提供的是溴酸钾浓度与物质颜色读数的数据,其中 y 表示溴酸钾浓度(ppm),$x1$ 表示蓝色颜色值,$x2$ 绿色颜色值,$x3$ 红色颜色值,$x4$ 表示色调,$x5$ 表示饱和度.试用逐步回归法建立颜色读数和溴酸钾浓度的多元线性回归模型.(数据来源:2017 年全国大学生数学建模竞赛 C 题)

表 7.4 溴酸钾浓度与物质颜色读数

y	$x1$	$x2$	$x3$	$x4$	$x5$
0	129	141	145	22	27
100	7	133	145	27	241
50	60	133	141	27	145
25	69	136	145	26	133
12.5	85	139	145	26	106
0	128	141	144	23	28
100	7	133	145	27	242
50	57	133	141	27	151
25	70	137	146	26	132
12.5	87	138	146	26	102

解　MATLAB程序如下：

```
clc;clear all;
xydata=[0129 141 145 22 27
100 7 133145 27 241
5060133 141 27 145
2569136 145 26 133
12.5 85 139 145 26 106
0 128 141 144 23 28
100 7 133 145 27 242
50 57 133 141 27 151
25 70 137 146 26 132
12.5 87 138 146 26 102];
y=xydata(:,1);
x=xydata(:,2:6);
inmodel=1:5;
stepwise(x,y,inmodel,0.05)
```

运行程序，得交互窗口界面，如图7.10所示.图7.10中显示 $x3$ 最不显著，首先移除 $x3$.移除 $x3$ 之后，最不显著的变成 $x2$(图7.11)，再移除 $x2$.移除 $x2$ 之后，就没有不显著的项了(图7.12)，逐步回归结束.最终的回归模型为

$$\hat{y} = 1396.3810 - 8.3703x_1 - 9.29099x_4 - 4.0935x_5$$

检验统计量如图7.12所示，结果说明逐步回归之后模型通过了检验.

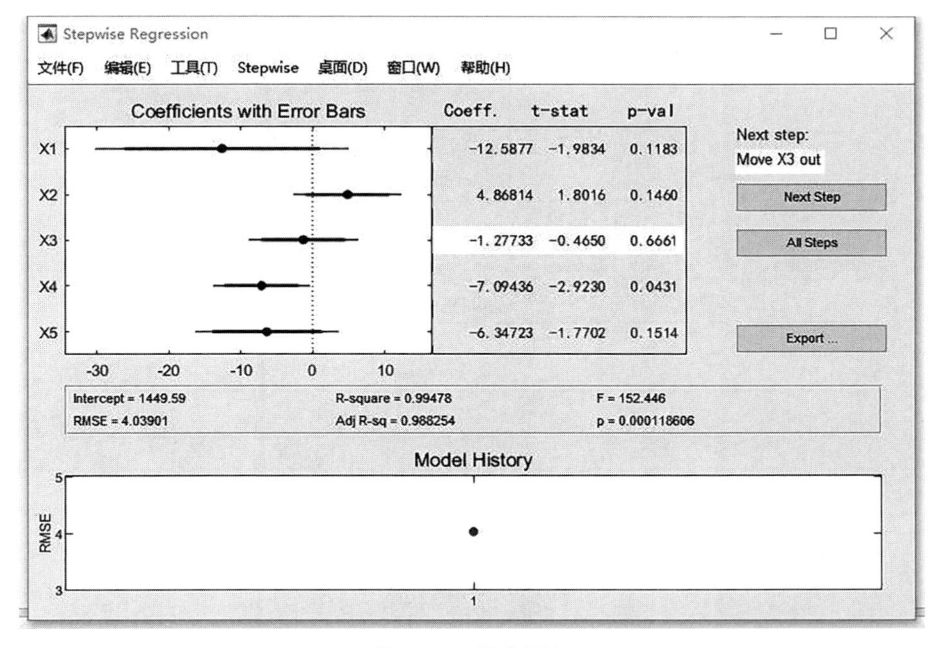

图7.10　逐步回归

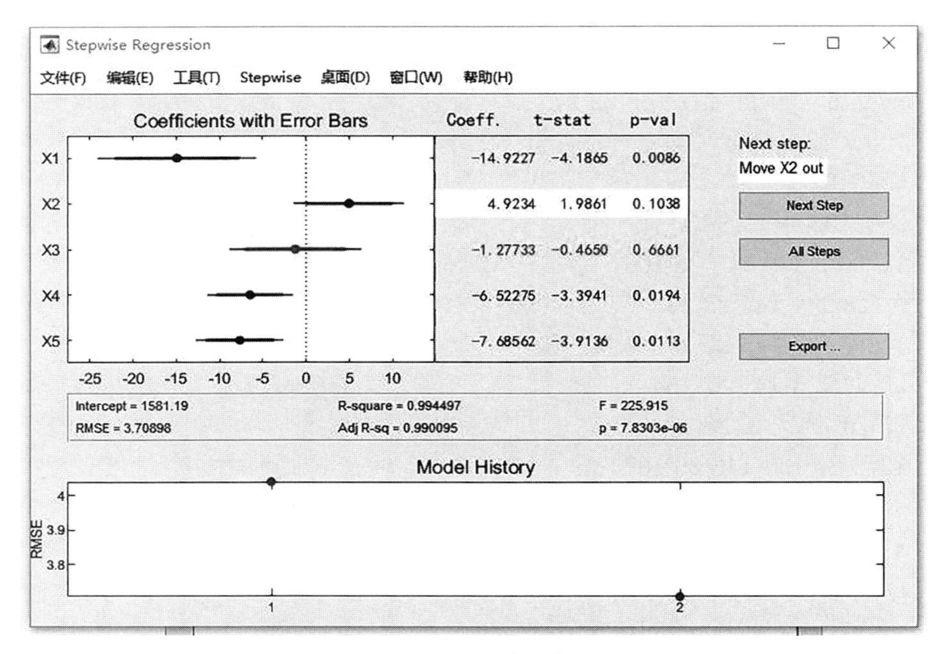

图 7.11 逐步回归

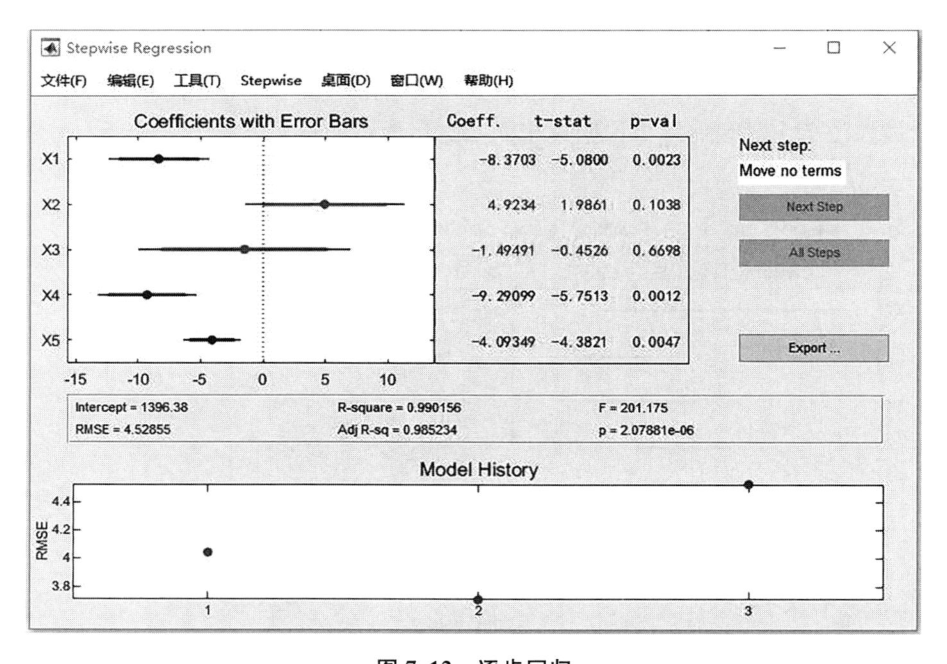

图 7.12 逐步回归

习 题

1. 测得 16 名成年女子身高与腿长的数据如表 7.5 所示，试对数据作线性回归分析.

表 7.5　16 名女子身高腿长(cm)

x	88	85	88	91	92	93	93	95	96	98	97	96	98	99	100	102
y	143	145	146	147	149	150	153	154	155	156	157	158	159	160	162	164

2. 在电流强度 90 A 下，测得的时间 x 和电压 y 的数据见表 7.6. 试建立适当的电压与时间的回归模型.(数据来源:2016 年全国大学生数学建模竞赛 C 题)

表 7.6　时间和电压(V)的数据

x	y	x	y	x	y	x	y	x	y	x	y
50	10.3179	92	10.2757	134	10.2271	176	10.1743	218	10.1186	260	10.06
52	10.3164	94	10.2736	136	10.2243	178	10.1721	220	10.1157	262	10.0571
54	10.315	96	10.2714	138	10.2221	180	10.1693	222	10.1129	264	10.0543
56	10.3129	98	10.2693	140	10.22	182	10.1664	224	10.1107	266	10.0507
58	10.3114	100	10.2671	142	10.2171	184	10.1636	226	10.1079	268	10.0486
60	10.3093	102	10.2643	144	10.215	186	10.1614	228	10.105	270	10.045
62	10.3071	104	10.2621	146	10.2121	188	10.1586	230	10.1021	272	10.0421
64	10.3057	106	10.26	148	10.21	190	10.1557	232	10.0993	274	10.0393
66	10.3036	108	10.2571	150	10.2071	192	10.1536	234	10.0964	276	10.0364
68	10.3014	110	10.255	152	10.2043	194	10.1507	236	10.0936	278	10.0336
70	10.2993	112	10.2529	154	10.2021	196	10.1479	238	10.0907	280	10.03
72	10.2971	114	10.2507	156	10.2	198	10.1457	240	10.0886	282	10.0264
74	10.295	116	10.2486	158	10.1971	200	10.1429	242	10.0857	284	10.0236
76	10.2936	118	10.2457	160	10.1943	202	10.1407	244	10.0829	286	10.0214
78	10.2914	120	10.2436	162	10.1914	204	10.1379	246	10.08	288	10.0179
80	10.2886	122	10.2414	164	10.1893	206	10.135	248	10.0771	290	10.015
82	10.2864	124	10.2386	166	10.1871	208	10.1321	250	10.0743	292	10.0114
84	10.2843	126	10.2364	168	10.1843	210	10.1293	252	10.0721	294	10.0086
86	10.2821	128	10.2343	170	10.1814	212	10.1264	254	10.0693	296	10.005
88	10.2807	130	10.2321	172	10.1793	214	10.1243	256	10.0657	298	10.0021
90	10.2779	132	10.2293	174	10.1764	216	10.1214	258	10.0629	300	9.9986

3. 试对表 7.7 的数据作非线性回归分析.

表 7.7

x	0.2	0.4	0.6	0.8	1	1.2	1.4	1.6	1.8	2
y	1	0.93	1	1.16	1.56	1.64	1.8	2.17	2.19	2.32

续表

x	2.2	2.4	2.6	2.8	3	3.2	3.4	3.6	3.8	4
y	2.63	2.46	2.76	2.88	2.83	2.96	2.85	2.91	3.12	3.23
x	4.2	4.4	4.6	4.8	5	5.2	5.4	5.6	5.8	6
y	3.5	3.12	3.25	3.23	3.02	3.22	3.06	3.4	3.19	3.32
x	6.2	6.4	6.6	6.8	7	7.2	7.4	7.6	7.8	8
y	3.24	3.35	3.24	3.38	3.42	3.54	3.3	3.06	3.22	3.5
x	8.2	8.4	8.6	8.8	9	9.2	9.4	9.6	9.8	10
y	3.2	3.45	3.35	3.51	3.09	3.31	3.18	3.7	3.44	3.51

4. 测得水泥凝固时释放出的热量 y 与 4 种化学成分 $x1$,$x2$,$x3$,$x4$ 的数据如表 7.8 所示.试用此数据作多元线性回归分析.

表 7.8

$x1$	7	1	11	11	7	11	3	1	2	21	1	11	10
$x2$	26	29	56	31	52	55	71	31	54	47	40	66	68
$x3$	6	15	8	8	6	9	17	22	18	4	23	9	8
$x4$	60	52	20	47	33	22	6	44	22	26	34	12	12
y	78.5	74.3	104.3	87.6	95.9	109.2	102.7	72.5	93.1	115.9	83.8	113.3	109.4

5. 试对表 7.9 的数据作多元回归分析.

表 7.9

y	$x1$	$x2$	$x3$	$x4$	$x5$	$x6$
8.37	0.1	204	2.8	2.78	34.8	1063
8.19	0.1	202	2.79	2.79	35.1	1069
8.03	0.1	208	3.11	2.99	35.8	1114
8.32	0.1	199	3.44	3.27	36.8	1162
8.38	0.1	192	3.48	3.45	37.5	1219
8.16	0.1	200	3.78	3.65	37.9	1231
7.44	0.1	208	3.88	3.88	38.4	1288
7.28	0.1	208	3.9	3.95	38.7	1300
6.5	0.09	205	3.85	4.2	39.6	1295
7.85	0.1	203	3.45	3.44	46.7	1193

6. 已知某商品的需求量与消费者的平均收入、商品价格的统计数据如表 7.10 所示.$x1$ 表示收入,$x2$ 表示商品价格,y 表示商品需求量.试建立 y 与 $x1$ 和 $x2$ 之间的回归模型.

表 7.10

$x1$	1000	600	1200	500	300	400	1300	1100	1300	300
$x2$	5	7	6	6	8	7	5	4	3	9
y	100	75	80	70	50	65	90	100	110	60

7. 试对表 7.11 的数据作逐步回归分析.

表 7.11

y	$x1$	$x2$	$x3$	$x4$	$x5$	$x6$
2.8	1	0	0.1	1.5	11	4.8
2.9	1	0	0.1	4.2	6.4	4.6
2.67	1	0	0.2	4.1	18	4.5
2.7	1	0	0.1	7.1	10	4.7
2.62	1	0	0.1	2.5	18	4.7
3.71	0	1	0	37	12	4.9
3.52	0	1	0.1	1.3	14	4.9
3.44	0	1	0	19	11	4.9
4.1	0	0	0.1	2.7	66	4.3
4.48	0	0	0.1	1.3	50	4.8
4.87	0	0	0.1	3	44	4.6
2.9	1	0	0.1	1	6.4	4.6
2.78	1	0	0.2	0.7	16	4.6
2.76	1	0	0.1	1	13	4.7
2.62	1	0	0.1	1.2	95	5.2
3.49	0	1	0	1.5	5	4.6
3.5	0	1	0	5.8	11	4.9
3.18	0	1	0.1	2.3	6.5	4.4
4.9	0	0	0.1	3.7	63	1.3
4.4	0	0	0.1	1.6	60	4.4
4.35	0	0	0.1	1.2	49	4.7

8. 已测得新电池状态($x1$/min)、衰减状态 1($x2$/min)、衰减状态 2($x3$/min)、衰减状态 3(y/min),在不同放电电压下所对应放电时间. 试建立 y 与 $x1$,$x2$ 和 $x3$ 的多元回归模型. (数据来源:2016 年全国大学生数学建模竞赛 C 题)

表 7.12 不同衰减状态的放电时间(min)

$x1$	$x2$	$x3$	y	$x1$	$x2$	$x3$	y	$x1$	$x2$	$x3$	y
75.3	63.4	54.4	43.5	471.9	403.1	349.5	284.2	768.2	657.2	568.8	466.2
86	72.9	60.1	52.3	480.9	410.2	356.9	288.1	775.1	660.3	576	469.3
94.5	79.8	68.3	56.1	487.7	418.1	360.6	294.8	779.6	667.6	580.7	473.5
106.7	91	78.2	61.6	497.9	421.6	366.2	298.1	785.9	671.1	582	477.2
118.1	97	84.4	69.9	507	428	371.8	305	794.4	677.4	589.9	480.7
125.2	106.4	92.8	74.7	511.8	436.3	378.2	307.7	800.1	682.3	592.1	485.9
135	114.2	98.4	80.9	518.9	442.2	383.4	312	804.9	686.4	594.9	487.6
148.7	124.9	108.4	88	529	447.7	388.8	319.9	811.4	688.7	601.4	492.8
156.6	133.7	115.6	94.8	536	454.2	395.9	324.5	815	696.5	603.1	495.2
167.2	142.5	124.6	97.8	543.7	463.5	399.9	325.9	819	701	610.4	499
179.2	152.1	129	107.5	551.4	469	404.8	332.1	825.7	704.5	614.9	503.1
188	160.8	137.7	113	557.8	476.1	411.2	335	833.1	709	618	507.6
199.1	168.9	144.2	118.6	565.3	481	418.4	342.8	838.1	712.5	620.6	510
206.6	174.5	152.6	123.6	573.6	489.3	422.4	345.6	840.8	716.3	625.8	511.9
217.8	182.7	157.4	128.8	580.7	494.1	429.1	349.4	845.3	724.1	629.5	514.8
226.5	193.2	165.5	136.4	589.5	501.7	434.8	354.3	851	728	635.2	518.2
234.8	199.8	172.3	139.2	595.9	505.4	438.9	359.7	857	732.9	638.1	523
246.8	208.3	178.7	148.2	603	513.8	443.4	363.9	863.2	735.7	640.8	525.1
257.4	215.7	187.6	152.6	608.3	519.7	449.3	365.7	867.1	738.9	645.3	531.3
265.5	224.3	194.8	159.3	614.9	525.9	454.9	372.2	872.3	745.4	648.9	531.5
273.9	234.6	200.6	163.7	625	528.6	462.4	375.6	878.8	748.8	652.8	537.3
283.9	242	207.1	170	631.1	538.1	467.1	380.8	882.3	752	657.1	540.7
294.1	247.8	217	174	638	541.7	471.6	386.6	887.8	757.8	661.6	543.4
304.1	258.1	223.8	180.1	643.3	549	476	389	893.4	762.2	662.5	546.8
309.4	264.5	229.2	187.4	652.2	552.3	480.5	393.6	895.5	766.6	669.7	547.4
319.3	271.7	235.6	191.4	657.7	559.8	487.8	396.5	903.4	772	671.2	553.2
328.4	278.8	241	196.1	662.6	566.3	491.8	400	906.8	774.4	673.3	553.5
337.9	289	250	200.6	669.9	570.7	496.7	406.8	911.9	780.1	677.4	558.2
349.1	295.6	257.1	208.2	676.3	578.2	500.5	408.6	915.2	783.4	680.7	559.1
357	302.3	262.9	211.6	682.2	582.9	505.8	415	922.4	784.5	687.1	565.3
364	310.4	267.2	219.1	688.6	586.8	509.1	417.4	926	789.7	689	566.5
373.5	318.6	273.4	223.4	694.8	591.2	514	422.4	928.7	795	692	570.9

续表

x1	x2	x3	y	x1	x2	x3	y	x1	x2	x3	y
383.7	322.9	283.1	228.9	703.6	598.6	521.6	427.6	936	800	696.4	570.9
390.8	331.4	288.5	233.1	708.4	603.7	523.4	431.4	939.5	801.6	699.4	574
400.1	338.9	295.8	238.2	715.7	608.1	527.8	431.7	942.2	807.2	704.6	578.1
409.3	346.3	301.1	246.5	720.5	615.2	534.8	436.9	948.5	810.4	707.2	580.9
416.4	352.6	306.6	248.8	728.7	619.6	539.7	442.4	952.7	812.5	709.5	585
424.4	359.5	312.3	256.1	732.6	625.4	543.2	444.5	957.1	816.6	711.6	588
431.9	367.2	318.3	260.5	740.8	630.7	549.1	450.4	962.4	820.8	715	590.8
441.6	374.2	324.6	264.2	744.7	636.1	553.4	450.9	963.9	826.5	718.3	593.6
449.6	380.5	332.1	268.3	751.7	639.8	557.8	457.8	968.2	827.5	724.4	596.2
458.5	389.4	336.2	273.7	757.3	645	560.9	460.4				
466.9	394.7	342.9	278.5	764.8	652.7	566.3	465.5				

第8章 偏最小二乘回归

在实际问题中，经常会遇到解决两组多重相关变量间的相互依赖关系. 如何用一组变量(自变量)去预测另一组变量(因变量)，除了运用多元线性回归分析方法外，还可使用偏最小二乘回归(PLSR)方法.

PLSR 在建模过程中集中了多元线性回归分析、主成分分析和典型相关分析方法的特点. PLSR 可以构建多个因变量对多个自变量的回归模型，且能很好地解决一般多元线性回归无法解决的问题，特别当样本量较少或各变量之间具有较高的相关性时，用 PLSR 建立的回归模型，其整体性更强且结论的可靠性更好.

8.1 偏最小二乘回归的建模步骤

设有 n 个样本点，矩阵 $X=\{x_1,x_2,\cdots,x_p\}_{n\times p}$ 表示含有 p 个自变量，矩阵 $Y=\{y_1,y_2,\cdots,y_q\}_{n\times q}$ 表示含有 q 个因变量，PLSR 具体步骤如下：

(1) 将 X 和 Y 分别进行标准化处理

$$\begin{cases} E_0=(x_{ij}^*)_{n\times p} \\ F_0=(y_{ij}^*)_{n\times q} \end{cases} \tag{1}$$

式中，$x_{ij}^*=\dfrac{x_{ij}-\bar{x}_j}{s_j}$，$y_{ik}^*=\dfrac{y_{ik}-\bar{y}_k}{s_k}$ $(i=1,2,3,\cdots,n;j=1,2,3,\cdots,p;k=1,2,3,\cdots,q)$. s_j 和 $\bar{x}_j$ 分别表示 x_j 的标准差和均值；s_k 和 $\bar{y}_k$ 分别表示 y_k 的标准差和均值.

(2) 计算第1对成分 t_1 和 u_1. 记 E_0 的第1个成分为 t_1，F_0 的第1个成分为 u_1. 为使 t_1 和 u_1 的相关程度达到最大，需使如下的内积 θ_1 达到最大.

$$\theta_1=\langle t_1,u_1\rangle=\langle E_0w_1,F_0v_1\rangle=w_1^{\mathrm{T}}E_0^{\mathrm{T}}F_0v_1 \tag{2}$$

w_1 可由矩阵 $E_0^{\mathrm{T}}F_0F_0^{\mathrm{T}}E_0$ 计算其最大特征值 θ_1^2 对应的特征向量得到，v_1 可通过 $v_1=\dfrac{1}{\theta_1}F_0^{\mathrm{T}}E_0w_1$ 计算得到. 计算出 w_1 和 v_1，即可得到第1对成分

$$\begin{cases} t_1=E_0w_1 \\ u_1=F_0v_1 \end{cases} \tag{3}$$

(3) 分别建立 E_0 和 F_0 对 t_1 的回归方程

$$\begin{cases} E_0=t_1\alpha_1^{\mathrm{T}}+E_1 \\ F_0=t_1\beta_1^{\mathrm{T}}+F_1 \end{cases} \tag{4}$$

式中，E_1 和 F_1 为残差矩阵，回归系数向量 α_1 和 β_1 如下：

$$\begin{cases}\alpha_1^{\mathrm{T}} = (t_1^{\mathrm{T}} t_1)^{-1} t_1^{\mathrm{T}} E_0 \\ \beta_1^{\mathrm{T}} = (t_1^{\mathrm{T}} t_1)^{-1} t_1^{\mathrm{T}} F_0\end{cases} \tag{5}$$

(4) 用 E_1 和 F_1 分别替代 E_0 和 F_0，重复上述步骤. 若 F_1 中元素近似为 0，则表明第 1 个成分得到的回归模型精度已达到要求了，可终止成分的抽取；否则，用 E_1 和 F_1 分别替代 E_0 和 F_0，重复上述步骤，即可得第 2 对成分 $t_2 = E_1 w_2, u_2 = F_1 v_2$. 则有

$$\begin{cases}E_0 = t_1 \alpha_1^{\mathrm{T}} + t_2 \alpha_2^{\mathrm{T}} + E_2 \\ F_0 = t_1 \beta_1^{\mathrm{T}} + t_2 \beta_2^{\mathrm{T}} + F_2\end{cases} \tag{6}$$

(5) 若 E_0 的秩是 r，则存在 r 个成分 $t_1, t_2, \cdots, t_r$，于是有

$$\begin{cases}E_0 = t_1 \alpha_1^{\mathrm{T}} + t_2 \alpha_2^{\mathrm{T}} + \cdots + t_r \alpha_r^{\mathrm{T}} + E_r \\ F_0 = t_1 \beta_1^{\mathrm{T}} + t_2 \beta_2^{\mathrm{T}} + \cdots + t_r \beta_r^{\mathrm{T}} + F_r\end{cases} \tag{7}$$

将 $t_k = w_{k1} x_1 + w_{k2} x_2 + \cdots + w_{km} x_p$ 代入 $Y = t_1 \beta_1 + t_2 \beta_2 + \cdots + t_r \beta_r (k = 1,2,3,\cdots,r)$，即可得到 q 个因变量的 PLSR 方程

$$\hat{y}_j = a_{j1} x_1 + a_{j2} x_2 + \cdots + a_{jp} x_p \quad (j = 1,2,3,\cdots,q) \tag{8}$$

(6) 交叉有效性检验.

PLSR 方程一般不需要使用全部的成分 $t_1, t_2, \cdots, t_r$ 进行回归建模，而是通过截取前 h 个成分($h < r$)，即可得到一个回归效果较为理想的模型. 提取 h 个成分的交叉有效性检验定义如下：

$$Q_h^2 = 1 - \frac{p(h)}{S_s(h-1)} \tag{9}$$

每一次提取成分结束前，都利用式(9)进行检验. 第 h 步时，当 $Q_h^2 < 0.0975$，则停止提取成分；否则继续提取成分直到达到精度要求为止.

式(9)中 $p(h)$ 为预测误差的平方和如下：

$$p(h) = \sum_{i=1}^{q} p_j(h) \tag{10}$$

式中，$p_j(h) = \sum_{i=1}^{n} (y_{ij} - \hat{y}_{(i)j}(h))^2 (j = 1,2,3,\cdots,q)$.

式(9)中 $S_s(h)$ 的表达式如下：

$$S_s(h) = \sum_{i=1}^{q} S_{s_j}(h) \tag{11}$$

式中，$S_{s_j}(h) = \sum_{i=1}^{n} (y_{ij} - \hat{y}_{ij}(h))^2$，$\hat{y}_{ij}(h)$ 为第 i 个样本点的拟合值.

8.2 样本异常值检验

样本中异常点的存在会导致统计规律产生较大波动，从而使回归线发生较大偏离. 第 i 个样本点对第 h 个成分 t_h 的贡献率定义为

$$T_{hi}^2 = \frac{t_{hi}^2}{(n-1)s_h^2} \tag{12}$$

式中，s_h^2 表示 t_h 的方差.从而样本点 i 对成分 $t_1, t_2, \cdots, t_m$ 的累积贡献率为

$$T_i^2 = \frac{1}{n-1}\sum_{h=1}^{m}\frac{t_{hi}^2}{s_h^2} \tag{13}$$

通常情况下，T_i^2 的值不宜太大.若某个点对成分构成的贡献过大，它的存在将使回归分析发生偏离.Tracy 等人给出了如下的统计量用以检验：

$$\frac{n^2(n-m)}{m(n^2-1)}T_i^2 \sim F(m, n-m) \tag{14}$$

当 $T_i^2 \geqslant \frac{m(n^2-1)}{n^2(n-m)}F_{0.05}(m, n-m)$ 时，则表明在 $\alpha = 0.05$ 的检验水平下，样本点对成分 $t_1, t_2, \cdots, t_m$ 具有较大的贡献，这时有理由认为样本点 i 为一个异常点.

当 $m = 2$ 时，则有条件

$$\left(\frac{t_{1i}^2}{s_1^2} + \frac{t_{2i}^2}{s_2^2}\right) \geqslant \frac{2(n-1)(n^2-1)}{n^2(n-2)}F_{0.05}(2, n-2) = c \tag{15}$$

因此$\frac{t_{1i}^2}{s_1^2} + \frac{t_{2i}^2}{s_2^2} = c$ 表示一个椭圆，其中 s_1^2 和 s_2^2 表示 t_1 和 t_2 的方差.一般情况下，选取 2 个成分就可使变量系统中绝大部分信息包含在内.在 $t_1 - t_2$ 平面图上，利用这个椭圆可判断是否存在异常点.即若样本点落在椭圆内，样本点的分布是正常的；若有样本点落在椭圆外，则认为这些点是异常值.

8.3 偏最小二乘回归的应用——空气质量数据的校准

8.3.1 问题提出

空气污染对生态环境和人类健康危害巨大，通过对两尘四气（PM2.5、PM10、CO、NO_2、SO_2、O_3）浓度的实时监测可以及时掌握空气质量，据此对污染源采取相应措施.虽然国家监测控制站点（国控点）对“两尘四气”有监测数据，且较为准确，但因为国控点的布控较少，数据发布时间滞后较长且花费较大，无法给出实时空气质量的监测和预报.某公司自主研发的微型空气质量检测仪花费小，可对某一地区空气质量进行实时网格化监控，并同时监测温度、湿度、风速、气压、降水等气象参数.

由于所使用的电化学气体传感器在长时间使用后会产生一定的零点漂移和量程漂移，非常规气态污染物（气）浓度变化对传感器存在交叉干扰，加之天气因素对传感器的影响，在国控点近邻所布控的自建点上，同一时间微型空气质量检测仪所采集的数据与该国控点的数据值存在一定的差异，因此，需要利用国控点每小时的数据对国控点近邻的自建点数据进行校准.

问题：利用国控点数据，建立数学模型对自建点数据进行校准.

8.3.2　问题分析

在空气质量数据的校准方面，可通过建立最小二乘拟合或多元线性回归模型等方法进行校准.但由于空气质量数据的校准影响因素较多，各因素具有较强的非线性，且各因素之间存在较强的相关性，普通的线性回归模型很难对数据进行校准，因此考虑建立偏最小二乘回归(PLSR)模型对空气质量数据进行校准.

自建点数据有 234717 条，采样时间间隔从 1 分钟到 10 分钟不等，国控点数据有 4200 条，均是整点数据.为利用国控点数据对自建点数据进行校准，需筛选出对应于国控点时间且间隔在 5 分钟内的自建点观测数据.利用 Access 数据库软件提取自建点符合条件的数据，然后将整点附近间隔在 5 分钟内的自建点数据进行平均得到与国控点整点匹配的数据.删除不能匹配的数据之后，共提取 4048 条数据，如表 8.1(展示部分数据)所示.表 8.1 中，x_1，x_2，x_3，x_4，x_5，x_6，x_7，x_8，x_9，x_{10}和 x_{11}分别表示自建点的 PM2.5 浓度、PM10 浓度、CO 浓度、NO_2 浓度、SO_2 浓度、O_3 浓度、风速、压强、降水量、温度、湿度；y_1，y_2，y_3，y_4，y_5 和 y_6 分别表示国控点的 PM2.5 浓度、PM10 浓度、CO 浓度、NO_2 浓度、SO_2 浓度、O_3 浓度.

表 8.1　自建点与国控点匹配数据

x_1	x_2	x_3	x_4	x_5	x_6	x_7	x_8	x_9	x_{10}	x_{11}	y_1	y_2	y_3	y_4	y_5	y_6
50	98	0.8	62	15	46	0.5	1020.6	89.8	15	65	33	71	0.756	9	25	80
41.67	83.67	0.73	52	15.33	57.67	1.2	1019.87	89.8	17	57.33	32	69	0.736	9	22	86
45	88	0.77	41.33	15.67	70.33	1.37	1018.5	89.8	18	52.33	33	64	0.804	9	26	88
42.5	86.5	0.75	46	15.25	64.5	1.15	1017.85	89.8	17.5	50.75	35	63	0.75	8	26	88
46.67	91.67	0.73	58	15.67	61	1.07	1016.97	89.8	18.33	49.33	30	69	0.855	8	34	88
52.33	97.67	0.73	59.33	14.67	63	1.13	1017.37	89.8	17	53.33	33	76	0.763	8	37	89
48.1	93.8	0.73	54.4	15.5	65.4	1.46	1017.45	89.8	17	55.6	37	79	0.768	8	47	77
44.8	90.4	0.74	84	15.4	84.4	0.48	1017.58	89.8	16	58.8	44	82	0.863	8	72	40
48.2	95.4	0.76	92.2	16	112.2	0.78	1018.16	89.8	15	63.4	48	102	0.876	8	56	50
56.8	103.9	0.74	56.2	16.1	107.4	0.3	1018.14	89.8	14.9	66.1	40	92	0.994	7	81	22
60.8	109	0.8	71	17	107.2	0.36	1018.26	89.8	14	70	56	112	0.944	8	76	18
65.5	120	0.8	90.5	16.5	105	0.95	1018.6	89.8	15	70	51	89	0.862	8	38	56
68	124	0.77	72	16.33	101	0.8	1018.87	89.8	14	71	50	85	0.934	9	36	58
73.63	130	0.76	74.13	15.88	98.63	0.75	1018.7	89.8	14	71	55	85	0.919	9	36	57
73	129.2	0.74	68.6	15.8	98	0.64	1018.58	89.8	14	73	50	81	0.873	9	32	59
62.25	113.5	0.75	61.75	15.75	70	0.65	1018.68	89.8	14	72.5	46	71	0.839	9	26	65
49	97	0.73	55.5	15.25	41	0.65	1018.38	89.8	14	68.75	43	59	0.781	10	25	68
42.2	87.4	0.7	59	15	50.4	0.66	1017.86	89.9	14	69.2	32	51	0.739	9	24	69
43.25	87.5	0.7	52.5	15.25	41.25	1.53	1017.89	89.9	14	73	30	47	0.743	9	23	64
…	…	…	…	…	…	…	…	…	…	…	…	…	…	…	…	…

8.3.3 模型的建立与求解

1. 误差评价模型

为检验校准结果的好坏,需用多个评价指标对校准效果进行整体性的综合评价和衡量.本节应用如下评价指标对校准效果进行评价.

(1) 校准前平方和误差

$$SSE_j = \sum_{i=1}^{n} (y_{ij} - x_{ij})^2$$

校准后平方和误差

$$\Delta SSE_j = \sum_{i=1}^{n} (y_{ij} - \hat{y}_{ij})^2$$

(2) 校准前均方误差

$$MSE_j = \frac{1}{n}\sum_{i=1}^{n} (y_{ij} - x_{ij})^2$$

校准后均方误差

$$\Delta MSE_j = \frac{1}{n}\sum_{i=1}^{n} (y_{ij} - \hat{y}_{ij})^2$$

(3) 校准前平均绝对误差

$$MAE_j = \frac{1}{n}\sum_{i=1}^{n} |y_{ij} - x_{ij}|$$

校准后平均绝对误差

$$\Delta MAE_j = \frac{1}{n}\sum_{i=1}^{n} |y_{ij} - \hat{y}_{ij}|$$

(4) 校准结果改善百分比

$$PM_j = \frac{MAE_j - \Delta MAE_j}{MAE_j} \times 100\%$$

式中,x_{ij}为自建点污染物浓度,y_{ij}为国控点污染物浓度,$\hat{y}_{ij}$为污染物浓度校准值($j = 1,2,\cdots,6$).

2. 相关性分析

表8.2是对自建点的11个自变量和国控点的6个因变量进行相关性分析的结果.从表8.2可知x_1与x_2,y_1,y_2;x_2与y_1;y_1与y_2之间具有较强的相关性(相关系数大于0.7),而x_8与x_{10}的相关系数是-0.85,说明具有较强的负相关,其他因素之间的相关系数均小于0.7.根据各因素之间的相关性,可考虑用自建点的11个变量为自变量,国控点的6个变量为因变量建立PLSR模型.

3. 异常数据处理

由于异常数据会使回归线发生偏离且对数据的校准产生严重的影响,所以对异常数据进行提取和剔除是必要的.以$x_1 \sim x_{11}$为自变量,$y_1 \sim y_6$为因变量作PLSR,提取两个主成分t_1和t_2.根据式(15),可在$t_1 - t_2$平面上画出散点图和椭圆图,如图8.1所示.图8.1中的椭圆之外有318个点,则认为这些点是异常点,将其提取并进行剔除.

表 8.2　相关系数矩阵

	x_1	x_2	x_3	x_4	x_5	x_6	x_7	x_8	x_9	x_{10}	x_{11}	y_1	y_2	y_3	y_4	y_5	y_6
x_1	1	0.95	0.22	0.26	0.32	−0.06	−0.16	0.16	0	−0.31	0.35	0.91	0.7	0.55	0.21	0.18	−0.32
x_2		1	0.35	0.29	0.31	0.08	−0.17	0.3	0.1	−0.41	0.38	0.85	0.66	0.51	0.11	0.3	−0.42
x_3			1	0.39	0.29	0.44	−0.17	−0.06	0.2	0.15	0.1	0.24	0.3	0.26	−0.08	0.52	−0.15
x_4				1	0.2	0.09	−0.31	−0.03	0.34	−0.04	0.19	0.27	0.32	0.37	0.39	0.3	−0.45
x_5					1	−0.12	−0.28	0.04	−0.15	−0.21	0.34	0.29	0.23	0.32	0.15	0.16	−0.3
x_6						1	0.08	−0.01	0.32	0.24	−0.31	0.02	0.14	0.05	−0.18	0.4	0.29
x_7							1	0.12	0.07	0.01	−0.25	−0.17	−0.14	−0.24	−0.3	−0.13	0.34
x_8								1	0.23	−0.85	0.08	0.03	−0.02	−0.14	−0.15	0.21	−0.36
x_9									1	−0.14	0.07	−0.09	−0.11	0.07	−0.15	0.32	−0.13
x_{10}										1	−0.43	−0.13	0.02	−0.01	0.05	−0.11	0.59
x_{11}											1	0.12	−0.19	0.18	−0.15	0.06	−0.56
y_1												1	0.86	0.61	0.33	0.16	−0.21
y_2													1	0.56	0.43	0.23	−0.13
y_3														1	0.39	0.17	−0.24
y_4															1	−0.32	−0.27
y_5																1	−0.29
y_6																	1

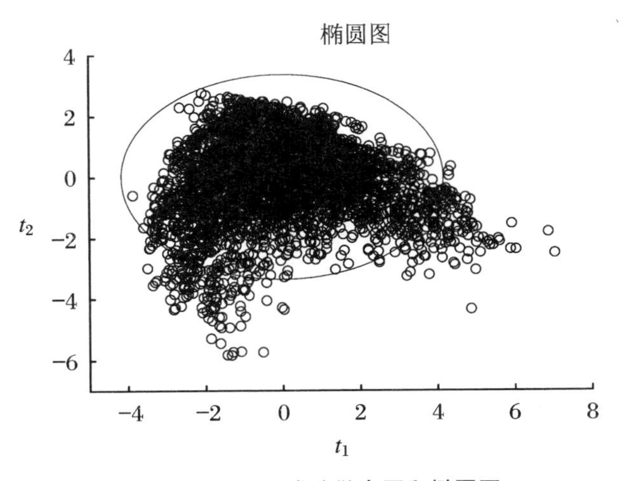

图 8.1　t_1-t_2 成分散点图和椭圆图

4. 校准结果分析

利用剔除后的数据重新进行 PLSR 建模. 首先进行交叉有效性检验，结果如表 8.3 所示. 当 $h=4$ 时，$Q_h^2=0.0780<0.0975$，因此只要抽取前 4 个主成分即可建立合理的 PLSR 方程，其回归方程的系数如表 8.4 所示. 此回归方程即可作为自建点空气质量的校准方程.

表 8.3 交叉检验值

第 h 步	1	2	3	4
Q_h^2	1	0.2052	0.1275	0.078

表 8.4 PLSR 方程系数

变量	$\hat{y}_1$	$\hat{y}_2$	$\hat{y}_3$	$\hat{y}_4$	$\hat{y}_5$	$\hat{y}_6$
常数项	323.7435	748.1149	5.1669	595.4209	−195.825	696.9896
x_1	0.4424	0.5351	0.0033	0.0997	−0.0054	0.0269
x_2	0.1995	0.2335	0.0015	0.0189	0.0214	−0.0144
x_3	2.1625	9.2918	0.1349	−17.3339	28.8243	−5.0084
x_4	0.0437	0.1189	0.003	0.2647	0.0469	−0.3294
x_5	1.7768	1.6592	0.0252	1.1388	0.462	−3.6913
x_6	0.0056	0.0852	0	−0.1611	0.1539	0.2256
x_7	0.2379	−1.1755	−0.1135	−12.3099	−0.6554	18.3342
x_8	−0.3294	−0.73	−0.0048	−0.5509	0.1661	−0.5542
x_9	−0.0572	−0.0721	−0.0003	−0.0367	0.0356	−0.0406
x_{10}	0.2859	0.803	0.0032	0.2614	−0.0343	1.1764
x_{11}	−0.2427	−0.4755	−0.0021	−0.1749	0.0693	−0.5105

为了对表 8.4 构成的 6 个回归方程进行精度分析，分别作如下分析：

(1) 分别作自建点 6 种空气质量数据的预测图. 图 8.2 是以自建点的校准值为横坐标，国控点的实际值为纵坐标，对 6 种空气质量数据的样本点所作的预测图. 在图 8.2 上，若所

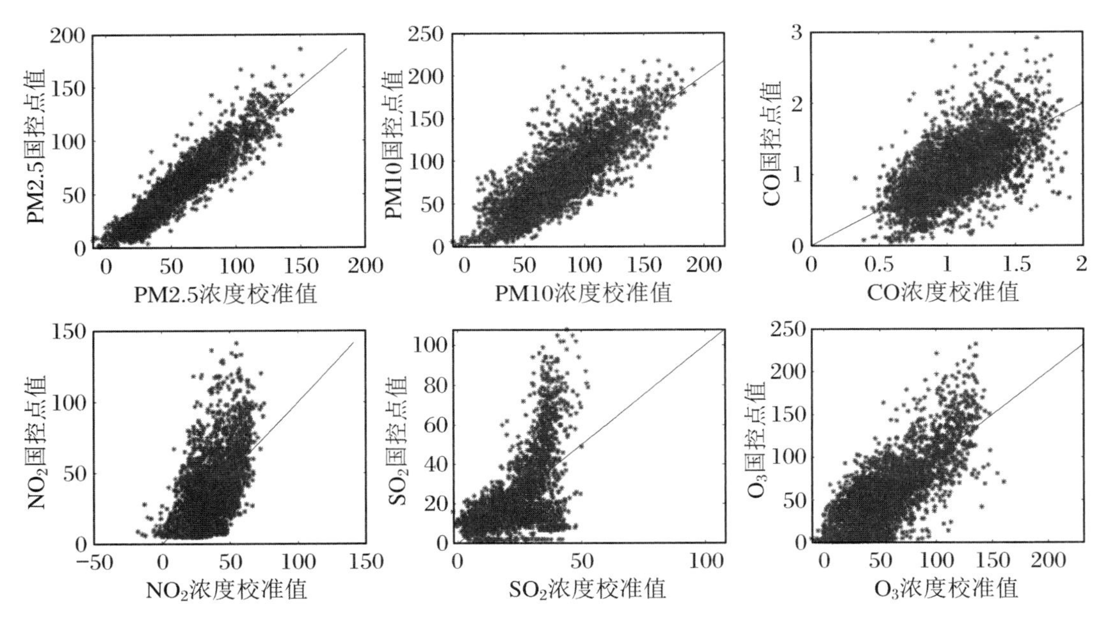

图 8.2 自建点 6 种空气质量数据的预测图

有的点都能在直线 $y=x$ 左右均匀分布，则回归方程的拟合效果是较好的，说明校准值与实际值差异很小．在图 8.2 中，除 SO_2 浓度的预测效果较差外，其余空气质量数据均能在直线 $y=x$ 左右均匀分布，说明校准效果较好．

(2) 分别作 6 种空气质量数据的校准值与实际值的时序图，如图 8.3 所示．除 SO_2 浓度的前半部分以及 O_3 浓度的后半部分的校准值与国控点数据吻合的较差外，其他数据的校准值都能与国控点数据较好的重合，表明利用 PLSR 取得了较好的校准效果．

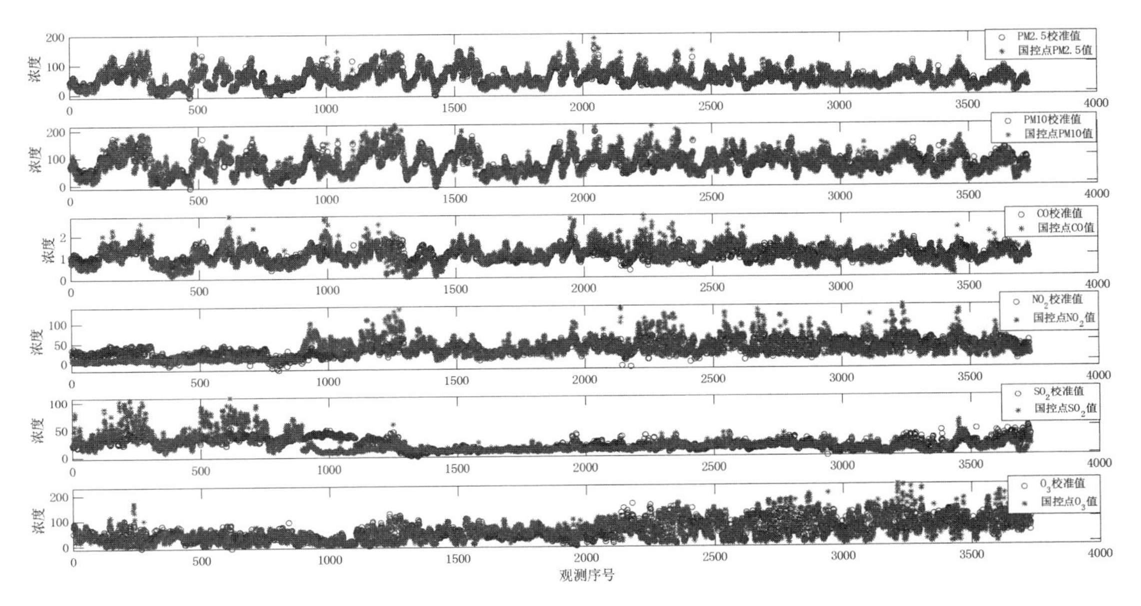

图 8.3　6 种空气质量数据的校准值与国控点实际值的时序图

(3) 分别对 6 种空气质量数据校准前后进行误差分析，如表 8.5 所示．由表 8.5 可知，各个校准误差指标均低于校准之前的误差指标．另外从整体校准改善的百分比看，PM10 浓度校准改善的效果最好，达到了 63.89%；SO_2 浓度校准改善的效果最差，只有 16.02%．从整体上看自建点的空气质量数据均得到不同程度的校准，说明基于 PLSR 模型的校准方法取得了较好的效果．

表 8.5　6 种空气质量数据校准前后的误差对比

污染物	*SSE*	Δ*SSE*	*MSE*	Δ*MSE*	*MAE*	Δ*MAE*	*PM*
PM2.5	1813701.5	416319.99	486.25	111.61	18.12	8.03	55.7%
PM10	13675674.7	1856449.88	3666.4	497.71	47.23	17.06	63.89%
CO	1576.2	424.39	0.42	0.11	0.53	0.26	50.77%
NO_2	5286191.05	1439669.73	1417.21	385.97	30.12	14.92	50.47%
SO_2	1219592.7	713067.55	326.97	191.17	11.13	9.35	16.02%
O_3	7012546.34	2410760.68	1880.04	646.32	34.68	19.88	42.69%

8.3.4 模型的评价

本节采用PLSR模型对自建点的空气质量数据进行了校准并对校准前后的数据进行了误差对比分析.从数据校准结果知,自建点空气质量数据校准后的误差都有明显降低.同时发现PLSR模型对具有多重共线性的自变量(如PM2.5浓度和PM10浓度)校准效果明显,但并非对自建点所有的污染物浓度都能实现有效的校准,如对SO_2浓度校准改善的效果最差,其次是O_3浓度,这可能是传感器受污染物浓度变化的交叉干扰,以及气象因素剧烈变化的影响.可进一步尝试寻找影响SO_2浓度数据校准的关键影响因素,建立符合数据特点的非线性回归模型.

习　　题

1. 表8.6是组胺浓度和颜色读数的数据.x_1表示蓝色B颜色读数,x_2表示绿色G颜色读数,x_3表示红色R颜色读数,x_4表示色调H读数,x_5表示饱和度S读数,y表示组胺浓度(ppm).试建立颜色读数和组胺浓度的数学模型.

表8.6　组胺浓度和颜色读数数据

x_1	x_2	x_3	x_4	x_5	y
68	110	121	23	111	0
37	66	110	12	169	100
46	87	117	16	155	50
62	99	120	19	122	25
66	102	118	20	112	12.5
65	110	120	24	115	0
35	64	109	11	172	100
46	87	118	16	153	50
60	99	120	19	126	25
64	101	118	20	115	12.5

2. 表8.7是溴酸钾浓度和颜色读数的数据.x_1表示蓝色B颜色读数,x_2表示绿色G颜色读数(G),x_3表示红色R颜色读数,x_4表示色调H读数,x_5表示饱和度S读数,y表示组胺浓度(ppm).试建立颜色读数和溴酸钾浓度的数学模型.(数据来源:2017年全国大学生数学建模竞赛C题)

3. 表8.8是某种武器系统研制费用的相关数据,y为研制费用,x_1为系统可靠性,x_2为技术可拓性,x_3为发射质量,x_4为新技术特性,x_5为目标容量,x_6为射程,x_7为速度.试建立研制费用与各因素之间的回归模型.

4. 已知某混合物化学成分的观测数据如表8.9所示.y为原辛烷值,x_1为重整汽池,x_2为直接蒸馏成分,x_3为原油催化裂化油,x_4为原油热裂化油,x_5为烷基化物,x_6为聚合物,x_7为天然香精.试建立y与x_1～x_7之间的回归方程,以确定对y的影响.

表 8.7　溴酸钾浓度和颜色读数数据

x_1	x_2	x_3	x_4	x_5	y
129	141	145	22	27	0
7	133	145	27	241	100
60	133	141	27	145	50
69	136	145	26	133	25
85	139	145	26	106	12.5
128	141	144	23	28	0
7	133	145	27	242	100
57	133	141	27	151	50
70	137	146	26	132	25
87	138	146	26	102	12.5

表 8.8　某武器系统研制费用和参数的数据

x_1	x_2	x_3	x_4	x_5	x_6	y
0.4	60	84	4.3	1	6	167.8
0.3	70	6	5.2	1	2	124.8
0.5	50	45	3.2	2	7	267.8
0.5	56	624	4.5	2	46	276.1
0.8	80	999	6.5	8	100	2336
0.2	40	9	7.3	1	3.6	65.1
0.4	45	28	5.6	1	6	181.2
0.5	56	627	6.3	1	46	280
0.3	74	16	5.9	1	6	156.1
0.4	69	602	6.5	2	18	186.1

表 8.9　某混合物化学成分观测数据

y	x_1	x_2	x_3	x_4	x_5	x_6	x_7
98.7	0.23	0	0	0	0.74	0	0.03
97.8	0.1	0	0	0	0.74	0.12	0.04
96.6	0	0	0.1	0	0.74	0.12	0.04
92	0.49	0	0	0	0.37	0.12	0.02
86.6	0	0	0.62	0	0.18	0.12	0.08
91.2	0.62	0	0	0	0.37	0	0.01
81.9	0.27	0.17	0.38	0.1	0	0	0.08

续表

y	x_1	x_2	x_3	x_4	x_5	x_6	x_7
83.1	0.19	0.17	0.38	0.1	0.06	0.02	0.08
82.4	0.21	0.17	0.38	0.1	0.06	0	0.08
83.2	0.15	0.17	0.38	0.1	0.1	0.02	0.08
81.4	0.36	0.21	0.25	0.12	0	0	0.06
88.1	0	0	0.55	0	0.37	0	0.08

5. 某康复机构测量了20名会员的三个生理指标：体重(x_1)、腰围(x_2)、脉搏(x_3)，并测量了三个训练指标：单杠(y_1)、仰卧起坐(y_2)、跳高(y_3)，测量数据如表8.10所示. 试建立三个生理指标和三个训练指标的回归模型.

表8.10 生理指标和训练指标

x_1	x_2	x_3	y_1	y_2	y_3
191	36	50	5	162	60
189	37	52	2	110	60
193	38	58	12	101	101
162	35	62	12	105	37
189	35	46	13	155	58
182	36	56	4	101	42
211	38	56	8	101	38
167	34	60	6	125	40
176	31	74	15	200	40
154	33	56	17	251	250
169	34	50	17	120	38
166	33	52	13	210	115
154	34	64	14	215	105
247	46	50	1	50	50
193	36	46	6	70	31
202	37	62	12	210	120
176	37	54	4	60	25
157	32	52	11	230	80
156	33	54	15	225	73
138	33	68	2	110	43
156	33	54	15	225	73
138	33	68	2	110	43

6. 为研究混凝土质量与影响因素之间的关系,得实验数据如表8.11所示. x_1 为胶凝材料用量, x_2 为水胶比, x_3 为硅粉掺量, x_4 为粉煤灰掺量, x_5 为石, x_6 为砂, x_7 为坍落度, x_8 为水, y_1, y_2, y_3 分别为3种抗压强度. 试建立抗压强度 y_1, y_2, y_3 与其影响因素 $x_1 \sim x_8$ 之间的回归模型.

表8.11　混凝土抗压强度实验数据

x_1	x_2	x_3	x_4	x_5	x_6	x_7	x_8	y_1	y_2	y_3
500	0.25	5	15	1135	740	85	125	78	39	87
500	0.28	7.5	20	1125	735	95	140	68	35	82
500	0.31	10	25	1115	730	100	155	60	38	80
500	0.34	12.5	30	1105	725	87	170	44	28	73
540	0.25	10	20	1105	720	85	135	73	51	87
540	0.28	12.5	15	1098	715	90	151.2	59	50	80
540	0.31	5	30	1082	710	95	167.4	48	30	68
540	0.34	7.5	25	1074	702	90	183.6	50	33	72
580	0.25	12.5	25	1073	702	88	145	98	62	106
580	0.28	10	30	1062	695	90	162.4	82	60	102
580	0.31	7.5	15	1052	688	95	179.8	61	52	74
580	0.34	5	20	1052	688	100	197.2	39	27	55
620	0.25	7.5	30	1043	682	87	155	91	57	108
620	0.28	5	25	1031	675	96	173.6	70	45	85
620	0.31	12.5	20	1020	667	100	192.2	59	35	68
620	0.34	10	15	1009	660	95	210.8	51	41	56

第9章　多元统计分析

9.1　SPSS软件简介

SPSS是Statistical Product and Service Solutions(统计产品与服务解决方案)的英文缩写,它是世界上流行的综合统计分析软件之一.SPSS最早是由美国斯坦福大学的三位研究生于1968年研究开发的,同时成立了SPSS公司,并于1975年在芝加哥组建了SPSS总部.最初该软件全称为Solutions Statistical Package for the Social Sciences(社会科学统计软件包),但随着SPSS产品服务深度的增加和服务领域的不断扩大,SPSS公司于2000年正式将英文全称更改为Statistical Product and Service Solutions,标志着SPSS战略方向的重大调整.2009年7月,IBM公司宣布收购SPSS公司,如今SPSS已更名为IBM SPSS.该公司推出了一系列用于数据挖掘、统计分析、预测运算分析和决策支持任务的软件产品及相关服务,并很快地应用于社会科学、技术科学、自然科学等领域.SPSS以其强大的统计分析功能、方便的用户操作界面、灵活的表格式分析报告以及精美的图形展现,受到了社会各界统计分析人员的喜爱.SPSS的基本功能包括统计分析、数据管理、图表分析、输出管理等,具体内容包括描述统计、总体的均值比较、列联分析、相关分析、回归分析、聚类分析、因子分析、时间序列分析、非参数检验等多个大类,每一大类中还有多个专项统计方法.目前,SPSS软件已成为许多高等院校社会学、统计学、心理学、教育学、管理学、经济学等专业学生的必修课,同时也成为全国大学生数学建模竞赛首选的统计分析软件.

9.1.1　SPSS窗口界面

SPSS的文件系统主要包括数据文件(Data)、语句文件(Syntax)、输出文件(Output)、草稿输出文件(Draft Output)、程序编辑文件(Script)等5种类型的文件.每种类型的文件在各自的窗口中通过各自的功能按钮和菜单实现各项功能.对于数学建模竞赛的同学来说,使用较多的是数据窗口和输出窗口.

1. 数据窗口

图9.1是SPSS软件的数据窗口,窗口的左下角有两个按钮:"数据视图"按钮和"变量视图"按钮.点击"数据视图"按钮,可在数据视图的表格里编辑数据文件;点击"变量视图"按钮,可对变量属性进行定义,包括变量名、类型、宽度、小数位数、标签、缺失值等.

2. 输出窗口

SPSS软件在启动后输出窗口并不显示在屏幕上,有两种方式可激活输出窗口:

(1) 在"文件"菜单中依次选择"新建"→"输出",即可打开输出窗口,如图9.2和图9.3

所示.

(2) 当使用了“分析”菜单中的统计分析功能产生输出信息时，输出窗口便自动激活.

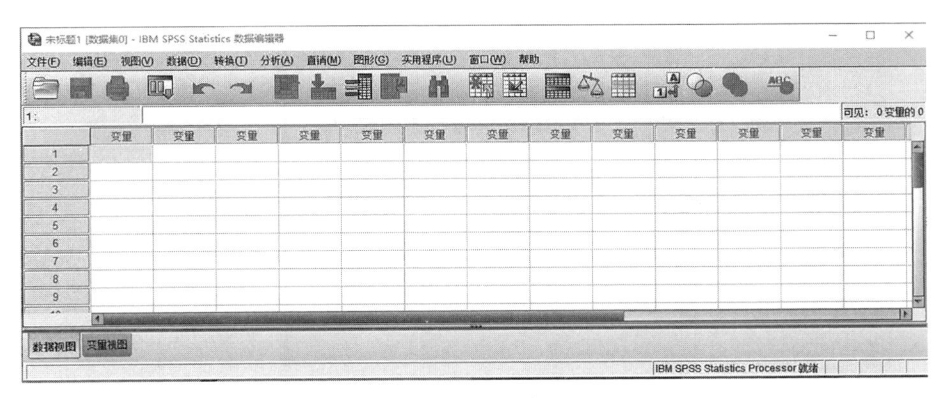

图 9.1　数据窗口

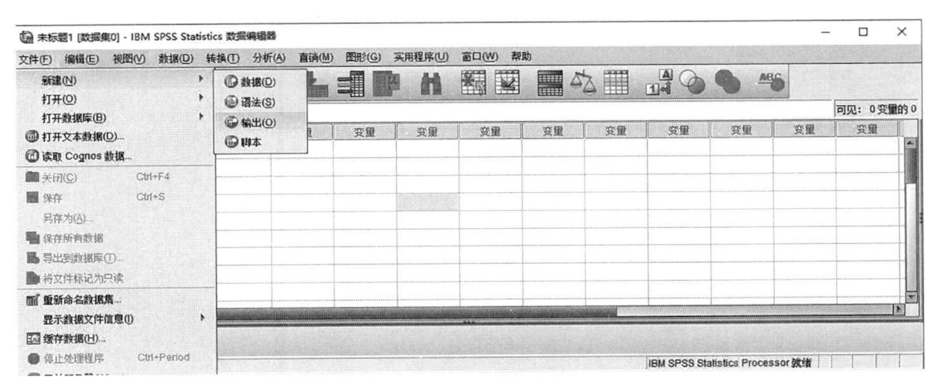

图 9.2　选择“输出”

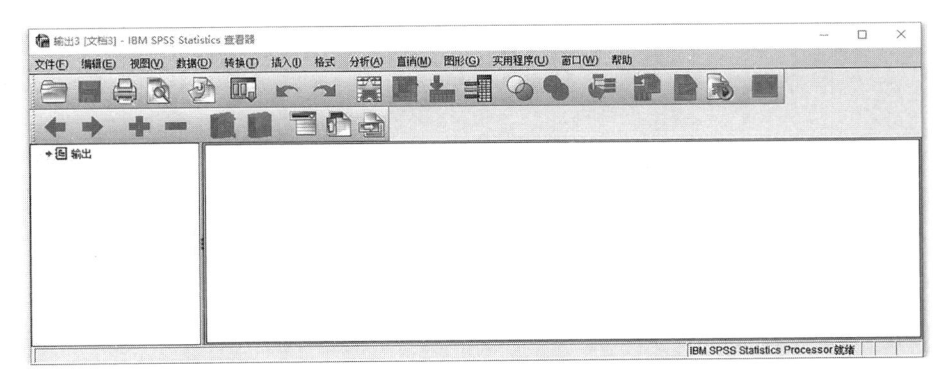

图 9.3　输出窗口

9.1.2　数据的输入与保存

SPSS 软件的数据输入主要有两种方式：一种是在数据窗口直接编辑输入，如图 9.1 所示；另外一种是从外部读取数据. 如从 Excel 文件中导入数据，可通过依次点击“文件”菜单中的“打开”→“数据”(见图 9.4)，文件类型选择“Excel(*.xls, *.xlsx, *.xlsm)”，然后再选择需要导入的 Excel 文件数据，如图 9.5 所示. 如果勾选“从第一行数据读取变量名”(见图 9.6)，则表示把 Excel 数据中的第一行作为变量名导入，否则作为数据读入，然后点确定，即可导入 Excel 的数据.

未标题1 [数据集0] - IBM SPSS Statistics 数据编辑器
文件(F) 编辑(E) 视图(V) 数据(D) 转换(T) 分析(A) 直销(M) 图形(G) 实用程序(U) 窗口(W) 帮助
新建(N)
打开(O)
打开数据库(B)
打开文本数据(D)...
读取 Cognos 数据...
关闭(C) Ctrl+F4
保存 Ctrl+S
另存为(A)...
保存所有数据
导出到数据库(T)...
将文件标记为只读
重新命名数据集...
显示数据文件信息(I)
缓存数据(H)...
停止处理程序 Ctrl+Period
开关服务器(W)...
存储库(R)
打印预览
打印(P)... Ctrl+P
最近使用的数据
最近使用的文件(F)
退出(X)
数据(A)...
语法(S)...
输出(O)...
脚本(C)...
变量

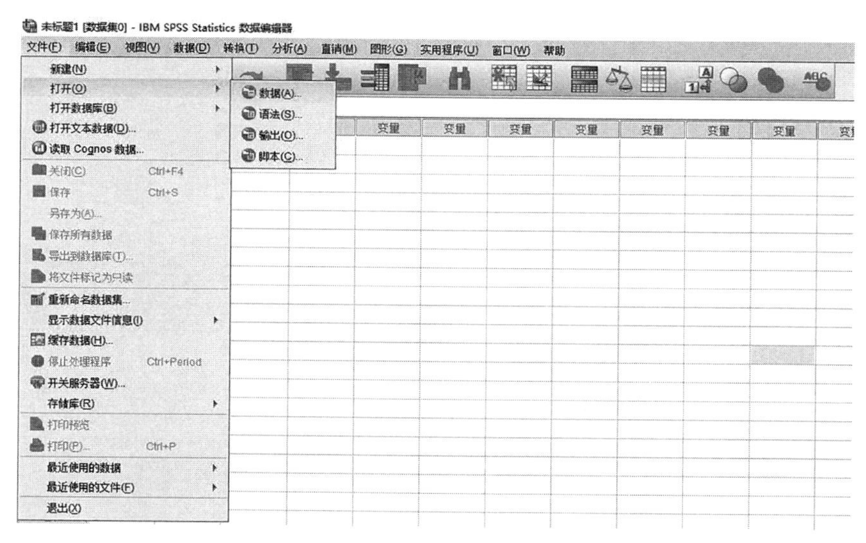

图 9.4 选择“数据”

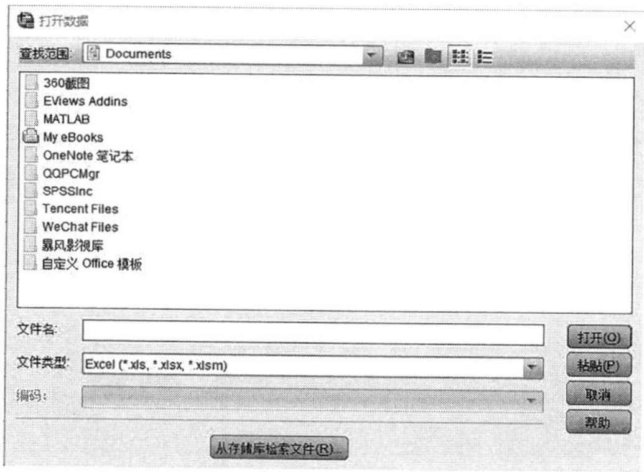

打开数据
查找范围: Documents
360截图
EViews Addins
MATLAB
My eBooks
OneNote 笔记本
QQPCMgr
SPSSInc
Tencent Files
WeChat Files
暴风影视库
自定义 Office 模板
文件名:
文件类型: Excel (*.xls, *.xlsx, *.xlsm)
编码:
打开(O)
粘贴(P)
取消
帮助
从存储库检索文件(R)...

图 9.5 “打开数据”对话框

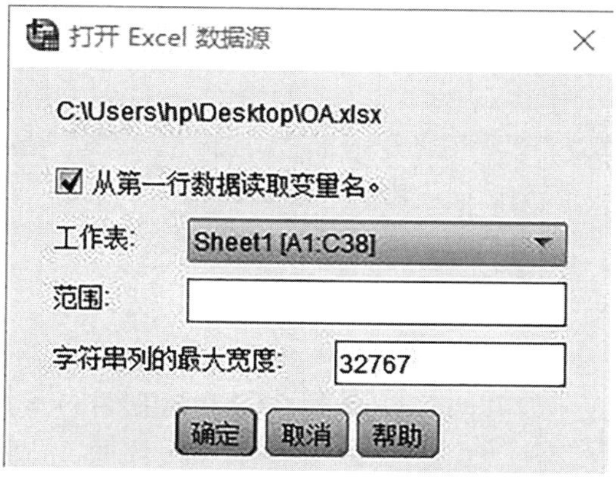

打开 Excel 数据源
C:\Users\hp\Desktop\OA.xlsx
从第一行数据读取变量名。
工作表: Sheet1 [A1:C38]
范围:
字符串列的最大宽度: 32767
确定
取消
帮助

图 9.6 “打开 Excel 数据源”对话框

SPSS 将数据导入数据窗口之后应及时保存，以防数据丢失.保存数据文件可以通过“文件”→“保存”或“文件”→“另存为”来执行.如图9.7所示，在数据保存对话框中根据需要选择文件的类型进行数据保存.

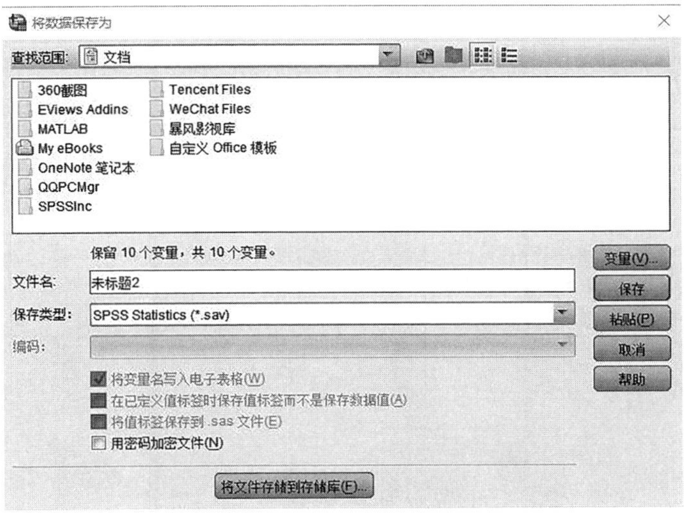

将数据保存为

查找范围: 文档

360截图
EViews Addins
MATLAB
My eBooks
OneNote 笔记本
QQPCMgr
SPSSInc
Tencent Files
WeChat Files
暴风影视库
自定义 Office 模板

保留 10 个变量，共 10 个变量。

文件名: 未标题2

保存类型: SPSS Statistics (*.sav)

编码:

将变量名写入电子表格(W)
在已定义值标签时保存值标签而不是保存数据值(A)
将值标签保存到.sas 文件(E)
用密码加密文件(N)

将文件存储到存储库(F)...

变量(V)... 保存 粘贴(P) 取消 帮助

图 9.7 “数据保存为”对话框

9.1.3 SPSS 数据处理与统计分析菜单

SPSS 数据处理与统计分析的菜单有数据、转换、分析、图形等.这些也是数学建模常用的菜单.

1. 数据

SPSS 的“数据”菜单包括定义变量属性、定义日期、标识重复个案、标识异常个案、比较数据集、排序个案、转置、分类汇总、加权个案等，如图9.8所示，主要用于数据的处理和筛选等.下面主要介绍排序个案的使用.

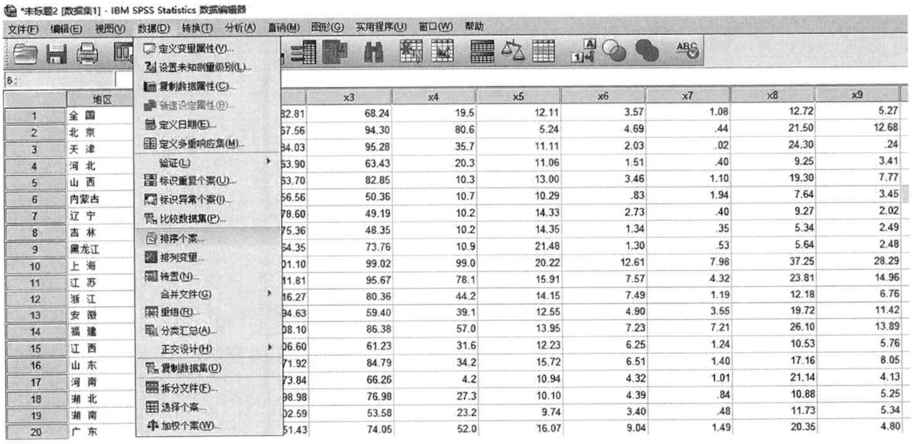

*未标题2 [数据集1] - IBM SPSS Statistics 数据编辑器

文件(F) 编辑(E) 视图(V) 数据(D) 转换(T) 分析(A) 直销(M) 图形(G) 实用程序(U) 窗口(W) 帮助

定义变量属性(V)...
设置未知测量级别(L)...
复制数据属性(C)...
新建设定属性(B)...
定义日期(E)...
定义多重响应集(M)...
验证(L)
标识重复个案(U)...
标识异常个案(I)...
比较数据集(P)...
排序个案...
排列变量...
转置(N)...
合并文件(G)
重组(R)...
分类汇总(A)...
正交设计(H)
复制数据集(D)
拆分文件(F)...
选择个案...
加权个案(W)...

	地区		x3	x4	x5	x6	x7	x8	x9
1	全 国	82.81	68.24	19.5	12.11	3.57	1.08	12.72	5.27
2	北 京	67.56	94.30	80.6	5.24	4.69	.44	21.50	12.68
3	天 津	84.03	95.28	35.7	11.11	2.03	.02	24.30	.24
4	河 北	63.90	63.43	20.3	11.06	1.51	.40	9.25	3.41
5	山 西	63.70	82.85	10.3	13.00	3.46	1.10	19.30	7.77
6	内蒙古	56.56	50.36	10.7	10.29	.83	1.94	7.64	3.45
7	辽 宁	78.60	49.19	10.2	14.33	2.73	.40	9.27	2.02
8	吉 林	75.36	48.35	10.2	14.35	1.34	.35	5.34	2.49
9	黑龙江	64.35	73.76	10.9	21.48	1.30	.53	5.64	2.48
10	上 海	01.10	99.02	99.0	20.22	12.61	7.98	37.25	28.29
11	江 苏	11.81	95.67	78.1	15.91	7.57	4.32	23.81	14.96
12	浙 江	16.27	80.36	44.2	14.15	7.49	1.19	12.18	6.76
13	安 徽	94.63	59.40	39.1	12.55	4.90	3.55	19.72	11.42
14	福 建	08.10	86.38	57.0	13.95	7.23	7.21	26.10	13.89
15	江 西	06.60	61.23	31.6	12.23	6.25	1.24	10.53	5.76
16	山 东	71.92	84.79	34.2	15.72	6.51	1.40	17.16	8.05
17	河 南	73.84	66.26	4.2	10.94	4.32	1.01	21.14	4.13
18	湖 北	98.98	76.98	27.3	10.10	4.39	.84	10.88	5.25
19	湖 南	02.59	53.58	23.2	9.74	3.40	.48	11.73	5.34
20	广 东	51.43	74.05	52.0	16.07	9.04	1.49	20.35	4.80

图 9.8 “数据”菜单

SPSS 对数据的排序与 Excel 对数据的排序类似,SPSS 可对数据窗口中的数据按照某一个或几个指定变量的变量值降序或升序排列,常用于数据筛选.按排序变量的多少可分为单值排序和多重排序.多重排序中第一个指定的排序变量为主排序变量,依次为第二排序变量、第三排序变量等.依次点击"数据"→"排序个案",选择需要排序的变量,即可对数据进行排序,如图 9.8 和图 9.9 所示.

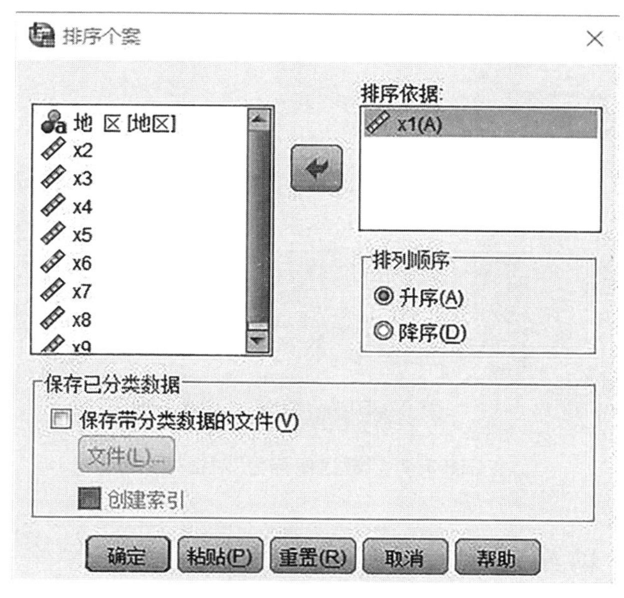

图 9.9　"排序个案"窗口

2. 转换

SPSS 的"转换"菜单包括计算变量、对个案内的值计数、可视离散化、最优离散化、个案排秩、替换缺失值等,如图 9.10 所示.下面主要介绍计算变量的使用.

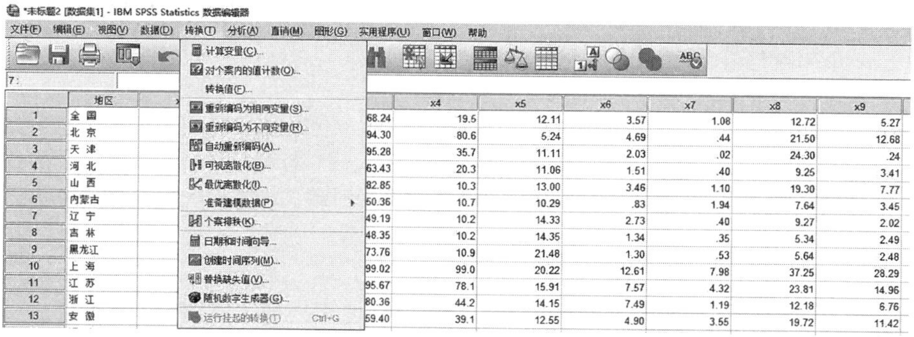

图 9.10　"转换"菜单

在数据分析过程中,原始数据有时很难满足统计分析的要求,需要将数据进行适当的转换,生成新的变量.新变量的生成主要涉及 SPSS 算术表达式、SPSS 条件表达式、SPSS 函数等基本操作.

(1) SPSS 算术表达式.SPSS 算术表达式是由常量、变量名、算术运算符、圆括号等组成的式子.字符型常量应使用单引号. SPSS 变量名是指那些已经存在于数据编辑窗口的变量名. 此功能的操作对象为数值型变量.

（2）SPSS 的条件表达式. 如果仅对部分数据进行计算，则应利用 SPSS 的条件表达式对指定对象进行计算. 根据需要构造出条件表达式之后，SPSS 会自动挑选出满足该条件的数据，再对它们进行计算.

（3）SPSS 函数. SPSS 提供了 70 余种的系统函数. 根据函数功能和处理对象的不同，可将 SPSS 函数分成八大类：统计函数、算术函数、逻辑函数、分布函数、日期时间函数、字符串函数、缺失值函数和其他函数. 函数书写格式为：函数名（参数），函数名是系统给定的，参数可以是一个或多个，而参数的类型可以是常量（字符型常量应用单引号引起来），也可以是变量或 SPSS 的算术表达式. SPSS 函数一般也会与 SPSS 的算术表达式混合出现，用于完成更加复杂的计算.

“计算变量”的具体操作如下：

点击“转换”→“计算变量”，弹出如图 9.11 所示窗口. 在目标变量栏中输入新变量的名称，在数字表达式中输入要计算变量的表达式，确认后即可在数据窗口中得到新变量的数据.

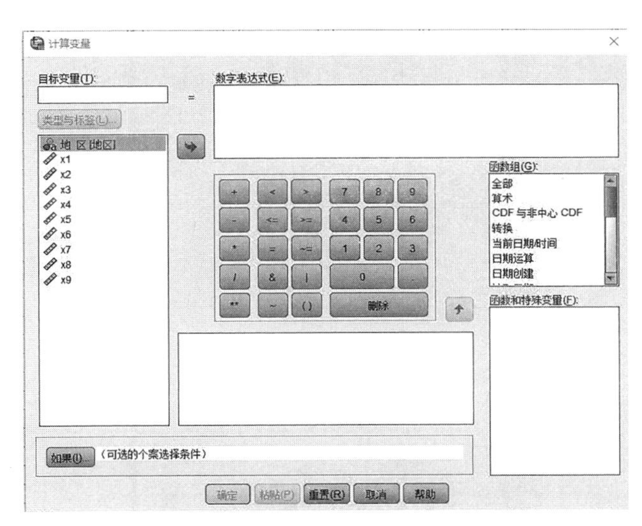

图 9.11　“计算变量”对话框

3. 分析

“分析”菜单包括报告、描述统计、比较均值、相关、回归、分类、降维、神经网络等，如图 9.12 所示. 下面主要介绍回归的使用.

回归分析是数学建模中一种重要的统计分析方法，包括线性回归、非线性回归等. 点击“分析”→“回归”→“线性”，弹出“线性回归”对话框，即可对数据进行线性回归分析，如图 9.13 和图 9.14 所示.

4. 图形

SPSS 绘图功能强大，图形美观，操作简单易学，应用较广泛. SPSS 可通过“图形”菜单中的“图表构建程序”或“旧对话框”绘制条形图、3-D 条形图、线图、面积图、饼图、高低图、箱图、散点图、直方图等，如图 9.15 和图 9.16 所示.

	地区	x1	x2	x3	x4	x5	x6	x7	x8	x9
1	全 国	4471		68.24	19.5	12.11	3.57	1.08	12.72	5.27
2	北 京	6058		94.30	80.6	5.24	4.69	.44	21.50	12.68
3	天 津	3046		95.28	35.7	11.11	2.03	.02	24.30	.24
4	河 北	4186		63.43	20.3	11.06	1.51	.40	9.25	3.41
5	山 西	4544		82.85	10.3	13.00	3.46	1.10	19.30	7.77
6	内蒙古	2871		50.36	10.7	10.29	.83	1.94	7.64	3.45
7	辽 宁	3782		49.19	10.2	14.33	2.73	.40	9.27	2.02
8	吉 林	3206		48.35	10.2	14.35	1.34	.35	5.34	2.49
9	黑龙江	3119		73.76	10.9	21.48	1.30	.53	5.64	2.48
10	上 海	4345		99.02	99.0	20.22	12.61	7.98	37.25	28.29
11	江 苏	5101		95.67	78.1	15.91	7.57	4.32	23.81	14.96
12	浙 江	5431		80.36	44.2	14.15	7.49	1.19	12.18	6.76
13	安 徽	4477		59.40	39.1	12.55	4.90	3.55	19.72	11.42
14	福 建	6720		86.38	57.0	13.95	7.23	7.21	26.10	13.89
15	江 西	4827		61.23	31.6	12.23	6.25	1.24	10.53	5.76
16	山 东	4315		84.79	34.2	15.72	6.51	1.40	17.16	8.05
17	河 南	5551		66.26	4.2	10.94	4.32	1.01	21.14	4.13
18	湖 北	4125		76.98	27.3	10.10	4.39	.84	10.88	5.25
19	湖 南	4086		53.58	23.2	9.74	3.40	.48	11.73	5.34
20	广 东	3520		74.05	52.0	16.07	9.04	1.49	20.35	4.80
21	广 西	7258		83.26	52.8	10.16	6.41	.48	10.84	5.97
22	海 南	2731	[illegible]	91.14	75.2	18.82	3.55	1.29	32.11	19.91
23	重 庆	5749	84.96	79.01	23.8	11.32	7.26	.57	9.40	5.07

图 9.12 “分析”菜单

图 9.13 “回归”菜单

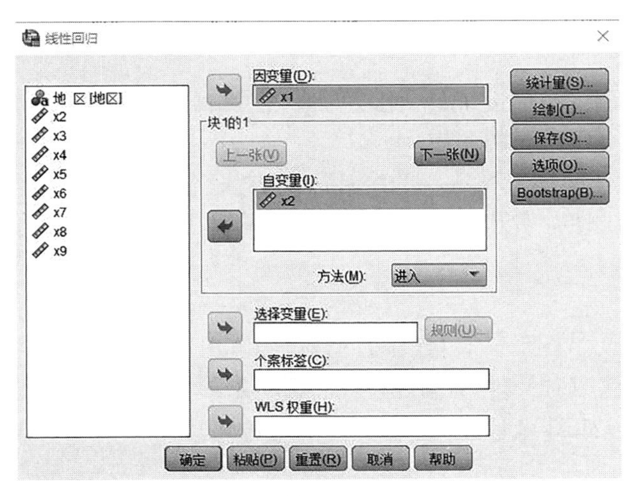

图 9.14 “线性回归”窗口

*未标题2 [数据集1] - IBM SPSS Statistics 数据编辑器

文件(F)　编辑(E)　视图(V)　数据(D)　转换(T)　分析(A)　直销(M)　图形(G)　实用程序(U)　窗口(W)　帮助

图表构建程序(C)...
图形画板模板选择程序...
旧对话框(L)

条形图(B)...
3-D 条形图...
线图(L)...
面积图(A)...
饼图(E)...
高低图(H)...
箱图(X)...
误差条形图(O)...
人口金字塔(Y)...
散点/点状(S)...
直方图(I)...

	地区	x1	x2	x3	x4	x6	x7	x8	x9
1	全 国	4471	82.81	68.24	1	3.57	1.08	12.72	5.27
2	北 京	6058	67.56	94.30	8	4.69	.44	21.50	12.68
3	天 津	3046	84.03	95.28	3	2.03	.02	24.30	.24
4	河 北	4186	63.90	63.43	2	1.51	.40	9.25	3.41
5	山 西	4544	63.70	82.85	1	3.46	1.10	19.30	7.77
6	内蒙古	2871	56.56	50.36	1	.83	1.94	7.64	3.45
7	辽 宁	3782	78.60	49.19	1	2.73	.40	9.27	2.02
8	吉 林	3206	75.36	48.35	1	1.34	.35	5.34	2.49
9	黑龙江	3119	64.35	73.76	1	1.30	.53	5.64	2.48
10	上 海	4345	101.10	99.02	9	12.61	7.98	37.25	28.29
11	江 苏	5101	111.81	95.67	7	7.57	4.32	23.81	14.96

图 9.15　“旧对话框”菜单

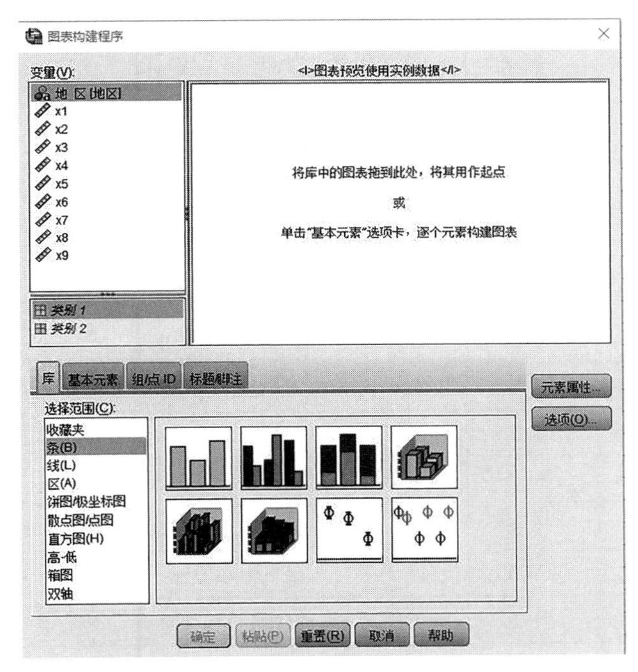

图 9.16　“图表构建程序”对话框

9.2　聚 类 分 析

聚类分析也称群分析或点群分析，是将物理或抽象对象的集合分组为由类似的对象组成的多个类的分析过程，是研究分类的一种多元统计方法.其基本目标是按照一定规则把分类对象性质相似的归为一类，而把性质差距比较大的对象归到不同的类，最终得到同类的对象具有较高的相似度，而不同类之间的对象具有较低的相似度.K 均值聚类是一种适用于大数据且计算速度快的聚类方法，其算法的基本思路是在给定数据的分类数 K 后，随机选取 K 个聚类中心，计算每个样本与这 K 个聚类中心的距离，依据距离最近原则将每个样本分别归到K个不同的类,然后重新计算这K个类的中心,继续计算每个样本与这K个中心的距离,并重新归类,继续上述操作直到达到设定的标准时,结束聚类过程.

9.2.1 问题提出

为了深入了解国家与婴儿死亡率、出生时预期寿命的关系,现对43个国家3年(2000年、2005年和2011年)的婴儿死亡率和出生时预期寿命数据(表9.1)进行聚类分析.(数据来源:国家统计局2012年国际统计年鉴数据)

表9.1 43个国家的婴儿死亡率和出生时预期寿命

国家	婴儿死亡率(‰)			出生时预期寿命(岁)		
	2000年	2005年	2011年	2000年	2005年	2011年
中国	28.8	20.3	12.6	71.2	72.2	73.3
孟加拉国	62	49.1	36.7	64.7	66.9	68.9
文莱	7.3	6.5	5.6	76.2	77.2	78.1
柬埔寨	76.4	55.6	36.2	57.5	60	63
印度	64.2	55.8	47.2	61.6	63.4	65.5
印度尼西亚	37.6	31.4	24.8	65.7	67.1	69.3
伊朗	35.3	27.8	21.1	69.7	71.3	72.8
以色列	5.6	4.4	3.5	79	80.2	81.5
日本	3.3	2.8	2.4	81.1	81.9	82.9
哈萨克斯坦	36.5	30.8	25	65.5	65.9	68.3
韩国	4.9	4.5	4.1	75.9	78.4	80.8
老挝	60.1	46.1	33.8	61.4	64.5	67.4
马来西亚	9.1	7.3	5.6	72.1	73	74.3
蒙古	48.6	36.5	25.5	63.1	66.1	68.5
缅甸	61.5	55	47.9	61.9	62.9	65.2
巴基斯坦	75.9	67.8	59.2	63.2	64.1	65.2
菲律宾	29.4	25	20.2	66.8	67.5	68.8
新加坡	2.9	2.3	2	78.1	80	81.6
斯里兰卡	16.4	13.5	10.5	71	74	74.7
泰国	15.9	13.5	10.6	72.5	73.2	74.1
越南	26.2	22	17.3	72	73.7	74.8
埃及	35.6	26.2	18	69.1	71.5	73.2
尼日利亚	112.5	95.5	78	46.3	49	51.9

续表

国家	婴儿死亡率(‰)			出生时预期寿命(岁)		
	2000年	2005年	2011年	2000年	2005年	2011年
南非	52.3	51.6	34.6	54.8	51.1	52.1
加拿大	5.3	5.2	4.9	79.2	80.3	80.8
墨西哥	24.1	18.4	13.4	74.3	75.5	76.7
美国	7.1	6.8	6.4	76.6	77.3	78.2
阿根廷	18.1	15.4	12.6	73.7	74.7	75.8
巴西	31.2	22	13.9	70.1	71.5	73.4
委内瑞拉	19	15.9	12.9	73.3	73.2	74.1
捷克	5.6	4.4	3.2	75	75.9	77.4
法国	4.4	3.8	3.4	79	80.1	81.4
德国	4.4	3.9	3.3	77.9	78.9	80
意大利	4.8	3.8	3.2	79.4	80.6	81.7
荷兰	5.1	4.4	3.4	78	79.4	80.7
波兰	8.3	6.5	4.9	73.8	75	76.3
俄罗斯	17.8	13.7	9.8	65.3	65.5	68.8
西班牙	5.5	4.8	3.5	79	80.2	81.6
土耳其	28.4	18.9	11.5	69.5	72.1	73.9
乌克兰	15.9	12.4	8.7	67.9	68	70.3
英国	5.6	5.1	4.4	77.7	79.1	80.4
澳大利亚	5.1	4.7	4.1	79.2	80.8	81.7
新西兰	6	5.4	4.7	78.6	79.9	80.7

9.2.2　SPSS求解步骤

婴儿死亡率和出生时预期寿命共有6个指标，分别用 v_1, v_2, v_3, p_1, p_2 和 p_3 表示.本例需要利用多个指标来分析各个国家婴儿死亡率和出生时预期寿命的差异，这属于典型的多元分析问题.因此，可以考虑利用K均值聚类分析来研究各国家之间的差异性.SPSS聚类分析的具体操作步骤如下：

(1) 导入数据，选择菜单栏中的“文件”→“打开”→“数据”命令，即可导入存储在外部的Excel数据，如图9.17所示.

(2) 在菜单栏中依次选择“分析”→“分类”→“K-均值聚类”.

(3) 在左侧的待选变量列表中将 v_1, v_2, v_3, p_1, p_2 和 p_3 变量设定为聚类分析变量，将其添加至“变量”列表框中；同时选择“国家”作为标识变量，将其移入“个案标记依据”列表框中.在“聚类数”文本框中输入数值“3”，表示将样品聚成3类.在“方法”单选框中选择“迭代与分类”.如图 9.18 所示.

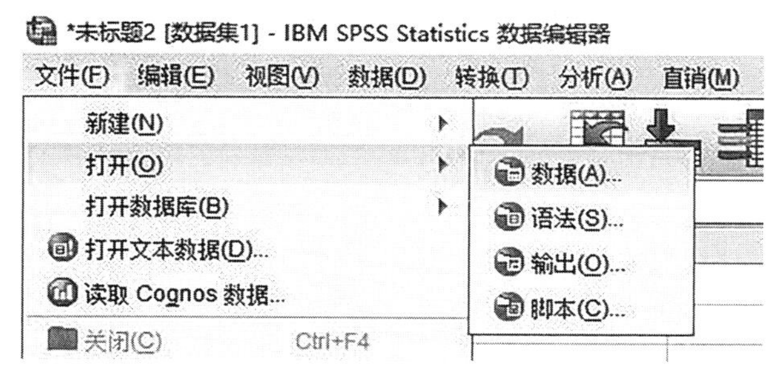

图 9.17 导入数据

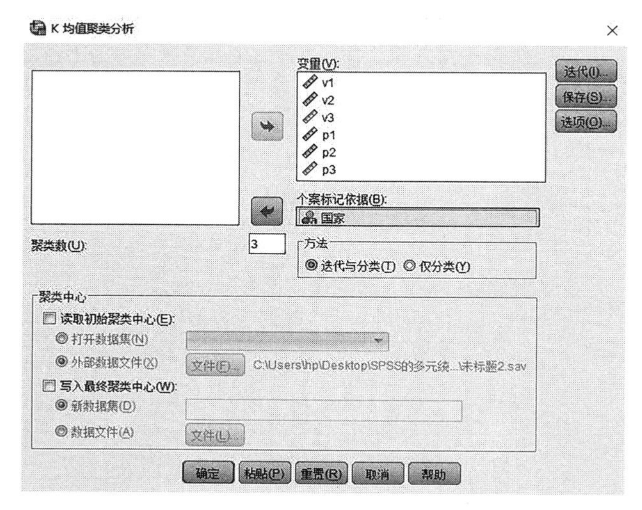

图 9.18 “K-均值聚类分析”对话框

(4)“聚类中心”项可以不设置,系统将根据聚类数随机选取聚类中心.若要自己设定聚类中心,可依次选择“读取初始聚类中心”→“外部数据文件”导入聚类中心,如图 9.19 所示.

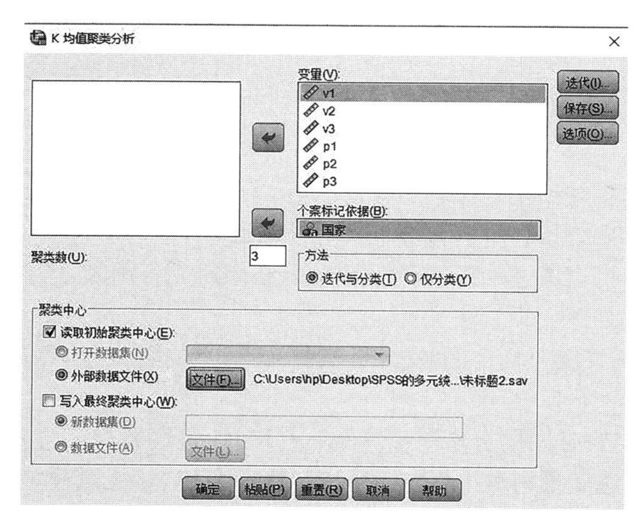

图 9.19 “聚类中心”设置

“外部数据文件”的类型是.sav文件，第一列变量名必须为“cluster_”，其他列名跟聚类变量一样.具体格式如表 9.2 所示.

表 9.2 初始聚类中心

cluster_	v_1	v_2	v_3	p_1	p_2	p_3
1	35.3	27.8	21.1	69.7	71.3	72.8
2	52.3	51.6	34.6	54.8	51.1	52.1
3	28.4	18.9	11.5	69.5	72.1	73.9

(5) 单击“迭代”按钮，在“迭代”对话框中的“最大迭代次数”填“10”(默认值)，“收敛性标准”填“0”(默认值)，如图 9.20 所示.

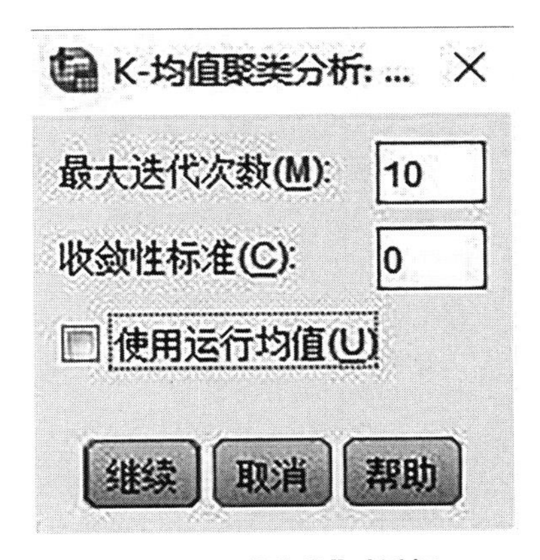

图 9.20 “迭代”对话框

(6) 单击“保存”按钮，在“保存”对话框中选择“聚类成员”“与聚类中心的距离”，表示输出结果将包括这两项内容，如图 9.21 所示.

图 9.21 “保存”对话框

(7) 单击“选项”按钮，在“选项”对话框中选择“初始聚类中心”“ANOVA 表”和“每个个案的聚类信息”，表示输出结果将包括这三项内容，如图 9.22 所示.缺失值的处理方式选择“按列表排除个案”，缺失数据将不参与聚类.

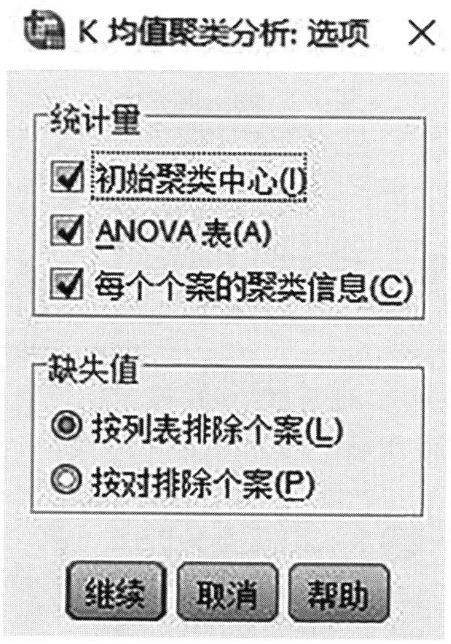

K 均值聚类分析: 选项
统计量
初始聚类中心(I)
ANOVA 表(A)
每个个案的聚类信息(C)
缺失值
按列表排除个案(L)
按对排除个案(P)
继续 取消 帮助

图 9.22 “选项”对话框

9.2.3 输出结果分析

(1) 初始聚类中心:本例用的是自设的初始聚类中心(表 9.2).这些中心位置可能在后续的迭代计算中出现调整.

(2) 迭代历史记录:表 9.3 给出了 K 均值聚类分析的迭代过程.第一次迭代的变化值最大,之后逐渐减少,到第四次迭代时,就满足了收敛标准,聚类中心就不变了.这说明本次聚类的迭代过程速度非常快.

表 9.3 迭代历史记录

迭代	聚类中心的更改		
	1	2	3
1	5.856	27.418	21.141
2	6.592	0	3.603
3	1.514	0	0.836
4	0	0	0

(3) 聚类成员:表 9.4 给出了每个个案的聚类情况,第 3 列“聚类”表示该案例属于哪一类,第 4 列“距离”表示该案例与其所属类别中心之间的距离.

表 9.4 聚类成员

案例号	国家	聚类	距离	案例号	国家	聚类	距离
1	中国	1	9.357	23	尼日利亚	2	66.496
2	孟加拉国	2	20.091	24	南非	2	27.418

续表

案例号	国家	聚类	距离	案例号	国家	聚类	距离
3	文莱	3	1.423	25	加拿大	3	6.611
4	柬埔寨	2	12.724	26	墨西哥	1	15.137
5	印度	2	9.072	27	美国	3	1.783
6	印度尼西亚	1	11.256	28	阿根廷	3	14.957
7	伊朗	1	4.538	29	巴西	1	6.316
8	以色列	3	7.212	30	委内瑞拉	3	16.633
9	日本	3	11.434	31	捷克	3	4.961
10	哈萨克斯坦	1	11.422	32	法国	3	7.947
11	韩国	3	5.567	33	德国	3	6.647
12	老挝	2	22.527	34	意大利	3	8.314
13	马来西亚	3	6.738	35	荷兰	3	6.41
14	蒙古	1	21.996	36	波兰	3	3.572
15	缅甸	2	11.361	37	俄罗斯	3	21.852
16	巴基斯坦	2	17.12	38	西班牙	3	7.158
17	菲律宾	1	6.208	39	土耳其	1	10.844
18	新加坡	3	9.701	40	乌克兰	3	17.25
19	斯里兰卡	3	13.06	41	英国	3	5.194
20	泰国	3	12.714	42	澳大利亚	3	7.628
21	越南	1	9.268	43	新西兰	3	5.716
22	埃及	1	3.286				

(4) 最终聚类中心：表 9.5 列出了最终聚类中心，与初始中心位置相比有了较大的变化.

表 9.5　最终聚类中心

	聚类		
	1	2	3
v_1	32.9	70.6	8.5
v_2	25.4	59.6	7.1
v_3	18.5	46.7	5.7
p_1	68.8	58.9	75.8
p_2	70.4	60.2	77
p_3	72.1	62.4	78.2

(5) 最终聚类中心间的距离：表 9.6 是最终聚类中心间的距离，其中第二类和第三类之间的距离最大，而第一类和第三类之间的距离最短.

表 9.6 最终聚类中心间的距离

聚类	1	2	3
1		60.685	34.949
2	60.685		95.416
3	34.949	95.416	

(6) 方差分析表:表 9.7 是方差分析表,显示了各个指标在不同类的均值比较情况.各数据项的含义依次是:组间均方、组间自由度、组内均方、组内自由度、F 值和 p 值.从表 9.7 可看出,各个指标的 p 值均小于 0.001,说明在不同类之间的差异是非常显著的,这进一步验证了聚类分析结果的有效性.

表 9.7 ANOVA

	聚类		误差		F	Sig.
	均方	df	均方	df		
v_1	11905.411	2	89.661	40	132.782	0.000
v_2	8357.907	2	63.098	40	132.46	0.000
v_3	5059.436	2	54.473	40	92.879	0.000
p_1	887.024	2	17.894	40	49.57	0.000
p_2	860.949	2	20.298	40	42.415	0.000
p_3	772.964	2	18.466	40	41.858	0.000

(7) 聚类数目汇总:从表 9.8 可看到最终结果中各个类别的数目.其中第一类 11 个,第二类 8 个,第三类 24 个,有效 43 个,缺失 0 个.根据表 9.4 可列出最终的聚类结果,如表 9.9 所示.

表 9.8 每个聚类中的案例数

聚类	1	11
	2	8
	3	24
有效		43
缺失		0

表 9.9 聚类结果

类别	国家
1	中国,印度尼西亚,伊朗,哈萨克斯坦,蒙古,菲律宾,越南,埃及,墨西哥,巴西,土耳其
2	孟加拉国,柬埔寨,印度,老挝,缅甸,巴基斯坦,尼日利亚,南非
3	文莱,以色列,日本,韩国,马来西亚,新加坡,斯里兰卡,泰国,加拿大,美国,阿根廷,委内瑞拉,捷克,法国,德国,意大利,荷兰,波兰,俄罗斯,西班牙,乌克兰,英国,澳大利亚,新西兰

9.3 判别分析

判别分析是指在分类确定的条件下，按照某种判别规则，判别其类型归属问题的一种多变量统计分析方法.其基本原理是按照一定的判别准则，建立一个或多个判别函数，用研究对象的大量资料确定判别函数中的待定系数，并计算判别指标.据此即可确定某一样本属于何类.Fisher 判别法是判别分析中常用的一种方法，其基本思想是投影降维，即将 K 类 n 维数据投影到某一个方向，使得类与类之间的投影尽可能分开，而类内离差尽可能小，从而得到一种线性判别函数，最终将各个类进行很好的区分.

当得到一个新的样本数据，要确定该样本属于已知类型中的哪一类，这类问题属于判别分析问题.

9.3.1 问题提出

在上节聚类分析中，我们根据婴儿死亡率和出生时预期寿命将国家分成3类(表9.10)，聚类分析的效果如何，还需进一步验证.下面用判别分析对上节聚类分析的结果进行验证.

表9.10　43个国家的婴儿死亡率和出生时预期寿命聚类结果

国家	婴儿死亡率(‰)			出生时预期寿命(岁)			分类号
	2000年	2005年	2011年	2000年	2005年	2011年	
中国	28.8	20.3	12.6	71.2	72.2	73.3	1
孟加拉国	62	49.1	36.7	64.7	66.9	68.9	2
文莱	7.3	6.5	5.6	76.2	77.2	78.1	3
柬埔寨	76.4	55.6	36.2	57.5	60	63	2
印度	64.2	55.8	47.2	61.6	63.4	65.5	2
印度尼西亚	37.6	31.4	24.8	65.7	67.1	69.3	1
伊朗	35.3	27.8	21.1	69.7	71.3	72.8	1
以色列	5.6	4.4	3.5	79	80.2	81.5	3
日本	3.3	2.8	2.4	81.1	81.9	82.9	3
哈萨克斯坦	36.5	30.8	25	65.5	65.9	68.3	1
韩国	4.9	4.5	4.1	75.9	78.4	80.8	3
老挝	60.1	46.1	33.8	61.4	64.5	67.4	2
马来西亚	9.1	7.3	5.6	72.1	73	74.3	3
蒙古	48.6	36.5	25.5	63.1	66.1	68.5	1

续表

国家	婴儿死亡率(‰)			出生时预期寿命(岁)			分类号
	2000年	2005年	2011年	2000年	2005年	2011年	
缅甸	61.5	55	47.9	61.9	62.9	65.2	2
巴基斯坦	75.9	67.8	59.2	63.2	64.1	65.2	2
菲律宾	29.4	25	20.2	66.8	67.5	68.8	1
新加坡	2.9	2.3	2	78.1	80	81.6	3
斯里兰卡	16.4	13.5	10.5	71	74	74.7	3
泰国	15.9	13.5	10.6	72.5	73.2	74.1	3
越南	26.2	22	17.3	72	73.7	74.8	1
埃及	35.6	26.2	18	69.1	71.5	73.2	1
尼日利亚	112.5	95.5	78	46.3	49	51.9	2
南非	52.3	51.6	34.6	54.8	51.1	52.1	2
加拿大	5.3	5.2	4.9	79.2	80.3	80.8	3
墨西哥	24.1	18.4	13.4	74.3	75.5	76.7	1
美国	7.1	6.8	6.4	76.6	77.3	78.2	3
阿根廷	18.1	15.4	12.6	73.7	74.7	75.8	3
巴西	31.2	22	13.9	70.1	71.5	73.4	1
委内瑞拉	19	15.9	12.9	73.3	73.2	74.1	3
捷克	5.6	4.4	3.2	75	75.9	77.4	3
法国	4.4	3.8	3.4	79	80.1	81.4	3
德国	4.4	3.9	3.3	77.9	78.9	80	3
意大利	4.8	3.8	3.2	79.4	80.6	81.7	3
荷兰	5.1	4.4	3.4	78	79.4	80.7	3
波兰	8.3	6.5	4.9	73.8	75	76.3	3
俄罗斯	17.8	13.7	9.8	65.3	65.5	68.8	3
西班牙	5.5	4.8	3.5	79	80.2	81.6	3
土耳其	28.4	18.9	11.5	69.5	72.1	73.9	1
乌克兰	15.9	12.4	8.7	67.9	68	70.3	3
英国	5.6	5.1	4.4	77.7	79.1	80.4	3
澳大利亚	5.1	4.7	4.1	79.2	80.8	81.7	3
新西兰	6	5.4	4.7	78.6	79.9	80.7	3

9.3.2　SPSS 求解步骤

以聚类分析使用的变量 v_1, v_2, v_3, p_1, p_2 和 p_3 作为判别自变量,以聚类分析得到的分类号作为分组变量,使用 SPSS 21.0 软件对所有样本进行判别分析.

(1) 在菜单栏中依次选择"分析"→"分类"→"判别".

(2) 选择分组变量及其范围:在"分组变量" 中选择"案例的类别号[QCL_1]"作为分组变量,然后点击"定义范围",设置"最小值"为 1,"最大值"为 3,点击"继续",如图 9.23 所示.

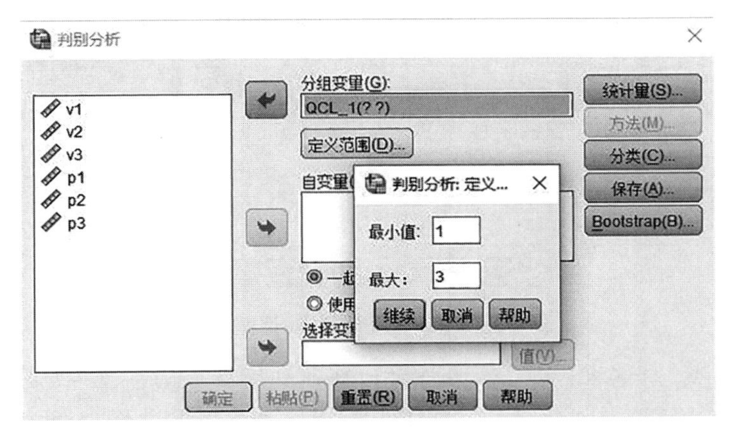

图 9.23　选择分组变量及其范围

(3) 指定判别分析的自变量和待判变量:将变量 v_1, v_2, v_3, p_1, p_2 和 p_3 依次选入"自变量".如果要对部分观测量进行判别分类,点击"选择变量"输入待分析的观测变量.本例是对所有样本进行判别分析,没有观测变量,所以不需要输入观测变量,如图 9.24 所示.

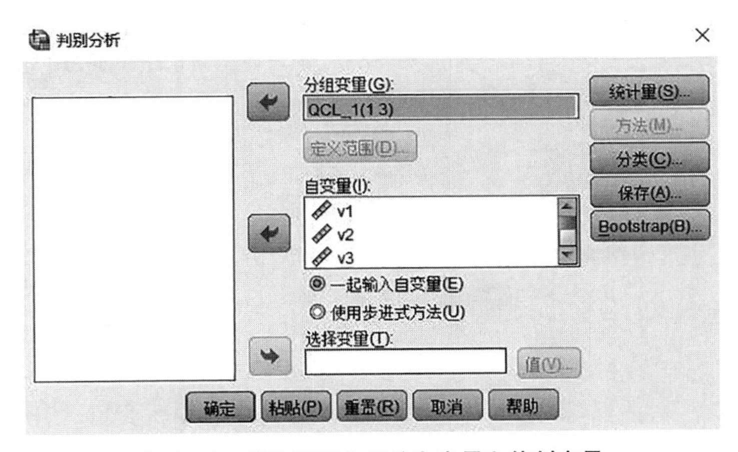

图 9.24　指定判别分析的自变量和待判变量

(4) 选择分析方法:"自变量"矩形框下面有两个选项(图 9.24),"一起输入自变量"选项表示对所有自变量进行判别分析,建立全模型,不需要进一步选择;"使用步进式方法"选项表示当不认为所有自变量都能对观测量特性提供丰富的信息时,使用该选择项.因此需要先判别贡献的大小,再进行选择.当鼠标单击该项时“方法”按钮加亮,可以进一步选择判别分析方法.本例选择“一起输入自变量”选项.

(5) 点击“统计量”对话框,指定输出的统计量,如图 9.25 所示.可选择的输出统计量有 3 类:“描述性”栏依次选择“均值”“单变量 ANOVA”和“Box's M”;“函数系数”栏选择“Fisher”,“Fisher”选项表示输出 Fisher 判别系数;“矩阵”栏选择“组内相关”“组内协方差”和“分组协方差”.最后点击“继续”.

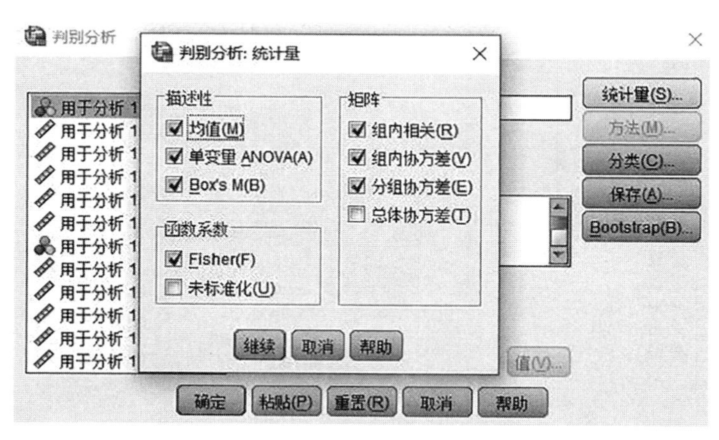

图 9.25 “统计量”对话框

(6) 点击“分类”对话框,指定分类参数和判别结果.“先验概率”选择“根据组大小计算”;“使用协方差矩阵”选择“分组”;“输出”选择“摘要表”;“图”选择“合并组”.最后点击“继续”,如图 9.26 所示.

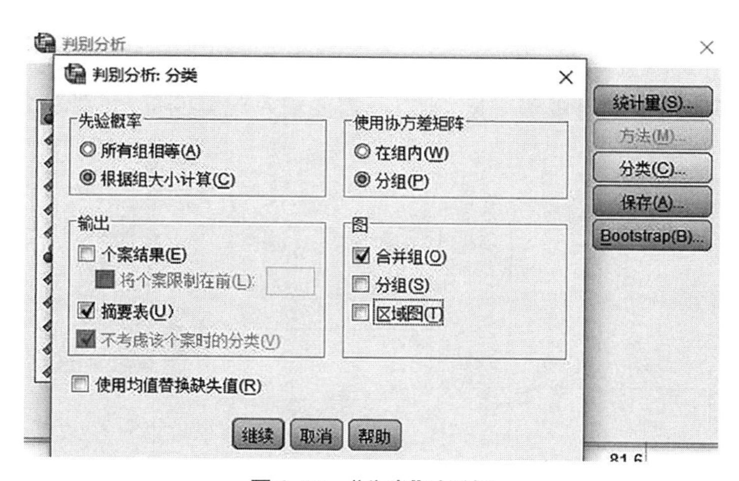

图 9.26 “分类”对话框

(7) 点击“保存”对话框,指定生成并保存在数据文件中的新变量.依次点击“预测组成员”→“判别得分”→“组成员概率”→“继续”.最后点击“确定”即可得出判别分析结果,如图 9.27 所示.

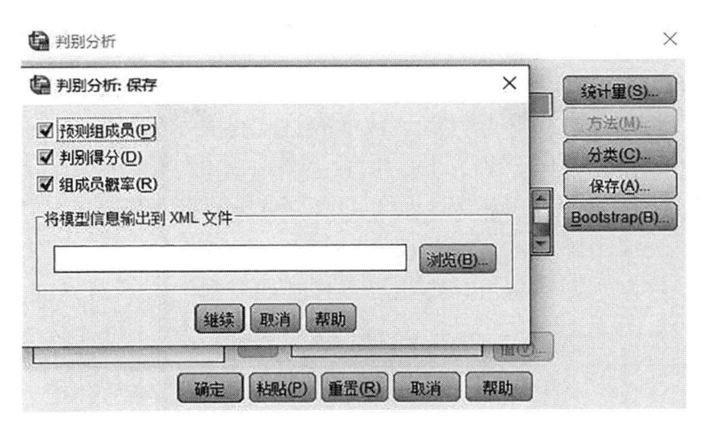

图 9.27　“保存”对话框

9.3.3　输出结果分析

1. 典型判别式函数摘要

典型判别式函数摘要包括特征值、Wilks 的 Lambda、标准化的典型判别式函数系数、结构矩阵等，如表 9.11 至表 9.14 所示. 根据 3 类分组变量，可得 2 个判别函数，其中第一判别函数解释了 97.3%的数据，第二判别函数解释了 2.7%的数据，见表 9.11.

表 9.11　特征值

函数	特征值	方差的 %	累积 %	正则相关性
1	10.581[a]	97.3	97.3	0.956
2	0.290[a]	2.7	100	0.474

a. 分析中使用了前 2 个典型判别式函数.

表 9.12　Wilks 的 Lambda

函数检验	Wilks 的 Lambda	卡方	df	Sig.
1 到 2	0.067	101.408	12	0
2	0.775	9.557	5	0.089

表 9.13　标准化的典型判别式函数系数

	函数	
	1	2
v_1	−1.36	−5.152
v_2	6.038	6.845
v_3	−3.255	−1.543
p_1	1.655	−0.331
p_2	−3.596	−4.452
p_3	3.051	5.558

表 9.14　结构矩阵

	函数	
	1	2
v_2	0.791*	−0.019
v_1	0.791*	−0.262
v_3	0.662*	0.156
p_1	−0.482*	0.231
p_2	−0.447*	0.146
p_3	−0.444*	0.134

2. 分类统计量

分类统计量有组的先验概率和 Fisher 线性判别函数系数，如表 9.15 和表 9.16 所示.利用表 9.16 可得到 Fisher 线性判别函数，其数学表达式可表示为

$$\begin{cases} y_1 = -12.848v_1 + 49.116v_2 - 27.11v_3 + 39.868p_1 - 97.854p_2 + 87.678p_3 - 1250.894 \\ y_2 = -14.34v_1 + 54.392v_2 - 29.794v_3 + 41.906p_1 - 103.502p_2 + 93.24p_3 - 1445.954 \\ y_3 = -13.058v_1 + 47.915v_2 - 26.08v_3 + 38.652p_1 - 96.689p_2 + 87.116p_3 - 1194.403 \end{cases}$$

利用 Fisher 线性判别函数就可计算出已知样本属于哪一类或待判样本属于哪一类.

表 9.15 组的先验概率

案例的类别号	先验	用于分析的案例	
		未加权的	已加权的
1	0.256	11	11
2	0.186	8	8
3	0.558	24	24
合计	1	43	43

表 9.16 分类函数系数

	案例的类别号		
	1	2	3
v_1	−12.848	−14.34	−13.058
v_2	49.116	54.392	47.915
v_3	−27.11	−29.794	−26.08
p_1	39.868	41.906	38.652
p_2	−97.854	−103.502	−96.689
p_3	87.678	93.24	87.116
（常量）	−1250.89	−1445.95	−1194.4

3. 判别图

从判别图 9.28 中可看出，每一类的样本都在组质心周围，直观上验证了分组判别式是可靠的.

4. 分类结果

表 9.17 是判别分类结果.从表 9.17 可知，聚类结果与判别结果基本一致，总的一致率（两者相同的样本数除以总样本数）达到 97.7%.因此，K 均值聚类聚成 3 类是较合理的.

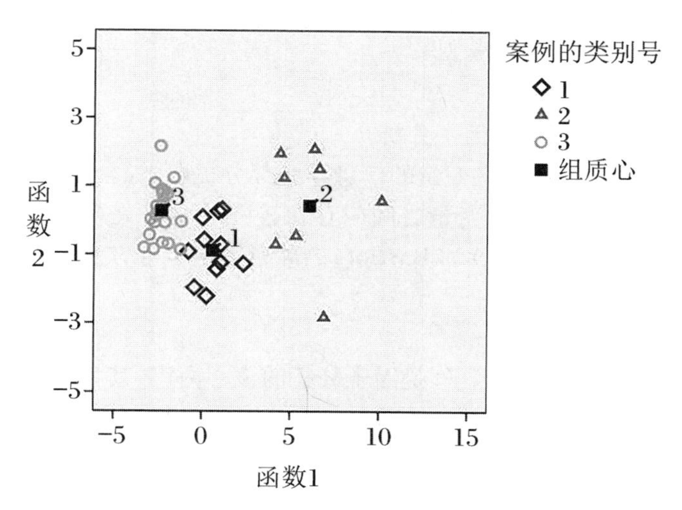

图 9.28 典型差别函数判别图

表 9.17 分类结果[a]

		案例的类别号	预测组成员			合计
			1	2	3	
初始	计数	1	11	0	0	11
		2	0	8	0	8
		3	1	0	23	24
	%	1	100	0	0	100
		2	0	100	0	100
		3	4.2	0	95.8	100

a. 已对初始分组案例中的 97.7%进行了正确分类.

9.4 因子分析

因子分析的基本思想是通过对变量的相关系数矩阵内部结构的分析，找出少数几个能控制原始变量的随机变量(选取的原则是使其尽可能多地包含原始变量中的信息)，并建立起数学模型.因此，因子分析就是将多个变量减少为少数几个因子的方法，这几个因子可以高度概括大量数据中的信息，从而达到简化变量、降低维数的目的.这样，既减少了变量个数，又同样能再现变量之间的内在联系.

9.4.1 因子分析的主要步骤

1. 判断原始变量是否适合作因子分析

因子分析的主要任务是将原有变量的信息重叠部分提取，综合成因子，进而最终实现减少变量个数的目的，故它要求原始变量之间应存在较强的相关关系.进行因子分析前，通常可以采取计算相关系数矩阵、KMO和Bartlett的球形度检验等方法来检验样本数据是否适合采用因子分析.

2. 构造因子变量

将原有变量综合成少数几个因子，是因子分析的核心内容，其关键是根据样本数据求解因子载荷矩阵.因子载荷矩阵的求解方法有基于主成分模型的主成分分析法、基于因子分析模型的主轴因子法、极大似然法等.

3. 因子旋转

将原有变量综合为少数几个因子后，如果因子的实际含义不清，则不利于后续分析.为解决这个问题，可通过因子旋转的方式使一个变量只在尽可能少的因子上有比较高的载荷，以使提取出的因子具有更好的解释性.

4. 计算因子变量得分

实际中，当因子确定以后，便可计算各因子在每个样本上的具体数值，这些数值即因子得分.在后面的分析中就可以利用因子得分对样本进行分类或评价等研究，从而实现降维和简化问题的目标.

9.4.2 问题提出

表9.18是某班30个学生的考试成绩，其中 $X_1, X_2, X_3, X_4, X_5, X_6$ 分别表示数学、化学、物理、语文、英语、历史成绩.试分析每个学生较适合学文科还是理科.

表9.18 学生各科成绩表

序号	X_1	X_2	X_3	X_4	X_5	X_6
1	92	100	84	49	62	73
2	79	87	92	70	78	75
3	93	86	84	56	62	64
4	80	100	86	53	62	62
5	83	71	64	58	54	68
6	73	96	66	54	54	63
7	80	83	98	82	78	91
8	71	69	58	77	82	96
9	79	82	92	70	62	68
10	86	77	69	62	65	72

续表

序号	X_1	X_2	X_3	X_4	X_5	X_6
11	64	85	69	73	79	87
12	76	77	67	74	75	92
13	76	82	72	86	76	83
14	80	77	86	64	66	73
15	68	69	73	54	59	67
16	79	59	73	74	73	88
17	85	81	100	43	52	69
18	88	99	96	53	57	65
19	76	90	82	66	68	75
20	69	55	86	60	58	68
21	93	99	76	64	68	73
22	74	74	89	81	78	85
23	84	85	72	70	87	79
24	65	62	72	93	84	87
25	76	97	81	61	61	76
26	68	79	63	64	66	75
27	67	74	63	86	81	83
28	79	78	79	66	57	72
29	69	51	65	67	59	69
30	82	77	71	76	65	76

9.4.3　SPSS 求解

本例中要求根据学生的多门考试成绩分析每个学生适合学文科还是理科，这属于因子分析问题.因此，可考虑利用因子分析法对学生适合学文科还是理科进行分析.SPSS 因子分析的具体操作步骤如下.

(1) 导入数据，选择菜单栏中的"文件"→"打开"→"数据"命令，即可导入存储在外部的 Excel 数据，如图 9.29 所示.

(2) 在菜单栏中依次选择"分析"→"降维"→"因子分析"，如图 9.30 所示.

(3) 在左侧的待选变量列表中将自变量 X_1，X_2，X_3，X_4，X_5 和 X_6 导入到"变量"框，如图 9.31 所示.

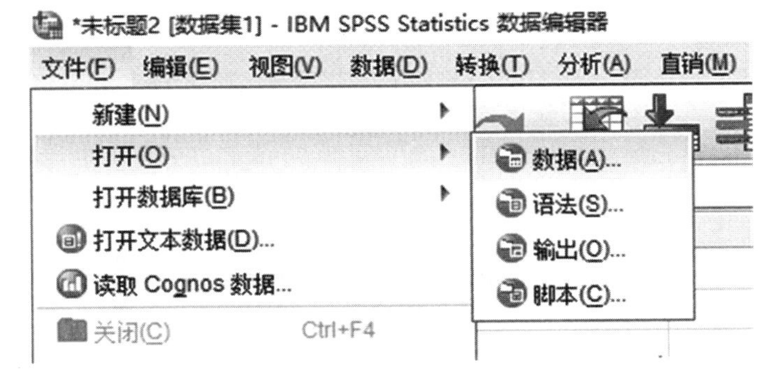

图 9.29　导入数据

图 9.30　选择“因子分析”

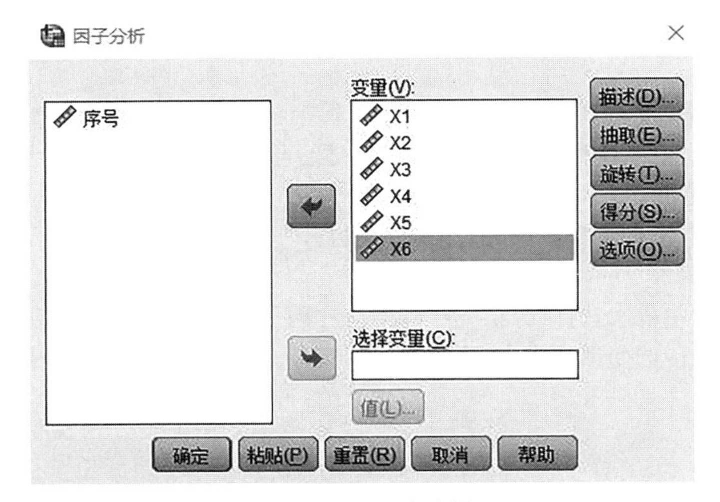

图 9.31　导入自变量

（4）点击“描述”，“统计量”栏选择“原始分析结果”，“相关矩阵”栏选择“系数”“KMO 和 Bartlett 的球形度检验”，如图 9.32 所示.

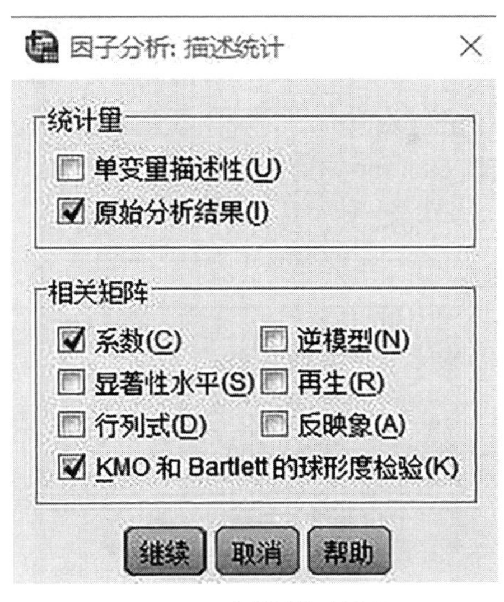

图 9.32　“描述”对话框

（5）点击“抽取”，“分析”栏选择“相关性矩阵”，“输出”栏选择“未旋转的因子解”“碎石图”，“抽取”栏选择“基于特征值”，如图 9.33 所示.

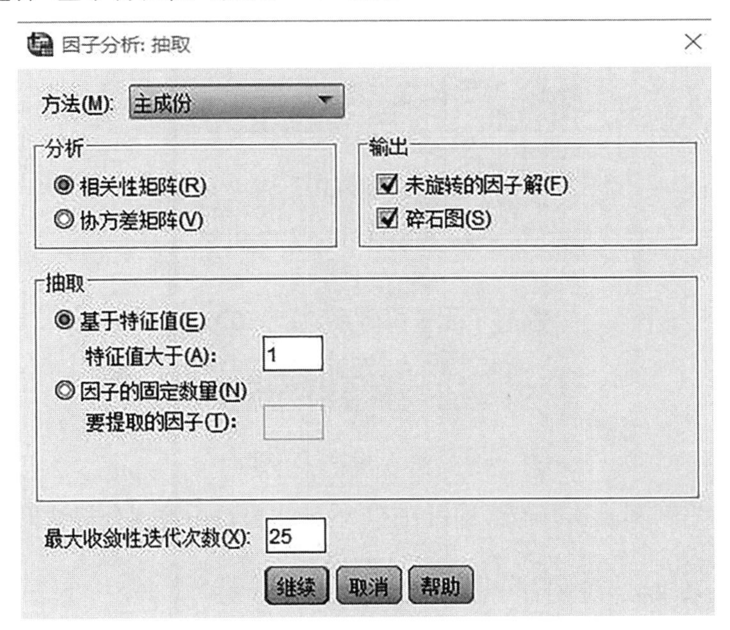

图 9.33　“抽取”对话框

（6）点击“旋转”，“方法”栏选择“最大方差法”，“输出”栏选择“旋转解”“载荷图”，如图 9.34 所示.

（7）点击“得分”，选择“保存为变量”“方法”栏选择“回归”，选择“显示因子得分系数矩阵”，如图 9.35 所示.

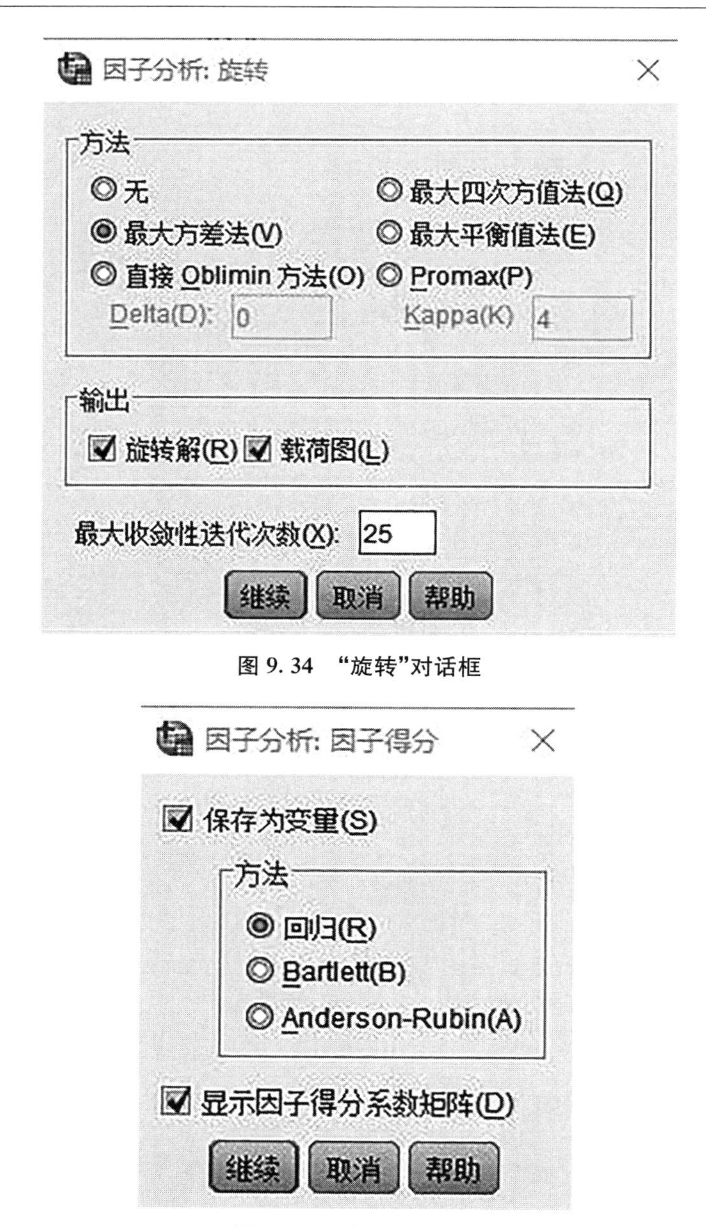

图 9.34 “旋转”对话框

图 9.35 “得分”对话框

因子分析设置完毕,点击“确定”即可在 SPSS 输出窗口中看到分析结果.

9.4.4 结果分析

1. 相关系数矩阵

表 9.19 是相关系数矩阵.从表 9.19 可知,X_1,X_2,X_3 之间存在正相关,可把这三科定为理科;X_4,X_5,X_6 之间也存在正相关,可将其作为文科.

2. KMO 和 Bartlett 的球形度检验结果

由表 9.20 知,KMO 的值为 0.755,大于阈值 0.5,说明变量之间是存在相关性的,符合要求;Bartlett 的球形度检验的结果中 Sig. = 0.000<0.05. 检验结果证明,这份数据是可以进行因子分析的.

表 9.19 相关矩阵

	X_1	X_2	X_3	X_4	X_5	X_6
X_1	1	0.53	0.426	−0.464	−0.296	−0.356
X_2		1	0.348	−0.388	−0.134	−0.284
X_3			1	−0.298	−0.229	−0.284
X_4				1	0.81	0.778
X_5					1	0.82
X_6						1

表 9.20 KMO 和 Bartlett 的球形度检验

取样足够度的 Kaiser-Meyer-Olkin 度量	0.755
Bartlett 的球形度检验近似卡方	86.545
df	15
Sig.	0.000

3. 公因子方差

表 9.21 是公因子方差表. 公因子方差表中"提取"的值越大说明变量可以被公因子表达得越好,一般大于 0.5 即可以说是可以被表达. 若"提取"的值大于 0.7 则说明变量能被公因子很好地表达.

表 9.21 公因子方差

	初始	提取
X_1	1	0.692
X_2	1	0.676
X_3	1	0.512
X_4	1	0.864
X_5	1	0.914
X_6	1	0.862

4. 解释的总方差

解释的总方差就是看因子对于变量解释的贡献率. 系统默认提取那些特征值大于 1 的因子,从表 9.22 可看出前两个主成分特征值大于 1,它们的累积贡献率达到了 75.324%,故选择前两个公共因子. 因子旋转后(第八列至第十列)累积方差贡献率没有改变,也就是没有影响原有变量的共同度,但却重新分配了各个因子解释原有变量的方差,改变了各因子的方差贡献率,使得因子更易于解释.

表 9.22 解释的总方差

成分	初始特征值			提取平方和载入			旋转平方和载入		
	合计	方差的%	累积%	合计	方差的%	累积%	合计	方差的%	累积%
1	3.232	53.868	53.868	3.232	53.868	53.868	2.575	42.913	42.913
2	1.287	21.456	75.324	1.287	21.456	75.324	1.945	32.412	75.324
3	0.68	11.326	86.65						
4	0.455	7.586	94.236						
5	0.211	3.517	97.753						
6	0.135	2.247	100						

5. 碎石图和旋转空间中的成分图

图 9.36 为碎石图,通过此图可知第一个因子的特征值很高,对解释原有变量的贡献最大;第二个以后的因子特征值都较小,对解释原有变量的贡献很小,因此提取前两个因子比较合适.图 9.37 为旋转空间中的成分图.从图 9.37 可看出,X_1,X_2,X_3 和 X_4,X_5,X_6 都比较集中的靠近两个因子坐标轴,表明分别用第一个因子刻画 X_4,X_5 和 X_6,用第二个因子刻画 X_1,X_2,X_3,信息丢失较少,效果较好.

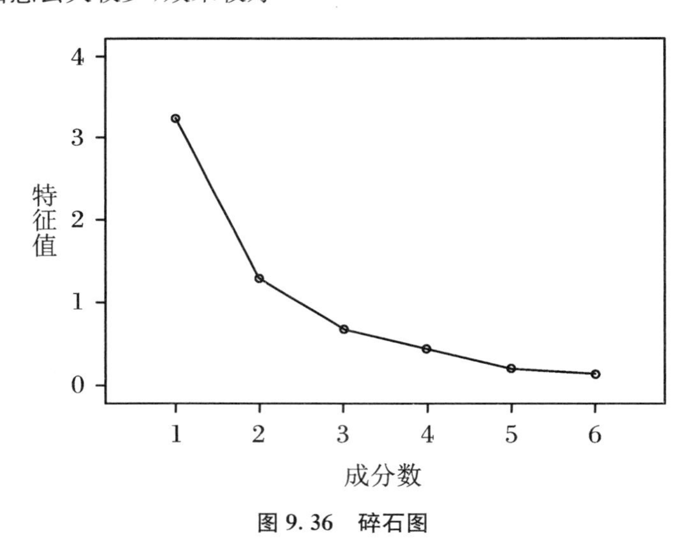

图 9.36 碎石图

6. 成分矩阵和旋转成分矩阵

表 9.23 是旋转前的成分矩阵.从表 9.23 知,每个因子在不同原始变量上的载荷没有明显的差别.为了便于对因子进行命名,需要对因子载荷矩阵进行旋转,旋转后的矩阵如表 9.24 所示.经过旋转后的载荷系数已经明显地两极分化了.第一个公共因子在 X_4,X_5,X_6 三个指标上有较大载荷,说明这三个指标有较强的相关性,可以归为一类,属于文科学习能力的指标;第二个公共因子在 X_1,X_2,X_3 三个指标上有较大载荷,同样可以归为一类,这三个指标同属于理科学习能力的指标.

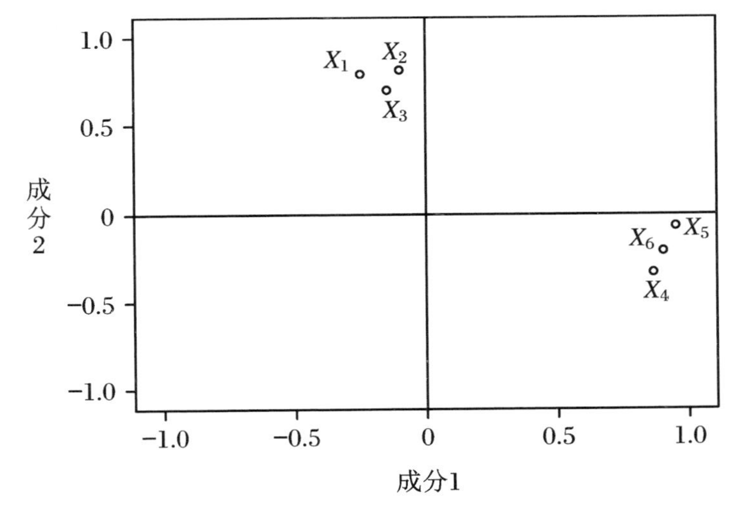

图 9.37　旋转空间中的成分图

表 9.23　成分矩阵

	成分 1	成分 2
X_1	−0.664	0.502
X_2	−0.554	0.607
X_3	−0.526	0.485
X_4	0.899	0.236
X_5	0.816	0.498
X_6	0.857	0.357

表 9.24　旋转成分矩阵

	成分 1	成分 2
X_1	−0.248	0.794
X_2	−0.098	0.816
X_3	−0.146	0.7
X_4	0.869	−0.331
X_5	0.953	−0.07
X_6	0.905	−0.207

7. 成分得分

表 9.25 是成分得分系数矩阵.由表 9.25 可得两个因子的表达式为

$$F_1 = 0.06X_1 + 0.135X_2 + 0.087X_3 + 0.333X_4 + 0.43X_5 + 0.377X_6$$
$$F_2 = 0.437X_1 + 0.483X_2 + 0.401X_3 - 0.012X_4 + 0.168X_5 + 0.072X_6$$

表 9.25　成分得分系数矩阵

	成分 1	成分 2
X_1	0.06	0.437
X_2	0.135	0.483
X_3	0.087	0.401
X_4	0.333	−0.012
X_5	0.43	0.168
X_6	0.377	0.072

将每个学生的六门成绩分别代入 F_1,F_2,比较两者的大小,F_1 大的适合学文科,F_2 大的适合学理科.因子得分只代表在本节构建的指标下文科和理科的相对差别,得分值越高,代

表适合度越高，正值表示其适合度高于平均水平，负值则表示适合度低于平均水平.

9.5 主成分分析

在数学建模中，经常要研究多维变量关系的问题，且多个变量之间往往会出现多重共线性的问题.如果将多个变量综合成少数几个具有代表性的变量，且能消除变量间的多重共线性问题，那么这少数几个代表性变量将有助于数学模型的建立和问题的解决.主成分分析(principal components analysis, PCA)正是这样一种简化数据集的方法.PCA 借助正交变换，将原来具有一定相关性的多个变量，重新组合成一组线性无关的新的综合变量.在代数上表现为将原随机向量的协方差矩阵变换成对角形矩阵，在几何上表现为将原坐标系变换成新的正交坐标系，使之指向样本点散布最开的 p 个正交方向，然后对多维变量系统进行降维处理，使之能以一个较高的精度转换成低维变量系统，再通过构造适当的价值函数，进一步把低维系统转化成一维系统.

主成分分析在数学建模中的应用主要有：降低所研究数据空间的维数、筛选主成分再做回归分析或聚类分析、计算主成分综合得分进行综合评价等.

9.5.1 问题提出

白葡萄酒的一级理化指标有 8 个：单宁(mmol/L)，总酚(mmol/L)，酒总黄酮(mmol/L)，白藜芦醇(mg/L)，DPPH(1/IV50(uL))，L，a，b.试对白葡萄酒的一级理化指标进行主成分分析.(数据来源：2012 年全国大学生数学建模竞赛试题 A 题)

9.5.2 SPSS 求解

白葡萄酒的 8 个一级理化指标，分别用 x_1，x_2，x_3，x_4，x_5，x_6，x_7 和 x_8 表示，如表 9.26 所示.用 SPSS 进行主成分分析的具体操作步骤如下：

表 9.26 白葡萄酒一级理化指标

品种编号	x_1	x_2	x_3	x_4	x_5	x_6	x_7	x_8
酒样品 1	1.6199	1.2635	0.1047	0.3090	0.0348	102.11	−0.51	2.11
酒样品 2	1.2334	1.1037	0.5105	0.2154	0.0331	101.85	−0.59	3.16
酒样品 3	2.0094	1.8203	3.6693	0.3484	0.0474	101.79	−0.48	2.94
酒样品 4	2.0167	1.4852	1.1320	0.1119	0.0526	101.7	−0.87	4.05
酒样品 5	1.5947	1.5368	1.4145	0.3127	0.0406	101.82	−1.15	4.37
酒样品 6	1.2888	1.1759	0.0790	0.1757	0.0420	102.07	−0.58	2.64
酒样品 7	1.3740	1.2017	3.9313	0.3711	0.0522	101.86	−0.26	2.26

续表

品种编号	x_1	x_2	x_3	x_4	x_5	x_6	x_7	x_8
酒样品 8	1.5128	0.4722	0.5772	0.5844	0.0392	102.1	-0.68	2.61
酒样品 9	1.8438	1.2867	0.0996	0.1993	0.0400	101.73	-0.79	3.88
酒样品 10	2.0581	1.3254	1.5634	0.0324	0.0640	102.05	-0.49	2.27
酒样品 11	1.4154	1.2764	2.2568	0.1074	0.0243	101.93	-0.51	2.61
酒样品 12	2.3074	1.9982	1.4915	0.4335	0.0817	101.92	-0.6	3.04
酒样品 13	1.5152	1.3563	2.0360	0.5871	0.0470	102.21	-0.55	2.11
酒样品 14	1.3205	1.3202	2.5445	1.2058	0.0491	102.05	-0.63	2.68
酒样品 15	2.5303	1.8074	0.9419	0.3542	0.0738	101.99	-0.45	2.71
酒样品 16	1.2791	1.3073	1.9230	0.5635	0.0315	101.81	-0.75	3.79
酒样品 17	1.5493	1.2687	0.5002	0.1350	0.1321	101.89	-0.76	3.25
酒样品 18	1.3302	1.3434	2.8783	0.4211	0.0385	102.12	-0.42	1.84
酒样品 19	1.9631	1.3434	0.4077	0.0825	0.0373	101.69	-0.56	3.59
酒样品 20	2.6764	1.3151	0.9008	0.4259	0.0544	102.01	-0.65	2.77
酒样品 21	1.2036	1.0290	0.5413	0.3599	0.0464	101.97	-0.55	3.62
酒样品 22	1.8974	1.3795	0.0893	1.2596	0.0498	101.76	-0.94	4.19
酒样品 23	1.3302	1.1140	0.0996	0.1524	0.0382	101.39	-0.91	4.98
酒样品 24	4.4729	3.4339	3.3047	0.2662	0.1434	101.66	-0.45	3.78
酒样品 25	1.5055	1.4594	2.3339	0.2594	0.0306	101.3	-0.42	4.32
酒样品 26	1.5688	1.2584	0.8649	0.7478	0.0441	101.01	-1.21	7.08
酒样品 27	3.3750	2.5395	7.6552	0.1539	0.1031	101.62	-0.59	4.42
酒样品 28	2.0289	1.5445	0.4231	0.0838	0.0541	100.89	-0.61	5.71

(1) 导入数据,选择菜单栏中的“文件”→“ 打开”→“ 数据”命令,即可导入存储在外部的 Excel 数据,如图 9.38 所示.

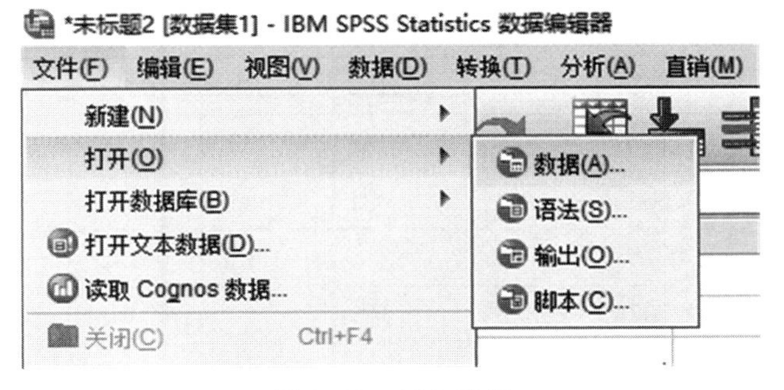

图 9.38　导入数据

(2) 在菜单栏中依次选择“分析”→“降维”→“因子分析”,如图 9.39 所示.

图 9.39　选择“因子分析”

(3) 提取主成分.将变量列表中的 $x_1, x_2, x_3, x_4, x_5, x_6, x_7$ 和 x_8 变量导入到变量框,描述统计的设置如图 9.40 所示,然后依次点击“继续”→“确定”,即可得到相关系数矩阵(表 9.27)、解释的总方差(表 9.28)和成分矩阵(表 9.29).主成分提取个数的依据是特征值大于 1 的前 p 个主成分.从表 9.28 可知,2.994,2.367,1.075 这 3 个特征值大于 1,因此提取了 3 个主成分.

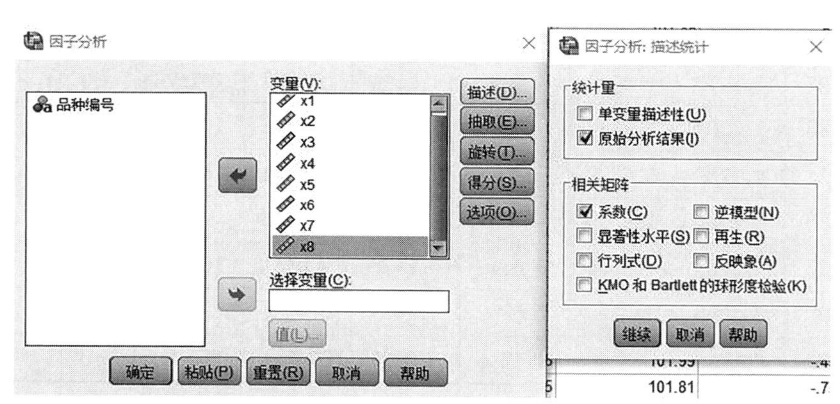

图 9.40　“描述统计”设置

表 9.27　相关矩阵

	x_1	x_2	x_3	x_4	x_5	x_6	x_7	x_8
x_1	1	0.878	0.423	−0.162	0.728	−0.136	0.156	0.112
x_2	0.878	1	0.564	−0.138	0.707	−0.188	0.189	0.143
x_3	0.423	0.564	1	−0.031	0.338	0.009	0.368	−0.096
x_4	−0.162	−0.138	−0.031	1	−0.139	0.142	−0.268	0.017
x_5	0.728	0.707	0.338	−0.139	1	−0.021	0.111	0.035
x_6	−0.136	−0.188	0.009	0.142	−0.021	1	0.367	−0.908
x_7	0.156	0.189	0.368	−0.268	0.111	0.367	1	−0.669
x_8	0.112	0.143	−0.096	0.017	0.035	−0.908	−0.669	1

表 9.28　解释的总方差

成分	初始特征值			提取平方和载入		
	合计	方差的%	累积%	合计	方差的%	累积%
1	2.994	37.426	37.426	2.994	37.426	37.426
2	2.367	29.587	67.013	2.367	29.587	67.013
3	1.075	13.439	80.452	1.075	13.439	80.452
4	0.78	9.747	90.199			
5	0.379	4.734	94.933			
6	0.281	3.517	98.45			
7	0.102	1.279	99.73			
8	0.022	0.27	100			

表 9.29　成分矩阵

	成分 1	成分 2	成分 3
x_1	0.909	−0.092	0.093
x_2	0.94	−0.103	0.103
x_3	0.656	0.202	0.119
x_4	−0.258	−0.05	0.919
x_5	0.815	−0.025	0.145
x_6	−0.143	0.876	0.273
x_7	0.315	0.754	−0.314
x_8	0.058	−0.984	−0.043

(4) 计算因子载荷矩阵.首先将表 9.29 中的成分值复制到 SPSS 数据窗口中,成分 1、成分 2 和成分 3 分别设为 V_1,V_2 和 V_3.然后根据公式 $A_i=V_i/\sqrt{\lambda_i}$计算主成分载荷矩阵.$A_1\sim A_3$ 的计算可通过“转换”→“计算变量”得到,如 A_1 的计算如图 9.41 所示,A_2,A_3 可类似计算.将特征向量 A_1,A_2 和 A_3 合起来就是主成分载荷矩阵,如图 9.42 所示.

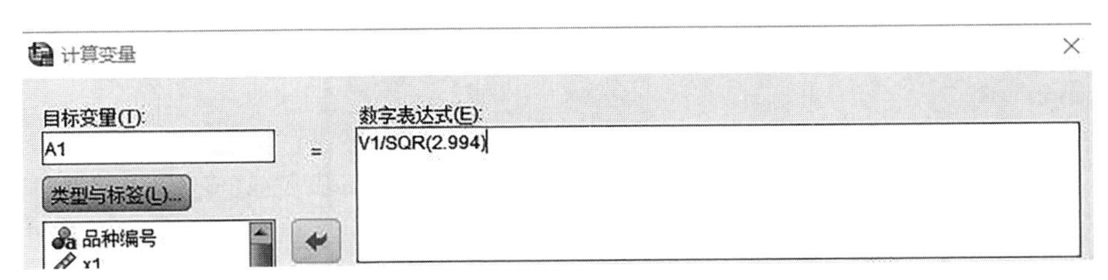

图 9.41　A_1 的计算

(5) 计算主成分得分.在计算变量之前,首先要对原变量 $x_1\sim x_8$ 进行标准化处理.通过“分析”→“描述统计”→“描述”,可将原变量 $x_1\sim x_8$ 导入变量框,勾选“将标准化得分另存为变量”选项,将会得到标准化变量 $Zx_1\sim Zx_8$,如图 9.43 所示.

V1	V2	V3	A1	A2	A3
.909	-.092	.093	.5253	-.0598	.0897
.940	-.103	.103	.5433	-.0669	.0993
.656	.202	.119	.3791	.1313	.1148
-.258	-.050	.919	-.1491	-.0325	.8864
.815	-.025	.145	.4710	-.0162	.1399
-.143	.876	.273	-.0826	.5694	.2633
.315	.754	-.314	.1820	.4901	-.3028
.058	-.984	-.043	.0335	-.6396	-.0415

图 9.42 主成分载荷矩阵

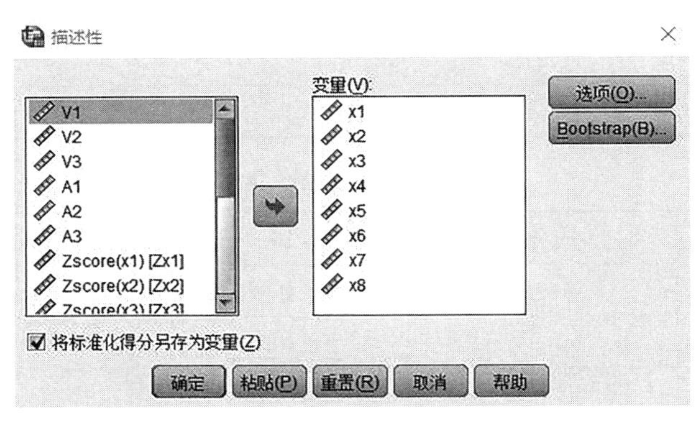

图 9.43 “计算标准化变量”

将特征向量 $A_1 \sim A_3$(图 9.42)与标准化后的数据 $Zx_1 \sim Zx_8$ 相乘,即可得主成分表达式

$$\begin{aligned} F_1 &= 0.5235Zx_1 + 0.5433Zx_2 + 0.3791Zx_3 - 0.1491Zx_4 + 0.471Zx_5 \\ &\quad - 0.0826Zx_6 + 0.182Zx_7 + 0.0335Zx_8 \\ F_2 &= -0.0598Zx_1 - 0.0669Zx_2 + 0.1313Zx_3 - 0.0325Zx_4 - 0.0162Zx_5 \\ &\quad + 0.5694Zx_6 + 0.4901Zx_7 - 0.6396Zx_8 \\ F_3 &= 0.0897Zx_1 + 0.0993Zx_2 + 0.1148Zx_3 + 0.8864Zx_4 + 0.1399Zx_5 \\ &\quad + 0.2633Zx_6 - 0.3028Zx_7 - 0.0415Zx_8 \end{aligned}$$

利用主成分表达式 $F_1 \sim F_3$ 可计算出主成分得分.$F_1 \sim F_3$ 的计算可通过“转换”→“计算变量”得到,如 F_1 的计算如图 9.44 所示,F_2,F_3 可类似计算.

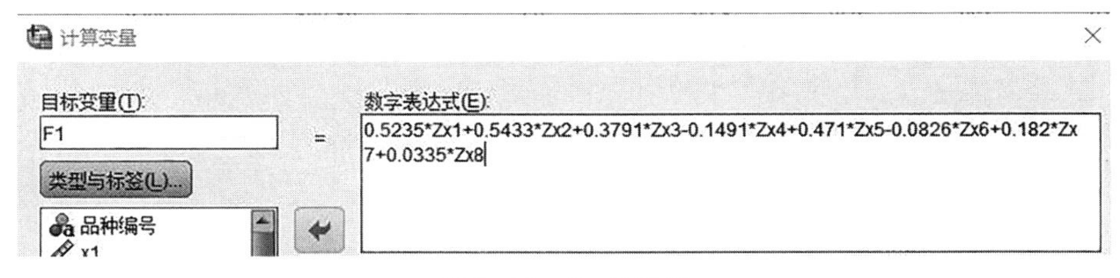

图 9.44 F_1 的计算

(6) 计算主成分综合得分.以每个主成分的方差贡献率作为权重构造 F_1,F_2 和 F_3 的线性组合,即可得主成分综合评价模型.主成分综合评价模型 F 的表达式为

$$
\begin{aligned}
F &= 0.3743F1 + 0.2959F2 + 0.1344F3 \\
&= 0.1910Zx_1 + 0.1969Zx_2 + 0.1962Zx_3 + 0.0537Zx_4 + 0.1903Zx_5 \\
&\quad + 0.1730Zx_6 + 0.1724Zx_7 - 0.1823Zx_8
\end{aligned}
$$

利用主成分综合表达式 F 可计算主成分综合得分. F 的计算可通过"转换"→"计算变量"得到,如图 9.45 所示. 主成分得分、综合得分和排名如表 9.30 所示.

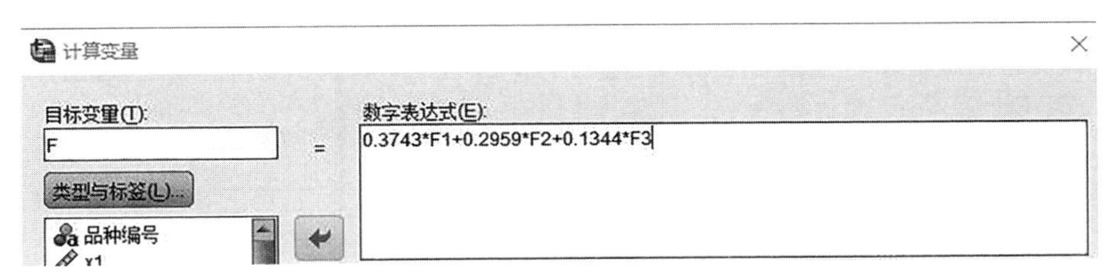

图 9.45　F 的计算

表 9.30　主成分得分和综合得分

品种编号	F_1	F_2	F_3	F	排名
酒样品 24	6.0544	−0.3585	0.5681	2.2362	1
酒样品 27	4.6399	−0.5051	0.1788	1.6111	2
酒样品 15	1.1218	1.0177	0.0843	0.7323	3
酒样品 12	1.2751	0.402	0.5414	0.6689	4
酒样品 3	0.9856	0.7438	−0.0654	0.5802	5
酒样品 7	0.1597	1.8785	−0.377	0.5649	6
酒样品 18	−0.4296	2.1128	0.1024	0.4781	7
酒样品 10	0.3608	1.4627	−0.895	0.4475	8
酒样品 13	−0.5428	1.7277	0.8437	0.4214	9
酒样品 20	0.186	0.6212	0.4154	0.3092	10
酒样品 14	−0.8854	0.9478	2.6354	0.3033	11
酒样品 17	0.5971	−0.0446	−0.2009	0.1833	12
酒样品 1	−1.0095	1.5259	−0.3097	0.032	13
酒样品 11	−0.6621	1.1492	−0.992	−0.0411	14
酒样品 6	−1.196	1.0574	−0.6799	−0.2261	15
酒样品 19	−0.3465	−0.1267	−1.2124	−0.3301	16
酒样品 21	−1.2434	0.4569	−0.2819	−0.3681	17
酒样品 8	−1.9848	0.97	0.6019	−0.375	18
酒样品 4	−0.0072	−1.0319	−0.5446	−0.3812	19
酒样品 25	−0.074	−0.7398	−1.1674	−0.4035	20
酒样品 16	−1.0487	−0.3154	0.5423	−0.4129	21
酒样品 22	−1.1252	−1.3401	2.8483	−0.4348	22

续表

品种编号	F_1	F_2	F_3	F	排名
酒样品 2	−1.3134	0.4106	−0.7825	−0.4752	23
酒样品 9	−0.7693	−0.7515	−0.5601	−0.5855	24
酒样品 5	−0.7461	−1.5854	0.4411	−0.689	25
酒样品 28	0.4133	−2.8501	−1.7428	−0.9228	26
酒样品 23	−1.3089	−2.1513	−0.9551	−1.2548	27
酒样品 26	−1.101	−4.6839	0.9637	−1.6684	28

习　题

1. 16 种饮料所含的热量、咖啡因、钠及价格的数据如表 9.31 所示，试将这些饮料分类.

表 9.31　16 种饮料的成分和价格

饮料编号	热量(kJ)	咖啡因(mg)	钠(mg)	价格(元)
1	207.2	3.3	15.5	2.8
2	36.8	5.9	12.9	3.3
3	72.2	7.3	8.2	2.4
4	36.7	0.4	10.5	4
5	121.7	4.1	9.2	3.5
6	89.1	4	10.2	3.3
7	146.7	4.3	9.7	1.8
8	57.6	2.2	13.6	2.1
9	95.9	0	8.5	1.3
10	199	0	10.6	3.5
11	49.8	8	6.3	3.7
12	16.6	4.7	6.3	1.5
13	38.5	3.7	7.7	2
14	0	4.2	13.1	2.2
15	118.8	4.7	7.2	4.1
16	107	0	8.3	4.2

2. 表 9.32 是 2016 年重庆市各区、县常住人口、面积、密度和 GDP 相关数据，试用聚类分析法将区域进行分类.

表 9.32　2016 年重庆市各区、县常住人口相关数据

区域	2015 年 GDP（亿元）	常住人口（万人）	面积（km^2）	密度（人/km^2）	人均 GDP（元）
渝北区	1193.34	155.09	1457	1064	76945
九龙坡区	1003.57	118.69	431	2754	84554
渝中区	958.17	64.95	23	28239	147524
万州区	828.22	160.74	3453	466	51525
涪陵区	813.19	114.08	2941	388	71282
沙坪坝区	714.30	112.83	396	2849	63308
江北区	687.31	84.98	221	3845	80879
南岸区	679.38	85.81	262	3275	79173
江津区	605.59	133.19	3216	414	45468
永川区	570.34	109.61	1579	694	52034
巴南区	568.34	100.58	1823	552	56506
合川区	476.19	136.06	2343	581	34999
北碚区	430.34	78.62	751	1047	54737
长寿区	430.12	82.43	1421	580	52180
璧山区	381.76	72.52	915	793	52642
綦江区	378.04	107.84	2747	393	35056
大足区	349.17	76.39	1434	533	45709
荣昌区	329.87	70.10	1077	651	47057
铜梁区	308.20	68.72	1341	512	44849
潼南区	265.20	68.23	1585	430	38869
黔江区	202.55	46.20	2390	193	43842
南川区	186.25	56.43	2589	218	33005
大渡口区	159.72	33.27	103	3230	48007
开县	325.98	117.07	3964	295	27845
梁平县	242.33	66.40	1888	352	36495
垫江县	239.84	67.67	1517	446	35443
忠县	222.40	70.80	2187	324	31412
奉节县	197.43	75.33	4098	184	26209
云阳县	187.91	89.66	3636	247	20958
丰都县	150.19	59.56	2899	205	25217
秀山县	138.19	49.13	2453	200	28127
武隆县	131.40	34.67	2892	120	37900

续表

区域	2015 年 GDP（亿元）	常住人口（万人）	面积（km^2）	密度（人/km^2）	人均 GDP（元）
石柱县	129.24	38.65	3014	128	33439
酉阳区	116.97	55.65	5168	108	21019
彭水区	115.97	50.64	3897	130	22901
巫山县	89.66	46.23	2955	156	19394
巫溪县	73.40	39.10	4015	97	18772
城口县	42.54	18.63	3289	57	22834

3. 为研究舒张期血压和血浆胆固醇对冠心病的影响，某医师测定了 50～59 岁冠心病人 15 例和正常人 16 例的舒张压和胆固醇指标，结果如表 9.33 所示. 试做判别分析，建立判别函数以便在临床中用于筛选冠心病人.

表 9.33 舒张压和胆固醇指标

冠心病人组			正常人组		
编号	舒张压(kPa)	胆固醇(mmol/L)	编号	舒张压(kPa)	胆固醇(mmol/L)
1	9.86	5.18	1	10.66	2.07
2	13.33	3.73	2	12.53	4.45
3	14.66	3.89	3	13.33	3.06
4	9.33	7.1	4	9.33	3.94
5	12.8	5.49	5	10.66	4.45
6	10.66	4.09	6	10.66	4.92
7	10.66	4.45	7	9.33	3.68
8	13.33	3.63	8	10.66	2.77
9	13.33	5.96	9	10.66	3.21
10	13.33	5.7	10	10.66	5.02
11	12	6.19	11	10.4	3.94
12	14.66	4.01	12	9.33	4.92
13	13.33	4.01	13	10.66	2.69
14	12.8	3.63	14	10.66	2.43
15	13.33	5.96	15	11.2	3.42
			16	9.33	3.63

4. 表 9.34 列出了 2017 年中国 31 个省、直辖市和自治区的社会发展指标数据. 其中，x_1——人均地区生产总值(元/人)，x_2——新增固定资产投资(不含农户)(亿元)，x_3——城镇居民人均年可支配收入(元)，x_4——农村居民人均可支配收入(元)，x_5——高等学校数(所)，x_6——医疗卫生机构数(个). 试对表 9.34 的数据进行因子分析.（数据来源：国家统计

局网站，2017 年《中国统计年鉴》）

表 9.34　2017 年 31 个省市社会发展指标

地区	x_1	x_2	x_3	x_4	x_5	x_6
北京	128994	3182.02	62406.34	24240.49	92	9976
天津	118944	6690.16	40277.54	21753.68	57	5539
上海	126634	3953.24	62595.74	27825.04	64	5144
重庆	63442	11657.96	32193.23	12637.91	65	19682
河北	45387	21681.88	30547.76	12880.94	121	80912
山西	42060	3654.82	29131.81	10787.51	80	42490
辽宁	53527	2994.14	34993.39	13746.8	115	35767
吉林	54838	10097.35	28318.75	12950.44	62	20828
黑龙江	41916	8953.01	27445.99	12664.82	81	20283
江苏	107150	38199.42	43621.75	19158.03	167	32037
浙江	92057	18278.21	51260.73	24955.77	107	31979
安徽	43401	17555.55	31640.32	12758.22	119	24491
福建	82677	18009.59	39001.36	16334.79	89	27217
江西	43424	12080.18	31198.06	13241.82	100	37791
山东	72807	32084.42	36789.35	15117.54	145	79050
河南	46674	26321.33	29557.86	12719.18	134	71089
湖北	60199	17254.61	31889.42	13812.09	129	36357
湖南	49558	20551.65	33947.94	12935.78	124	58624
广东	80932	18931.54	40975.14	15779.74	151	49874
陕西	57266	12508.78	30810.26	10264.51	93	35861
海南	48430	1068.91	30817.37	12901.76	19	5180
四川	44651	18414.45	30726.87	12226.92	109	80481
贵州	37956	8884.13	29079.84	8869.1	70	28034
云南	34221	11394.07	30995.88	9862.17	77	24684
西藏	39267	977.16	30671.13	10330.21	7	6826
甘肃	28497	3039.98	27763.4	8076.06	49	28857
青海	44047	2458.32	29168.86	9462.3	12	6375
宁夏	50765	2205.67	29472.28	10737.89	19	4271
新疆	44941	6530.88	30774.8	11045.3	47	18724
内蒙古	63764	10692.95	35670.02	12584.29	53	24218
广西	38102	11961.4	30502.07	11325.46	74	34008

5. 表 9.35 列出了 2017 年中国 31 个省、直辖市和自治区的经济发展指标数据. 其中, x_1——国内生产总值(亿元), x_2——人均地区生产总值(元/人), x_3——全社会固定资产投资(亿元), x_4——城镇单位在岗职工平均工资(元), x_5——城镇居民消费水平(元), x_6——农村居民消费水平(元), x_7——第三产业增加值(亿元), x_8——经营单位所在地进出口总额(千美元), x_9——国际旅游外汇收入(百万美元), x_{10}——居民人均可支配收入(元). 试对表 9.35 的数据进行因子分析. (数据来源:国家统计局网站,2017 年《中国统计年鉴》)

表 9.35　2017 年 31 个省市经济指标

地区	x_1	x_2	x_3	x_4	x_5	x_6	x_7	x_8	x_9	x_{10}
北京	28014.94	128994	8370.44	134994	57100	26132	22567.76	324017423	5129.81	57229.83
天津	18549.19	118944	11288.92	96965	42067	23952	10786.64	112919165	3751.47	37022.33
上海	30632.99	126634	7246.6	130765	57507	25622	21191.54	476196649	6698.65	58987.96
重庆	19424.73	63442	17537.05	73272	30101	10527	9564.03	66601107	1947.59	24152.99
河北	34016.32	45387	33406.8	65266	20753	10149	15040.13	49855543	578.69	21484.13
山西	15528.42	42060	6040.54	61547	23345	11284	8030.37	17186875	350.14	20420.01
辽宁	23409.24	53527	6676.74	62545	30342	13528	12307.16	99595084	1778.06	27835.44
吉林	14944.53	54838	13283.89	62908	19552	9244	6850.66	18542971	765.79	21368.32
黑龙江	15902.68	41916	11291.98	59995	24012	11352	8876.83	18951195	479.58	21205.79
江苏	85869.76	107150	53277.03	79741	45865	26755	43169.73	590778136	4194.72	35024.09
浙江	51768.26	92057	31696.03	82642	38730	23717	27602.26	377907471	3586.44	42045.69
安徽	27018	43401	29275.06	67927	23888	9610	11597.45	54021626	2880.78	21863.3
福建	32182.09	82677	26416.28	69029	30474	17885	14612.67	171020040	7588.03	30047.75
江西	20006.31	43424	22085.34	63069	21815	12009	8543.07	44338984	629.92	22031.45
山东	72634.15	72807	55202.72	69305	34955	18530	34858.6	264550956	3174.04	26929.94
河南	44552.83	46674	44496.93	55997	25593	10294	19308.02	77630090	661.55	20170.03
湖北	35478.09	60199	32282.36	67736	28121	12432	16507.38	46337190	2104.74	23757.17
湖南	33902.96	49558	31959.23	65994	26244	11504	16759.07	36033297	1295.37	23102.71
广东	89705.23	80932	37761.75	80020	37257	15943	48085.73	1006678374	19960.4	33003.29
陕西	21898.81	57266	23819.38	67433	25276	9819	9274.48	40202798	2704.4	20635.21
海南	4462.54	48430	4244.4	69062	27683	11848	2503.35	10374055	681.02	22553.24
四川	36980.22	44651	31902.09	71631	22983	12856	18389.74	68106058	1446.54	20579.82
贵州	13540.83	37956	15503.86	75109	24230	9879	6080.42	8162313	283.27	16703.65
云南	16376.34	34221	18935.99	73515	23490	9123	7833	23451109	3550.33	18348.34
西藏	1310.92	39267	1975.6	115549	20643	6676	674.55	863450	197.51	15457.3
甘肃	7459.9	28497	5827.75	65726	22344	7395	4038.36	4826333	20.86	16011
青海	2624.83	44047	3883.55	76535	23621	11868	1224.01	655751	38.29	19001.02

续表

地区	x_1	x_2	x_3	x_4	x_5	x_6	x_7	x_8	x_9	x_{10}
宁夏	3443.56	50765	3728.38	72779	27887	11956	1612.37	5039517	37.63	20561.66
新疆	10881.96	44941	12089.12	68641	24230	9573	4999.23	20568530	810.81	19975.1
内蒙古	16096.21	63764	14013.16	67688	29971	14184	8046.76	13873523	1245.56	26212.23
广西	18523.26	38102	20499.11	66456	22970	9371	8194.11	57878659	2395.63	19904.76

6. 试对表9.36列出的2017年中国31个省、直辖市和自治区的经济发展指标数据进行因子分析.其中,x_1——地区生产总值(亿元),x_2——居民消费水平(元),x_3——全社会固定资产投资(亿元),x_4——城镇单位在岗职工平均工资(元),x_5——货物周转量(亿吨公里),x_6——居民消费价格指数(上年=100),x_7——商品零售价格指数(上年100),x_8——工业增加值(亿元).

表9.36　2017年31个省市经济指标数据

地区	x_1	x_2	x_3	x_4	x_5	x_6	x_7	x_8
北京	28014.94	52912	8370.44	134994	958.42	101.9	99.2	4274
天津	18549.19	38975	11288.92	96965	2169.54	102.1	100.8	6863.98
河北	34016.32	15893	33406.8	65266	13381.59	101.7	101.4	13757.84
山西	15528.42	18132	6040.54	61547	4185.03	101.1	101.3	5771.22
内蒙古	16096.21	23909	14013.16	67688	5146.76	101.7	99.9	5109
辽宁	23409.24	24866	6676.74	62545	12757.2	101.4	100.7	7302.41
吉林	14944.53	15083	13283.89	62908	1634.65	101.6	101.4	6057.29
黑龙江	15902.68	18859	11291.98	59995	1657.69	101.3	99.9	3332.59
上海	30632.99	53617	7246.6	130765	24998.71	101.7	100.9	8392.84
江苏	85869.76	39796	53277.03	79741	9057.6	101.7	101.9	34013.6
浙江	51768.26	33851	31696.03	82642	10106.23	102.1	101.4	19474.48
安徽	27018	17141	29275.06	67927	11429.77	101.2	101.7	10916.31
福建	32182.09	25969	26416.28	69029	6779.76	101.2	100.6	12674.89
江西	20006.31	17290	22085.34	63069	4217.34	102	101	7789.59
山东	72634.15	28353	55202.72	69305	9719.46	101.5	100.8	28705.69
河南	44552.83	17842	44496.93	55997	8228.7	101.4	101.3	18452.06
湖北	35478.09	21642	32282.36	67736	6344.76	101.5	100.3	13060.08
湖南	33902.96	19418	31959.23	65994	4300.74	101.4	101.3	11879.94
广东	89705.23	30762	37761.75	80020	27919.79	101.5	101.6	35291.83
广西	18523.26	16064	20499.11	66456	4613.32	101.6	101.2	5822.93
海南	4462.54	20939	4244.4	69062	864.26	102.8	102	528.28

续表

地区	x_1	x_2	x_3	x_4	x_5	x_6	x_7	x_8
重庆	19424.73	22927	17537.05	73272	3374.34	101	100.8	6587.08
四川	36980.22	17920	31902.09	71631	2696.17	101.4	100.5	11576.16
贵州	13540.83	16349	15503.86	75109	1656.48	100.9	100.9	4260.48
云南	16376.34	15831	18935.99	73515	1824.96	100.9	101.3	4089.37
西藏	1310.92	10990	1975.6	115549	136.3	101.6	101.4	102.16
陕西	21898.81	18485	23819.38	67433	3760.64	101.6	101.3	8691.79
甘肃	7459.9	14203	5827.75	65726	2439.66	101.4	101.4	1763.44
青海	2624.83	18020	3883.55	76535	519.46	101.5	101.2	777.56
宁夏	3443.56	21058	3728.38	72779	753.72	101.6	101.8	1096.3
新疆	10881.96	16736	12089.12	68641	2176.35	102.2	100.9	3254.18

7. 红葡萄酒的一级理化指标有9个：$x_1 \sim x_9$ 分别指花色苷(mg/L)、单宁(mmol/L)、总酚(mmol/L)、酒总黄酮(mmol/L)、白藜芦醇(mg/L)、DPPH(1/IV50(uL))、L、a、b. 试对下表红葡萄酒的一级理化指标进行主成分分析.(数据来源:2012年全国大学生数学建模竞赛试题A题)

表9.37 红葡萄酒一级理化指标

品种编号	x_1	x_2	x_3	x_4	x_5	x_6	x_7	x_8	x_9
酒样品1	973.8783	11.0295	9.9826	8.0199	2.4382	0.3585	2.48	16.1	3.88
酒样品2	517.5813	11.0782	9.5598	13.3001	3.6484	0.4603	14.26	45.77	24.06
酒样品3	398.7700	13.2593	8.5494	7.3675	5.2456	0.3960	16.39	48.04	27.56
酒样品4	183.5195	6.4774	5.9820	4.3063	2.9337	0.1769	42.3	59.53	26.75
酒样品5	280.1905	5.8493	6.0336	3.6437	4.9969	0.2068	34.46	60.16	24.05
酒样品6	117.0255	7.3537	5.8583	4.4449	4.4311	0.2113	56.95	54.43	23.57
酒样品7	90.8248	4.0139	3.8581	2.7653	1.8205	0.1120	59	48.82	32.07
酒样品8	918.6879	12.0276	10.1372	7.7476	1.0158	0.3464	8.6	38.86	14.68
酒样品9	387.7649	12.9331	11.3126	9.9049	3.8599	0.3857	14.17	46.09	24.19
酒样品10	138.7138	5.5670	4.3427	3.1454	3.2459	0.1362	57.09	58.06	8
酒样品11	11.8378	4.5884	4.0230	2.1027	0.3816	0.1052	88.79	12.14	19.54
酒样品12	84.0786	6.4579	4.8170	2.9862	2.1628	0.1410	53.68	50.45	30.59
酒样品13	200.0803	6.3849	4.9304	3.9570	1.3388	0.1665	41.59	58.73	19.6
酒样品14	251.5701	6.0733	5.0129	3.0684	2.1659	0.1629	24.22	56.17	35.3
酒样品15	122.5916	3.9847	4.0643	1.8357	0.8886	0.0682	52.95	57.87	19.09
酒样品16	171.5019	4.8318	4.0437	2.6678	1.1620	0.1171	50.47	59.45	18.2

续表

品种编号	x_1	x_2	x_3	x_4	x_5	x_6	x_7	x_8	x_9
酒样品 17	234.4200	9.1697	6.1676	4.9124	1.6504	0.3102	41.21	56.03	25.12
酒样品 18	71.9017	4.4472	4.3530	3.5307	1.7396	0.1383	58.18	54.72	22.55
酒样品 19	198.6145	5.9808	5.1572	3.8748	9.0269	0.1667	47.7	64.93	20.67
酒样品 20	74.3767	5.8640	4.8582	4.0443	0.9641	0.1576	78.48	26.39	15.87
酒样品 21	313.7843	10.0899	8.9412	4.4398	8.7937	0.3577	21.5	52.8	35.21
酒样品 22	251.0172	7.1054	6.1986	5.8266	4.4666	0.2311	40.55	54.05	26.2
酒样品 23	413.9404	10.8883	12.5293	12.1444	12.6821	0.5665	14.6	46.86	25.07
酒样品 24	270.1084	5.7471	5.3943	3.7310	6.8689	0.1650	42.84	59.06	17.68
酒样品 25	158.5686	5.4063	4.4251	3.0222	2.5789	0.1651	50.24	63.78	11.53
酒样品 26	151.4805	3.6147	3.8890	2.1541	2.7369	0.0760	33.5	62.05	29.18
酒样品 27	138.4546	5.9613	4.7345	3.2841	4.7758	0.1513	63.14	48.73	15.98

8. 表 9.38 给出了 2012 年各省市农村居民家庭平均每人消费性支出的 8 个相关变量数据.试根据数据进行主成分分析.(数据来源:国家统计局网站,2012 年《中国统计年鉴》)

表 9.38　2012 年各省市农村居民家庭平均每人消费性支出(元)

地区	食品	衣着	居住	家庭设备	交通通信	文教娱乐	医疗保健	其他消费
北京	3944.8	948	2199.8	773.5	1398.8	1152.7	1125.2	336.2
上海	4847.6	704.4	1834.1	646.1	1704.8	952.1	1029	253.4
天津	3019.9	780.7	1263.5	451.3	1066.3	766.1	760.4	228.4
重庆	2216.1	380.2	557	413.5	489.3	394.2	482.2	86
河北	1817	396.6	1137.3	349.9	604.3	358.5	543.7	156.8
山西	1860	501.8	1142.1	298.3	626	498	490.2	149.7
辽宁	2300	517.9	979.8	250.5	668.7	556.6	548.8	176.2
吉林	2268.8	478.7	836.8	251.9	699	606.3	840.5	204.1
江苏	3049.1	610.7	1493.2	532.9	1311.1	1184.2	724.2	232.7
浙江	3947.3	751.6	1950.1	604.4	1499.9	902.2	746.1	251.1
安徽	2180.8	331.9	1139.8	346.9	516.6	385.9	510.1	144
福建	3403.5	471.4	1165.8	426.7	795	565.8	380.6	193.1
江西	2232.8	265	1030.2	278.3	494.5	342.7	380.4	105.6
山东	2321.5	454.7	1399.9	405.7	937.6	501	635.3	120.2
河南	1701.7	424.1	1060.7	361.6	525.1	343.8	468.8	146.2
湖北	2154	316.4	1206.2	397.9	496.1	394.6	591.9	169.7
湖南	2574.8	318	1088.2	373.5	481.6	400.2	497.2	136.6

续表

地区	食品	衣着	居住	家庭设备	交通通信	文教娱乐	医疗保健	其他消费
广东	3658.7	319.5	1196.1	378.5	760.1	466.6	446.5	232.7
海南	2410.1	178.9	828.6	207.5	435.6	254	306.5	155.2
四川	2514.2	338.5	787.4	333.2	463.9	329.3	498.3	101.9
贵州	1740.6	226.8	758.4	211.4	371.3	226.4	282.5	84.3
云南	2080.6	241.1	804.4	247	470.2	289.2	362.6	66.2
陕西	1520.1	332.7	1258.1	298.7	503.3	445.5	619.9	136.4
甘肃	1648.6	303.1	682.3	250.4	436	327.3	398	100.4
青海	1858.6	404.5	1209.7	257.4	683.7	283.3	520.1	121.6
黑龙江	2164.9	544.6	754.7	229.7	611.3	518	727	167.7
新疆	1891.1	429.9	1298.5	219.1	646.4	261.7	444.2	110.2
内蒙古	2379.8	481.8	1079	269	912.2	514	588.9	157.4
西藏	1592	372.6	251.6	173.3	364	40.9	82.7	90.5
广西	2085.6	156.5	1200.8	274.6	453	270.2	383.9	108.8
宁夏	1891.4	463.4	1033.2	305	620.8	373.4	492.1	172.2

第10章　层次分析法

层次分析法(Analytic Hierarchy Process,简称AHP)是美国著名的运筹学家萨蒂(T. L. Saaty)等人于20世纪70年代提出的一种简洁、系统、实用的多准则决策方法.该方法可以通过构造递阶层次结构模型判断矩阵,对备选方案的优劣进行排序,从而为多目标、多准则或无结构特性的复杂决策问题提供简便的决策方法.它特别适用于经济、管理、政策、分配、教育、医疗、人才选拔和军事指挥等领域的综合评价的决策问题.

10.1　层次分析法建模步骤

运用层次分析法构造系统模型时,大体可以分为四个步骤:建立递阶层次结构模型,构造各层次的判断矩阵,进行层次单排序及其一致性检验,层次总排序及其一致性检验.

10.1.1　建立递阶层次结构模型

运用层次分析法首先要把问题条理化、层次化,即先构造出一个有层次的结构模型,将决策的目标、考虑的因素(决策准则)和决策对象按它们之间的相互关系分为目标层、准则层和方案层等,并绘制出层次结构图.

(1) 目标层:这一层也称为最高层,只有一个元素,一般它是所要得到的预定目标或理想结果.

(2) 准则层:这一层次中包含了为实现目标所涉及的中间环节,也称为中间层.它可以由若干个层次组成,包括所需考虑的准则、子准则等.

(3) 方案层:这一层次在最低一层,包括为实现目标可供选择的各种决策方案,因此也称为最低层.

例10.1　某单位拟从3名干部P_1,P_2和P_3中选拔一名领导,选拔的标准有政策水平、工作作风、业务知识、口才、写作能力和健康状况.构建递阶层次结构模型如图10.1所示.

图10.1中,目标层为:选一名领导干部;准则层为:健康状况、业务知识、写作能力、口才、政策水平和工作作风;方案层为:领导干部P_1,P_2和P_3.

10.1.2　构造各层次的判断矩阵

在确定各层次各因素之间的权重时,不能只用定性的结果,还需要给出定量的比较结果.层次分析法采用1～9标度方法给出判断矩阵,即对本层所有因素针对上一层某一个因素的相对重要性作两两比较，得出判断矩阵的元素 a_{ij}.

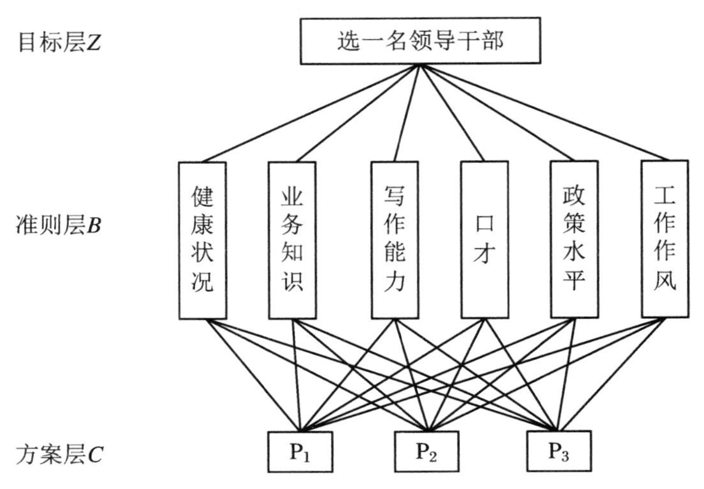

图 10.1　选一名领导干部的层次结构图

例如，要比较某一层 n 个因素 $a_1, a_2, \cdots, a_n$ 对上一层某一个因素 Z 的影响，可从 $a_1, a_2, \cdots, a_n$ 中任取 a_i 与 a_j，比较它们对于 Z 的重要性大小，并按照表 10.1 中 1～9 标度给 a_i/a_j 赋值.

表 10.1　1～9 标度

标度 a_{ij}	含义
1	a_i 与 a_j 同样重要
3	a_i 比 a_j 稍微重要
5	a_i 比 a_j 明显重要
7	a_i 比 a_j 强烈重要
9	a_i 比 a_j 极端重要
2,4,6,8	a_i 与 a_j 的影响之比为上述两个相邻等级中间
1,1/2,…,1/9	a_i 与 a_j 的影响之比为上面 a_{ij} 的倒数

在例 10.1 中，以选一名领导为目标，对健康情况(a_1)、业务知识(a_2)、写作能力(a_3)、口才(a_4)、政策水平(a_5)、工作作风(a_6)6 个因素进行成对比较，可得比较判断矩阵 A 如下：

$$
\begin{array}{c}
\quad a_1 \quad a_2 \quad a_3 \quad a_4 \quad a_5 \quad a_6 \\
A = \begin{bmatrix}
1 & 1 & 1 & 4 & 1 & 1/2 \\
1 & 1 & 2 & 4 & 1 & 1/2 \\
1 & 1/2 & 1 & 5 & 3 & 1/2 \\
1/4 & 1/4 & 1/5 & 1 & 1/3 & 1/3 \\
1 & 1 & 1/3 & 3 & 1 & 1 \\
2 & 2 & 2 & 3 & 1 & 1
\end{bmatrix}
\begin{array}{l}
a_1\ \text{健康情况} \\
a_2\ \text{业务知识} \\
a_3\ \text{写作能力} \\
a_4\ \text{口才} \\
a_5\ \text{政策水平} \\
a_6\ \text{工作作风}
\end{array}
\end{array}
$$

式中，$a_{16}=1/2$ 表示健康情况 a_1 与工作作风 a_6 对选择领导干部这个目标的重要性之比为 1∶2. 即认为工作作风更重要，其他类推.

根据上述说明，可发现判断矩阵 $A=(a_{ij})$ 具有如下特点：$a_{ij}>0$；$a_{ij}=\dfrac{1}{a_{ji}}$；$a_{ii}=1$ $i,j=1,2,\cdots,n$. 具有这三个特点的矩阵称为 n 阶正互反矩阵. 一般地，如果一个正互反矩阵 A 满足 $a_{ij}\cdot a_{jk}=a_{ik}$，$i,j,k=1,2,\cdots,n$，则称 A 为一致矩阵.

10.1.3　层次单排序及一致性检验

判断矩阵 A 对应于最大特征值 $\lambda_{\max}$ 的特征向量 W，经归一化后即为同一层次相应因素对于上一层次某因素相对重要性的排序权值，这一过程称层次单排序. 下面介绍一种近似求最大特征根和权向量的方法：

(1) 将 A 的每一列向量归一化：$\widetilde{w}_{ij}=a_{ij}/\sum\limits_{i=1}^{n}a_{ij}$.

(2) 对 $\widetilde{w}_{ij}$ 按行求和：$\widetilde{w}_{i}=\sum\limits_{j=1}^{n}\widetilde{w}_{ij}$.

(3) 将 $\widetilde{w}_{i}$ 归一化：$w_i=\widetilde{w}_i/\sum\limits_{i=1}^{n}\widetilde{w}_i$，$w=(w_1,w_2,\cdots,w_n)^{\mathrm{T}}$ 即为近似权向量.

(4) 计算最大特征根的近似值：$\lambda=\dfrac{1}{n}\sum\limits_{i=1}^{n}\dfrac{(Aw)_i}{w_i}$.

例 10.2　求 $A=\begin{bmatrix}1 & 1 & 1 & 4 & 1 & 1/2\\ 1 & 1 & 2 & 4 & 1 & 1/2\\ 1 & 1/2 & 1 & 5 & 3 & 1/2\\ 1/4 & 1/4 & 1/5 & 1 & 1/3 & 1/3\\ 1 & 1 & 1/3 & 3 & 1 & 1\\ 2 & 2 & 2 & 3 & 1 & 1\end{bmatrix}$ 的最大特征值和权向量.

解

$$A=\begin{bmatrix}1 & 1 & 1 & 4 & 1 & 1/2\\ 1 & 1 & 2 & 4 & 1 & 1/2\\ 1 & 1/2 & 1 & 5 & 3 & 1/2\\ 1/4 & 1/4 & 1/5 & 1 & 1/3 & 1/3\\ 1 & 1 & 1/3 & 3 & 1 & 1\\ 2 & 2 & 2 & 3 & 1 & 1\end{bmatrix}$$

$$\xrightarrow{\text{列向量归一化}}\begin{bmatrix}4/25 & 4/23 & 15/98 & 1/5 & 3/22 & 3/23\\ 4/25 & 4/23 & 15/49 & 1/5 & 3/22 & 3/23\\ 4/25 & 2/23 & 15/98 & 1/4 & 9/22 & 3/23\\ 1/25 & 1/23 & 3/98 & 1/20 & 1/22 & 2/23\\ 4/25 & 4/23 & 5/98 & 3/20 & 3/22 & 6/23\\ 8/25 & 8/23 & 15/49 & 3/20 & 3/22 & 6/23\end{bmatrix}$$

$$\xrightarrow{\text{按行求和}}\begin{bmatrix}0.9538\\1.1068\\1.1895\\0.2965\\0.9322\\1.5212\end{bmatrix}\xrightarrow{\text{归一化}}\begin{bmatrix}0.1590\\0.1845\\0.1983\\0.0494\\0.1554\\0.2535\end{bmatrix}$$

得权向量

$$w=\begin{bmatrix}0.1590\\0.1845\\0.1983\\0.0494\\0.1554\\0.2535\end{bmatrix},\quad Aw=\begin{bmatrix}1.0215\\1.2198\\1.2895\\0.3112\\0.9667\\1.6407\end{bmatrix}$$

最大特征值为

$$\lambda=\frac{1}{6}\left(\frac{1.0215}{0.1590}+\frac{1.2198}{0.1845}+\frac{1.2895}{0.1983}+\frac{0.3112}{0.0494}+\frac{0.9667}{0.1554}+\frac{1.6407}{0.2535}\right)=6.4221$$

由于一般的判断矩阵不一定是一致的，可由 $\lambda_{\max}$是否等于 n 来检验判断矩阵 A 是否为一致矩阵.由于特征根连续依赖于 a_{ij}，故 $\lambda_{\max}$比 n 大得越多，A 的非一致性程度也就越严重，$\lambda_{\max}$对应的标准化特征向量也就越不能真实地反映出各因素的权重.因此，需要对判断矩阵作一致性检验后决定是否能接受它.

检验判断矩阵的一致性的步骤如下：

(1) 计算一致性指标 $CI=\dfrac{\lambda_{\max}-n}{n-1}$.

(2) 查找相应的平均随机一致性指标 RI，如表 10.2 所示.

(3) 计算一致性比例 $CR=\dfrac{CI}{RI}$.

表 10.2 平均随机一致性指标

n	1	2	3	4	5	6	7	8	9
RI	0	0	0.58	0.9	1.12	1.24	1.32	1.41	1.45

当 $CR<0.10$ 时，认为判断矩阵的一致性是可以接受的，否则需对判断矩阵作适当改进.

10.1.4 层次总排序及一致性检验

计算某一层次所有因素对于最高层(总目标)相对重要性的权值，称为层次总排序.这一过程是从最高层次到最低层次依次进行的.

对于含有 3 个层次的决策问题，若第 1 层只有一个因素，第 2,3 层分别有 n 和 m 个因素，记第 2 层对第 1 层与第 3 层对第 2 层的权向量分别为

$$w^{(2)}=(w_1^{(2)},w_2^{(2)},\cdots,w_n^{(2)})^{\mathrm T},w_k^{(3)}=(w_{k1}^{(3)},w_{k2}^{(3)},\cdots,w_{km}^{(3)})^{\mathrm T},k=1,2,\cdots,n$$

以 $w_k^{(3)}$ 为列向量构成矩阵 $W^{(3)}=[w_1^{(3)},w_2^{(3)},\cdots,w_n^{(3)}]$，则第 3 层对第 1 层的组合权向量为

$$w^{(3)} = W^{(3)} w^{(2)}$$

由于各层之间可能存在差异，因此需要进行组合一致性检验，以确定组合权向量是否可以作为最终的决策依据，检验层次总排序一样由高层到低层逐层进行.

仍然假设只有 3 层，若第 3 层的一致性指标为 $CI_1^{(3)}, \cdots, CI_n^{(3)}$（$n$ 是第 2 层因素的数目），随机一致性指标为 $RI_1^{(3)}, \cdots, RI_n^{(3)}$. 记 $CI^{(3)} = [CI_1^{(3)}, \cdots, CI_n^{(3)}] \cdot w^{(2)}$，$RI^{(3)} = [RI_1^{(3)}, \cdots RI_n^{(3)}] \cdot w^{(2)}$，则第 3 层的组合一致性比率为 $CR^{(3)} = \dfrac{CI^{(3)}}{RI^{(3)}}$. 若 $CR^{(3)} < 0.1$，则第 3 层通过组合一致性检验. 下面定义第 3 层对第 1 层的组合一致性比率为

$$CR^* = CR^{(2)} + CR^{(3)}$$

当 $CR^* < 0.1$ 时，则整个层次的比较判断通过一致性检验.

10.2　层次分析法的应用——空中多目标威胁程度判别

10.2.1　问题提出

空袭与反空袭已成为现代战争的主要作战方式之一，现代战争中空袭手段和武器装备发生了质的飞跃，反空袭作战环境复杂，敌方来袭目标可能分布在高空、中空、低空等不同空域，且目标类型多种多样，包括轰炸机、强击机等大型目标，战术弹道导弹、空地导弹、隐身飞机等小型目标，以及容易辨识的直升机目标.

假设在某次反空袭综合演习中，红方战略要地 A 点受到蓝方（敌方）空袭，通过各类侦察设备和战场传感器探测到 8 批蓝方空袭目标的属性信息，具体数据如表 10.3 所示，试建立判别来袭目标威胁程度的数学模型，并按照威胁程度由高到低对来袭目标进行排序.

表 10.3　蓝方空袭目标的属性信息

目标	目标类型	目标方位	目标距离(km)	目标速度(m/s)	目标高度(m)	目标干扰能力
1	大	103°	120	500	8000	强
2	大	110°	40	800	4500	中
3	大	40°	120	620	7500	强
4	小	50°	112	1100	3500	中
5	小	90°	150	960	900	强
6	小	65°	120	1140	1000	强
7	直升机	74°	53	85	200	无
8	直升机	107°	56	80	300	弱

10.2.2　模型的建立与求解

假设将要评估的空袭目标已进行过类型识别.

1. 建立层次分析结构模型

通过对空中威胁程度的相关问题进行深入分析，可将影响目标威胁程度的主要因素分解为3个层次，根据敌方目标的属性准则建立层次分析结构模型，如图10.2所示.

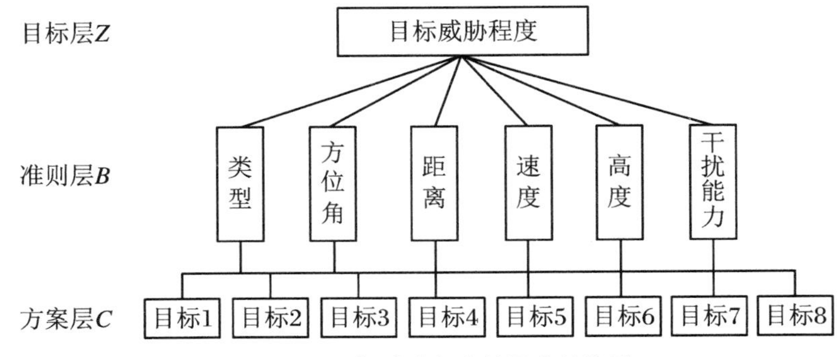

图 10.2 目标威胁程度的层次结构图

该模型的目标层 Z 为：威胁程度.

准则层包含6个准则：B_1——目标类型，B_2——目标方位角，B_3——目标距离，B_4——目标速度，B_5——目标高度，B_6——目标干扰能力.

方案层包括 $C_1 \sim C_8$ 8种目标方案.

2. 构造比较判断矩阵

将敌方目标的属性进行量化，如表10.3和表10.4所示.

(1) 目标类型：按小型目标、大型目标、直升机，依次量化为8,5,3.

(2) 目标方位角：按 $65^\circ \sim 110^\circ$ 等间隔(13°)，依次量化为1～6.

(3) 目标距离：按40～120等间隔(17)，依次量化为1,2,3,6,7.

(4) 目标速度：按80～1140等间隔(130)，依次量化为1,4,5,7,8,9.

(5) 目标高度：按200～8000等间隔(2000)，依次量化为2,4,6,8.

(6) 目标干扰能力：按无、弱、中、强，依次量化为2,4,6,8.

(7) 属性：目标类型、目标方位角、目标距离、目标速度、目标高度、目标干扰能力，量化值分别为8,7,4,9,6,5.

表 10.4 蓝方空袭目标的属性量化值

目标	目标类型	目标方位角	目标距离(km)	目标速度(m/s)	目标高度(m)	目标干扰能力
1	5	2°	2	4	2	8
2	5	1°	7	7	4	6
3	5	6°	2	5	2	8
4	8	6°	3	9	6	6
5	8	3°	1	8	8	8
6	8	5°	2	9	8	8
7	3	4°	6	1	8	4
8	3	1°	6	1	8	2

根据空袭目标属性量化值，可得各层的成对比较矩阵，如表10.5至表10.11所示.

表 10.5　$Z-B_i$ 的判断矩阵

$Z-B_i$	B_1	B_2	B_3	B_4	B_5	B_6
B_1	1	2	5	1/2	3	4
B_2	1/2	1	4	1/3	2	3
B_3	1/5	1/4	1	1/6	1/3	1/2
B_4	2	3	6	1	4	5
B_5	1/3	1/2	3	1/4	1	2
B_6	1/4	1/3	2	1/5	1/2	1

表 10.6　B_1-C_j 的判断矩阵

B_1-C_j	C_1	C_2	C_3	C_4	C_5	C_6	C_7	C_8
C_1	1	1	1	1/4	1/4	1/4	3	3
C_2	1	1	1	1/4	1/4	1/4	3	3
C_3	1	1	1	1/4	1/4	1/4	3	3
C_4	4	4	4	1	1	1	6	6
C_5	4	4	4	1	1	1	6	6
C_6	4	4	4	1	1	1	6	6
C_7	1/3	1/3	1/3	1/6	1/6	1/6	1	1
C_8	1/3	1/3	1/3	1/6	1/6	1/6	1	1

表 10.7　B_2-C_j 的判断矩阵

B_2-C_j	C_1	C_2	C_3	C_4	C_5	C_6	C_7	C_8
C_1	1	2	1/5	1/5	1/2	1/5	1/3	2
C_2	1/2	1	1/6	1/6	1/3	1/5	1/4	1
C_3	5	6	1	1	4	2	3	6
C_4	5	6	1	1	4	2	3	6
C_5	2	3	1/4	1/4	1	1/3	1/2	3
C_6	4	5	1/2	1/2	3	1	2	5
C_7	3	4	1/3	1/3	2	1/2	1	4
C_8	1/2	1	1/6	1/6	1/3	1/5	1/4	1

表 10.8　B_3-C_j 的判断矩阵

B_3-C_j	C_1	C_2	C_3	C_4	C_5	C_6	C_7	C_8
C_1	1	1/6	1	1/2	2	1	1/5	1/5
C_2	6	1	6	5	7	6	2	2
C_3	1	1/6	1	1/2	2	1	1/5	1/5
C_4	2	1/5	2	1	3	2	1/4	1/4
C_5	1/2	1/7	1/2	1/3	1	1/2	1/6	1/6

续表

B_3-C_j	C_1	C_2	C_3	C_4	C_5	C_6	C_7	C_8
C_6	1	1/6	1	1/2	2	1	1/5	1/5
C_7	5	1/2	5	4	6	5	1	1
C_8	5	1/2	5	4	6	5	1	1

表 10.9 B_4-C_j 的判断矩阵

B_4-C_j	C_1	C_2	C_3	C_4	C_5	C_6	C_7	C_8
C_1	1	1/4	1/2	1/6	1/5	1/6	4	4
C_2	4	1	3	1/3	1/2	1/3	7	7
C_3	2	1/3	1	1/5	1/4	1/5	5	5
C_4	6	3	5	1	2	1	9	9
C_5	5	2	4	1/2	1	1/2	8	8
C_6	6	3	5	1	2	1	9	9
C_7	1/4	1/7	1/5	1/9	1/8	1/9	1	1
C_8	1/4	1/7	1/5	1/9	1/8	1/9	1	1

表 10.10 B_5-C_j 的判断矩阵

B_5-C_j	C_1	C_2	C_3	C_4	C_5	C_6	C_7	C_8
C_1	1	1/3	1	1/5	1/7	1/7	1/7	1/7
C_2	3	1	3	1/3	1/5	1/5	1/5	1/5
C_3	1	1/3	1	1/5	1/7	1/7	1/7	1/7
C_4	5	3	5	1	1/3	1/3	1/3	1/3
C_5	7	5	7	3	1	1	1	1
C_6	7	5	7	3	1	1	1	1
C_7	7	5	7	3	1	1	1	1
C_8	7	5	7	3	1	1	1	1

表 10.11 B_6-C_j 的判断矩阵

B_6-C_j	C_1	C_2	C_3	C_4	C_5	C_6	C_7	C_8
C_1	1	3	1	3	1	1	5	7
C_2	1/3	1	1/3	1	1/3	1/3	3	5
C_3	1	3	1	3	1	1	5	7
C_4	1/3	1	1/3	1	1/3	1/3	3	5
C_5	1	3	1	3	1	1	5	7
C_6	1	3	1	3	1	1	5	7
C_7	1/5	1/3	1/5	1/3	1/5	1/5	1	3
C_8	1/7	1/5	1/7	1/5	1/7	1/7	1/3	1

3. 计算层次单排序的权向量和一致性检验

$Z-B_i$ 判断矩阵的最大特征值 $\lambda_{max}=6.1225$，该特征值对应的归一化向量为 $w^{(2)}=[0.2504 \quad 0.1596 \quad 0.0428 \quad 0.3825 \quad 0.1006 \quad 0.0641]^{T}$. 计算 $CI^{(2)}=\dfrac{\lambda_{max}-n}{n-1}=\dfrac{6.1225-6}{6-1}=0.0245$,查表10.2得 $RI^{(2)}=1.24$,故 $CR^{(2)}=\dfrac{CI^{(2)}}{RI^{(2)}}=\dfrac{0.0245}{1.24}=0.0198<0.1$,表明 $Z-B_i$ 判断矩阵通过了一致性检验.

类似地,对成对比较矩阵 B_1,B_2,B_3,B_4,B_5,B_6 进行层次单排序及一致性检验,结果如表10.12所示.

表10.12　权重及特征值排序

K	1	2	3	4	5	6
$W_k^{(3)}$	0.0717	0.0482	0.0463	0.0473	0.0243	0.1957
	0.0717	0.0324	0.3207	0.1268	0.0472	0.0786
	0.0717	0.2628	0.0463	0.0662	0.0243	0.1957
	0.2407	0.2628	0.0756	0.2692	0.0913	0.0786
	0.2407	0.075	0.0298	0.1818	0.2032	0.1957
	0.2407	0.1724	0.0463	0.2692	0.2032	0.1957
	0.0313	0.114	0.2175	0.0197	0.2032	0.0383
	0.0313	0.0324	0.2175	0.0197	0.2032	0.0218
λ_{max}	8.136	8.1546	8.1411	8.3688	8.1808	8.1662
$CI_k^{(3)}$	0.0194	0.0221	0.0202	0.0527	0.0258	0.0237
$CR_k^{(3)}$	0.0138	0.0157	0.0143	0.0374	0.0183	0.0168

由 $CR_k^{(3)}$ 可知判断矩阵 B_1,B_2,B_3,B_4,B_5,B_6 通过了一致性检验.

4. 计算层次总排序权值和一致性检验

方案层对总目标的排序向量为

$$
\begin{aligned}
w^{(3)} &= [w_1^{(3)}, w_2^{(3)}, w_3^{(3)}, w_4^{(3)}, w_5^{(3)}, w_6^{(3)}]\cdot w^{(2)} \\
&= [0.0607 \quad 0.0952 \quad 0.1022 \quad 0.2226 \quad 0.1761 \quad 0.2257 \quad 0.0658 \quad 0.0517]^{T}
\end{aligned}
$$

$$
\begin{aligned}
CI^{(3)} &= [CI_1{}^{(3)},\cdots,CI_6{}^{(3)}]\cdot w^{(2)} \\
&= [0.0194 \quad 0.0221 \quad 0.0202 \quad 0.0527 \quad 0.0258 \quad 0.0237] \\
&\quad \cdot [0.2504 \quad 0.1596 \quad 0.0428 \quad 0.3825 \quad 0.1006 \quad 0.0641]^{T} \\
&= 0.0335
\end{aligned}
$$

$$
\begin{aligned}
RI^{(3)} &= [RI_1{}^{(3)},\cdots RI_6{}^{(3)}]\cdot w^{(2)} \\
&= [1.41 \quad 1.41 \quad 1.41 \quad 1.41 \quad 1.41 \quad 1.41] \\
&\quad \cdot [0.2504 \quad 0.1596 \quad 0.0428 \quad 0.3825 \quad 0.1006 \quad 0.0641]^{T} \\
&= 1.41
\end{aligned}
$$

第3层的组合一致性比率为

$$CR^{(3)} = \frac{CI^{(3)}}{RI^{(3)}} = 0.0238 < 0.1$$

故第3层通过组合一致性检验.

第3层对第1层的组合一致性比率为

$$CR^{*} = CR^{(2)} + CR^{(3)} = 0.0198 + 0.0238 = 0.0436 < 0.1$$

故层次总排序通过一致性检验.

各方案的权重排序为 $C_6 > C_4 > C_5 > C_3 > C_2 > C_7 > C_1 > C_8$. 目标 C_6 的权重最大,因此指挥员可优先考虑打击目标 C_6.

习　　题

1. 某企业需要采购一台设备,考虑的因素有功能、价格和维护性等. 设备采购的层次结构如图10.3所示.

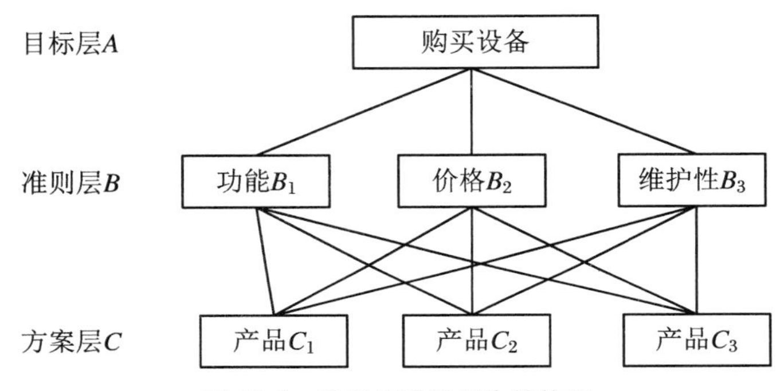

图10.3　设备采购的层次结构图

构造比较判断矩阵为

$$A = \begin{bmatrix} 1 & 1/3 & 2 \\ 3 & 1 & 5 \\ 1/2 & 1/5 & 1 \end{bmatrix}$$

方案层对准则层的成对比较判断矩阵为

$$B_1 = \begin{bmatrix} 1 & 1/3 & 1/5 \\ 3 & 1 & 1/3 \\ 5 & 3 & 1 \end{bmatrix}, B_2 = \begin{bmatrix} 1 & 2 & 7 \\ 1/2 & 1 & 5 \\ 1/7 & 1/5 & 1 \end{bmatrix}, B_3 = \begin{bmatrix} 1 & 3 & 1/7 \\ 1/3 & 1 & 1/9 \\ 7 & 9 & 1 \end{bmatrix}$$

试用层次分析法对3个不同品牌的设备进行综合排序,选出最优设备.

2. 某人打算去旅游,有4个旅游景点可供选择,假如他要考虑5个因素:费用、景色、居住条件、饮食和旅游条件.

经过对比分析,构造的成对比较判断矩阵为

$$A = \begin{bmatrix} 1 & 5 & 3 & 9 & 3 \\ 1/5 & 1 & 1/2 & 2 & 1/2 \\ 1/3 & 2 & 1 & 3 & 1 \\ 1/9 & 1/2 & 1/3 & 1 & 1/3 \\ 1/3 & 2 & 1 & 3 & 1 \end{bmatrix}$$

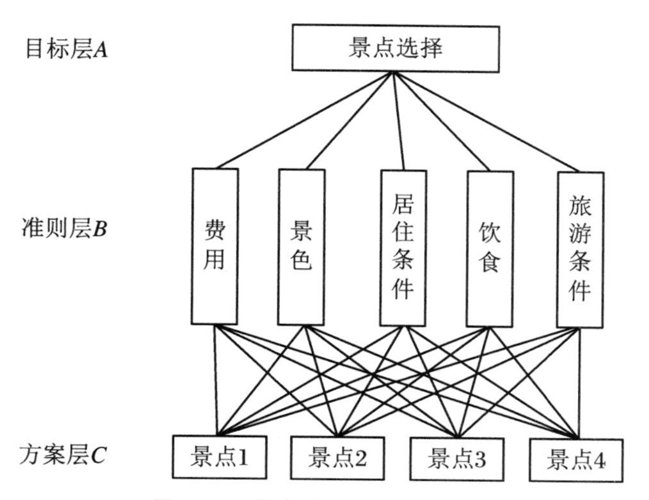

图 10.4　景点选择的层次结构图

方案层对准则层的成对比较判断矩阵为

$$B_1=\begin{bmatrix}1&1/3&1/5&1/7\\3&1&1/2&1/4\\5&2&1&1/2\\1/7&4&2&1\end{bmatrix},\quad B_2=\begin{bmatrix}1&1/2&4&3\\2&1&5&5\\1/4&1/5&1&1\\1/3&1/5&1&1\end{bmatrix},\quad B_3=\begin{bmatrix}1&6&5&8\\1/6&1&1&2\\1/5&1&1&7\\1/8&1/2&1/7&1\end{bmatrix},$$

$$B_4=\begin{bmatrix}1&1&1/3&1/3\\1&1&1/2&1/5\\3&2&1&1\\3&5&1&1\end{bmatrix},\quad B_5=\begin{bmatrix}1&2&1&2\\1/2&1&1/2&1\\1&2&1&2\\1/2&1&1/2&1\end{bmatrix}$$

请用层次分析法找出最佳旅游目的地.

3. 课堂教学质量既受教师教学行为的影响，也受学生学习活动的影响. 试根据如图 10.5 所示层次结构图和比较判断矩阵，应用层次分析法对课堂教学质量进行评价.

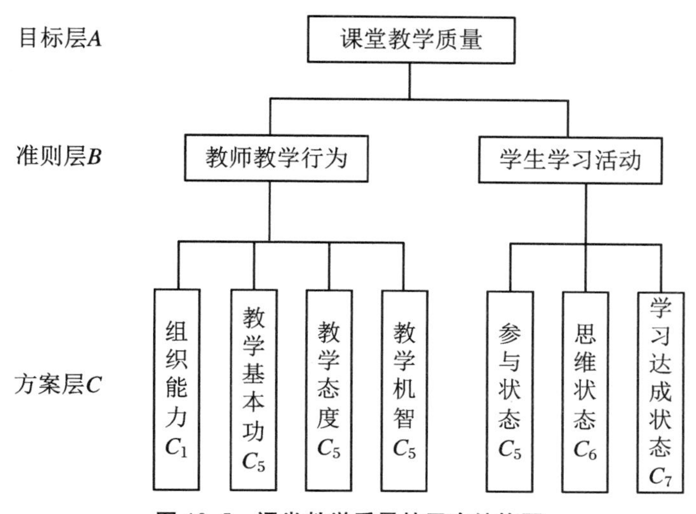

图 10.5　课堂教学质量的层次结构图

构造的成对比较判断矩阵为

$$A=\begin{bmatrix}1 & 1/2\\ 2 & 1\end{bmatrix},\quad B_1=\begin{bmatrix}1 & 5 & 5 & 7\\ 1/5 & 1 & 1 & 2\\ 1/5 & 1 & 1 & 2\\ 1/7 & 1/2 & 1/2 & 1\end{bmatrix},\quad B_2=\begin{bmatrix}1 & 2 & 1\\ 1/2 & 1 & 1\\ 1 & 1 & 1\end{bmatrix}$$

4. 某市政部门需对一项市政工程项目进行决策,可选择的方案是建高速路或建地铁,层次结构图如图 10.6 所示.

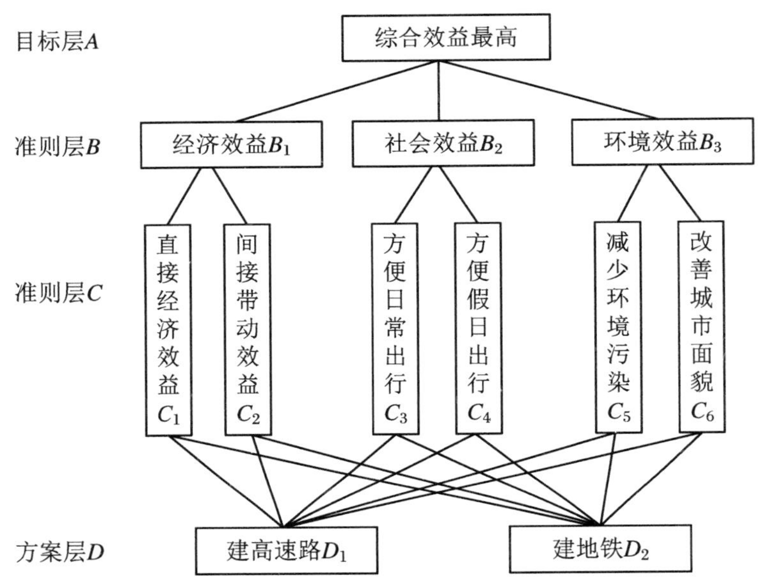

图 10.6 市政工程综合效益的层次结构图

试根据如下的判断矩阵,对市政工程项目建设进行决策分析.

$$A=\begin{bmatrix}1 & 1/3 & 1/3\\ 3 & 1 & 1\\ 3 & 1 & 1\end{bmatrix},B_1=\begin{bmatrix}1 & 1\\ 1 & 1\end{bmatrix},B_2=\begin{bmatrix}1 & 3\\ 1/3 & 1\end{bmatrix},B_3=\begin{bmatrix}1 & 3\\ 1/3 & 1\end{bmatrix},C_1=\begin{bmatrix}1 & 5\\ 1/5 & 1\end{bmatrix},$$

$$C_2=\begin{bmatrix}1 & 3\\ 1/3 & 1\end{bmatrix},C_3=\begin{bmatrix}1 & 1/5\\ 5 & 1\end{bmatrix},C_4=\begin{bmatrix}1 & 7\\ 1/7 & 1\end{bmatrix},C_5=\begin{bmatrix}1 & 1/5\\ 5 & 1\end{bmatrix},C_6=\begin{bmatrix}1 & 1/3\\ 3 & 1\end{bmatrix}$$

第 11 章 图论及应用

图论是建立和处理离散型数学模型的重要数学工具，它最早起源于一些数学游戏的难题研究，如今已发展成具有广泛应用的数学分支．数学建模中的许多问题，如交通网络问题，运输的优化问题，最大、最小流量问题等的研究，都可以用图论知识进行研究和处理．

11.1 图的有关概念

11.1.1 图的基本概念

定义 11.1 由非空顶点集 $V=\{v_1,v_2,\cdots,v_n\}$ 和边集 $E=\{e_1,e_2,\cdots,e_n\}$ 组成的图形，称为图 G，记为 $G=(V,E)$．

定义 11.2 若图 $G=(V,E)$ 中所有的边都是无向边，则称图 G 为无向图；若图 G 中所有的边都是有向边，则称图 G 为有向图．

例如，图 11.1 所示是无向图，图 11.2 所示是有向图．

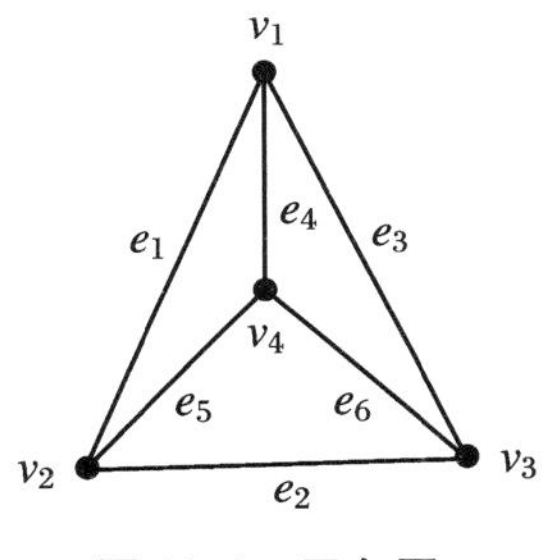

图 11.1 无向图

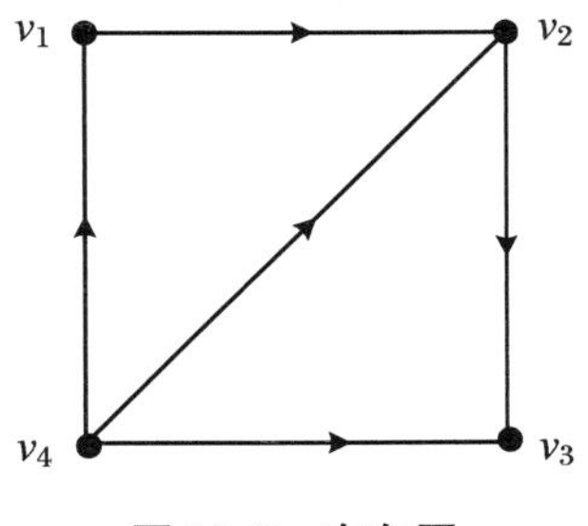

图 11.2 有向图

定义 11.3 两个端点重合的边称为环．

定义 11.4 若顶点 v 是边 e 的一个端点，则称边 e 与顶点 v 相关联；若顶点 v 和 u 间有一条无向边，则称 v 和 u 是邻接的．

例如，图 11.1 中边 e_3 分别与结点 v_1 和 v_4 相关联；v_1 和 v_4 是邻接的．

定义 11.5 若图 G 中无平行边又无环，则称图 G 为简单图；若图 G 中含有平行边，则称图 G 为多重图．

定义 11.6 若无向图(或有向图)$G=(V,E)$的每一条边 e 都赋予一个实数 $w(e)$，则称 $w(e)$为边上的权，图 G'连同边上的权称为带权图．图 G 的所有边上的权的总和称为图

G 的权.

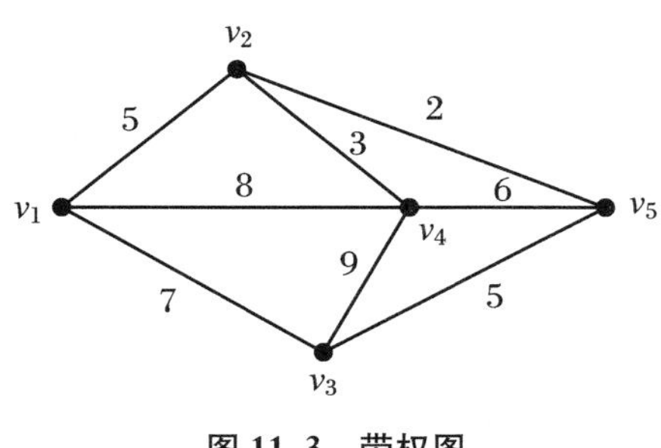

图 11.3 带权图

例如,图 11.3 表示一个带权图,其中的结点表示村庄,边上的权表示村庄之间的距离.在实际问题中,带权图中的权可表示距离、数量、时间等有实际含义的数据.

定义 11.7 设图 $G=(V,E)$和 $G'=(V',E')$是两个图(同为无向图或有向图),若 $V'\subseteq V$,$E'\subseteq E$,则称 G'是 G 的子图,记为 $G'\subseteq G$;若 $V'=V$,$E'\subseteq E$,则称 G'是 G 的生成子图.

定义 11.8 设图 $G=(V,E)$是无向图,与结点 v 相连边的个数,称为结点 v 的度数,简称度,记作 $\deg(v)$.

定义 11.9 设图 $G=(V,E)$是有向图,以结点 v 为始点的边的个数,称为结点 v 的出度,记作$\deg^+(v)$;以结点 v 为终点的边的个数,称为结点 v 的入度,记作$\deg^-(v)$;任意结点 v 的度数 $\deg(v)=\deg^+(v)+\deg^-(v)$.

定义 11.10 设图 $G=(V,E)$是无向图(或有向图),图 G 中前后相关联的点边序列为 $W=(v_0,e_1,v_1,e_2,v_2,\cdots,e_k,v_k)$,则称 W 为从结点 v_0 到结点 v_k 的通路,v_0 和 v_k 分别称为此通路的起点和终点.W 中边的数目 k 称为 W 的长度.特别地,当 $v_0=v_k$ 时,称此通路为回路.

定义 11.11 如果无向图 $G=(V,E)$中任意两个顶点之间都可达,那么称图 G 是连通图,否则称图 G 为非连通图.

11.1.2 欧拉图

定义 11.12 设图 $G=(V,E)$是连通无向图,经过图 G 的每一条边且只经过一次的通路,称此通路为欧拉通路;经过图 G 的每一条边且只经过一次的回路,称此回路为欧拉回路;存在欧拉回路的图称为欧拉图.

定理 11.1(欧拉定理) 无孤立顶点的无向图 $G=(V,E)$存在欧拉通路的充要条件是:

(1) 图是连通的.

(2) 图 G 中度数是奇数的结点为 0 个或 2 个.

欧拉图的一个有趣的应用是解决一笔画问题:即在一个无向图中顶点可以重复但边不能重复,能否一笔画成.因此,在连通无向图中,能否一笔画成一个给定图,等价于是否存在欧拉通路.

例 11.1 判断下列各图能否一笔画?

解 图 G_1 中每个结点的度数都是偶数,可以一笔画;图 G_2 不能一笔画,因为有 4 个结点的度数都是奇数;图 G_3 可以一笔画,因为只有两个结点的度数是奇数.

欧拉图的另外一个应用是解决邮递员问题:邮递员发送邮件时,要从邮局出发,经过他投递范围内的每条街道至少一次,然后返回邮局,但邮递员希望选择一条行程最短的路线,这就是邮递员问题.若将投递区的街道用边表示,街道的长度用边权表示,邮局街道交叉口用点表示,则一个投递区构成一个带权连通无向图.邮递员问题转化为:在一个非负带权连通图中,寻求一个权最小的回路,这样的回路称为最佳回路.

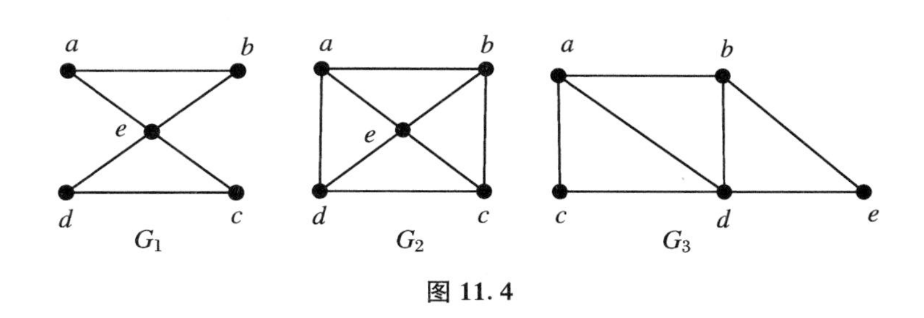

图 11.4

11.1.3 哈密顿图

定义 11.13 设图 $G=(V,E)$是连通无向图,经过图 G 的每个顶点一次且仅一次的通路,则称此通路为图 G 的一条哈密顿通路;经过图 G 的每个顶点一次且仅一次的回路,称此回路为图 G 的哈密顿回路(圈)或 H 圈;含 H 回路的图称为哈密顿图或H 图.

例 11.2 判断下列各图是否存在哈密顿通路或哈密顿回路.

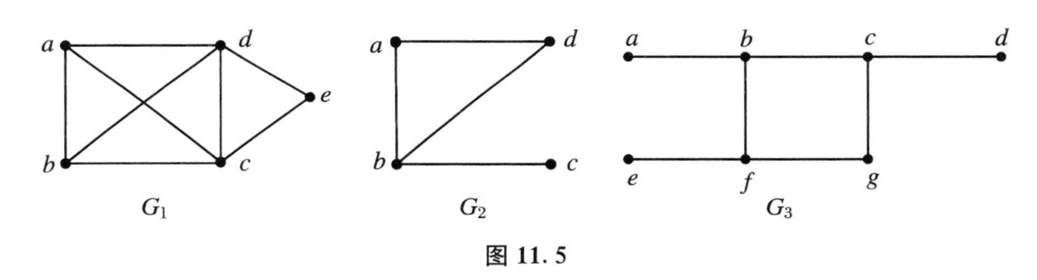

图 11.5

解 图 G_1 有哈密顿回路:$a \to b \to c \to e \to d \to a$;图 G_2 有哈密顿通路:$a \to d \to b \to c$,但没有哈密顿回路;图 G_3 无哈密顿通路和哈密顿回路.

没有已知的简单的充要条件来判断哈密顿回路的存在性,但下面两条定理给出哈密顿回路存在的充分条件.

定理 11.2(狄拉克定理) 如果 G 是带 n 个顶点的连通简单图,其中 $n \geqslant 3$,且 G 中每个顶点的度都至少为 $n/2$,则 G 有哈密顿回路.

定理 11.3(欧尔定理) 如果 G 是带 n 个顶点的连通简单图,其中 $n \geqslant 3$,且对 G 中每一对不相邻的顶点 u 和 v 来说,都有 $\deg(u)+\deg(v) \geqslant n$,则 G 有哈密顿回路.

哈密顿图的一个典型应用——旅行商问题.设有 n 个城市,城市之间均有道路,道路的长度均大于或等于 0,也可能是∞(对应关联的城市之间无交通线).一个旅行商从某个城市出发,要经过每个城市一次且仅一次,最后回到出发的城市,问他如何走才能使所走的路线最短?这就是著名的旅行商问题(或货郎担问题,或推销员问题).这个问题可转化为如下的图论问题:

设 $G=(V,E)$为一个 n 阶完全带权图K_n,各边的权非负,且有的边的权可能为∞.求 G 中一条最短的哈密顿回路,使得这个回路的边的权的总和尽可能小.这就是旅行商问题的数学模型.

例 11.3 图 11.6 为 4 阶完全带权图 K_4,写出其不同哈密顿回路,并找出最短的哈密顿回路.

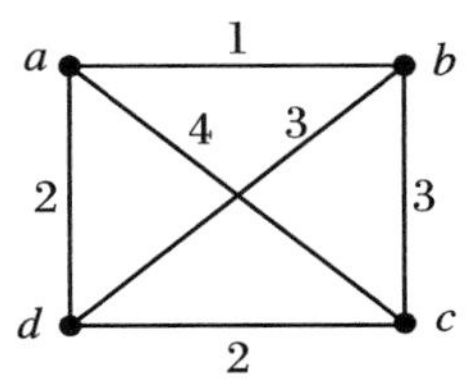

图 11.6

解 由于求哈密顿回路从任何顶点出发都可以,因此可考虑从 a 点出发寻找哈密顿回路,有如下三种情况.

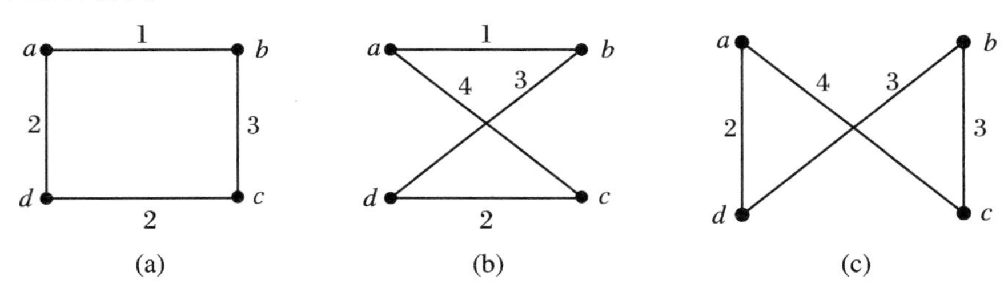

图(a)中,线路 $C_1: a \to b \to c \to d \to a$,线路 $C_2: a \to d \to c \to b \to a$;

图(b)中,线路 $C_3: a \to b \to d \to c \to a$,线路 $C_4: a \to c \to d \to b \to a$;

图(c)中,线路 $C_5: a \to c \to b \to d \to a$,线路 $C_6: a \to d \to b \to c \to a$.

由于线路 C_1 与 C_2 长度相同,以 C_1 为代表,权值 $W(C_1)=8$;线路 C_3 与 C_4 长度相同,以 C_3 为代表,权值 $W(C_3)=10$;线路 C_5 与 C_6 长度相同,以 C_5 为代表,权值 $W(C_5)=12$.经比较知,线路 C_1 是最短的哈密顿回路.

11.1.4 图的矩阵表示

1. 无向图的关联矩阵和邻接矩阵

定义 11.14 设无向图 $G=(V,E)$,顶点集 $V=\{v_1,v_2,\cdots,v_n\}$,边集 $E=\{e_1,e_2,\cdots,e_m\}$,则

(1) 称矩阵 $A_G=(a_{ij})_{n\times m}$ 为图 G 的关联矩阵.其中

$$a_{ij}=\begin{cases}1, & v_i \text{ 与 } e_j \text{ 关联}\\ 0, & v_i \text{ 与 } e_j \text{ 不关联}\end{cases}$$

(2) 称矩阵 $B_G=(b_{ij})_{n\times n}$ 为图 G 的邻接矩阵.其中

$$b_{ij}=\begin{cases}1, & (v_i,v_j)\in E\\ 0, & (v_i,v_j)\notin E\end{cases}$$

例 11.4 写出下面无向图的关联矩阵和邻接矩阵.

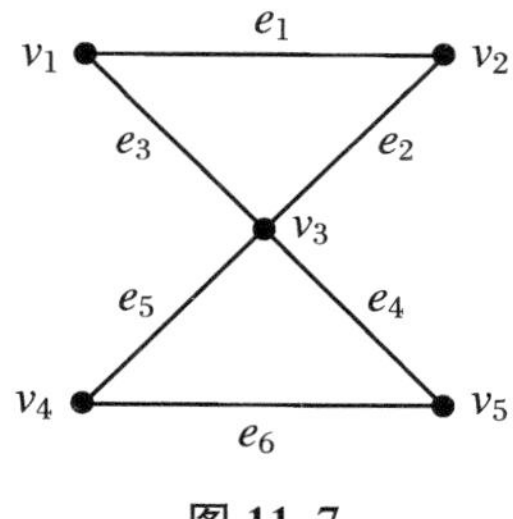

图 11.7

解 关联矩阵 A_G 和邻接矩阵 B_G 分别为

$$A_G=\begin{bmatrix}1&0&1&0&0&0\\1&1&0&0&0&0\\0&1&1&1&1&0\\0&0&0&0&1&1\\0&0&0&1&0&1\end{bmatrix},\quad B_G=\begin{bmatrix}0&1&1&0&0\\1&0&1&0&0\\1&1&0&1&1\\0&0&1&0&1\\0&0&1&1&0\end{bmatrix}$$

2. 有向图的关联矩阵和邻接矩阵

定义 11.15　设有向图 $G=(V,E)$，顶点集 $V=\{v_1,v_2,\cdots,v_n\}$，边集 $E=\{e_1,e_2,\cdots,e_m\}$，则

(1) 称矩阵 $C_G=(c_{ij})_{n\times m}$ 为图 G 的关联矩阵.其中

$$m_{ij}=\begin{cases}1, & v_i\text{ 是 }e_j\text{ 的始点}\\0, & v_i\text{ 与 }e_j\text{ 不关联}\\-1, & v_i\text{ 是 }e_j\text{ 的终点}\end{cases}$$

(2) 称矩阵 $D_G=(d_{ij})_{n\times n}$ 为图 G 的邻接矩阵.其中

$$d_{ij}=\begin{cases}1, & (v_i,v_j)\in E\\0, & (v_i,v_j)\notin E\end{cases}$$

例 11.5　写出下面有向图的关联矩阵和邻接矩阵.

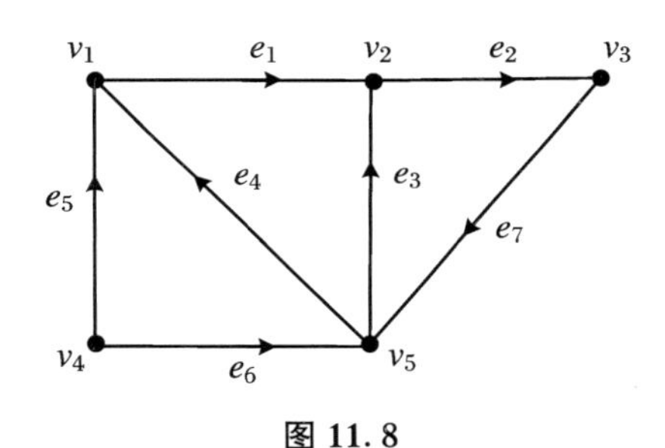

图 11.8

解　关联矩阵 C_G 和邻接矩阵 D_G 分别为

$$C_G=\begin{bmatrix}1&0&0&-1&-1&0&0\\-1&1&-1&0&0&0&0\\0&-1&0&0&0&0&1\\0&0&0&0&1&1&0\\0&0&1&1&0&-1&-1\end{bmatrix},\quad D_G=\begin{bmatrix}0&1&0&0&0\\0&1&0&0&0\\0&0&0&0&1\\1&0&0&0&1\\1&1&0&0&0\end{bmatrix}$$

11.2　最短路问题

所谓最短路问题，是指在一个带权无向图(或有向图)中寻找顶点 v_i 到 v_j 的一条通路，使得这条路径上所有边的权值总和最小，这条路径就称为从顶点 v_i 到 v_j 的最短路，所有边的权值总和称为从顶点 v_i 到 v_j 的距离.在现实生活中的许多问题，如交通网和物流网中的优化问题、计算机学科相关问题的研究，都涉及图论中的最短路的计算.计算最短路的算法

有 Dijkstra 算法和 Floyd 算法等. Dijkstra 算法是一种解决从带权图中的某一固定点(源点)到其余结点的最短路的有效算法,但要求权值不能为负权值.

11.2.1 Dijkstra 算法的基本思想

设 $G=(V,E)$是一个带权无向图(或有向图),V 表示结点集合,E 表示边的集合. 把图中结点集合 V 分成两组,第一组为已求出最短路径的结点集合(用 S 表示,初始时 S 中只有一个结点,即源点),第二组为其余未确定最短路径的结点集合(用 U 表示),按最短路径长度的递增次序依次把第二组的结点加入 S 中,以后每求得一条最短路径,就将结点加入到集合 S 中,直到全部结点都加入到 S 中,算法就结束了. Dijkstra 算法的一般步骤如下:

(1) 给定初值,令 $S=\{v_0\}$, $d(v_0)=0$, $U=V-S$. 若 v_0 与 U 中的结点有边直接相连,则记为正常权值,否则其权值记为 ∞.

(2) 计算 v_0 与 U 中结点的距离,然后选取一个距离最短的结点 v_i,此时,$S=S\cup\{v_i\}$,$U=V-S$.

(3) 以 v_i 作为新的中间点,继续计算 v_i 与 U 中结点的距离,寻找距离最短的结点 v_k,若从 v_0 到结点 v_k 的距离(经过结点 v_i)比不经过结点 v_i 短,则更新结点 v_k 的距离值,否则不更新.

(4) 若 $U\neq\varnothing$,转(2),否则,停止.

用上述算法求出的 $d(v)$就是 v_0 到 v 的最短路的权,从 v 的父节点标记追溯到 v_0,就得到 v_0 到 v 的最短路的路线.

例 11.6 图 11.9 是一个带权无向图,其中结点 v_0,v_1,v_2,v_3,v_4,v_5 表示 6 个城市,结点间连线上的数字表示城市之间的距离. 试用 Dijkstra 算法计算 v_0 到其余结点的最短路径及最短距离.

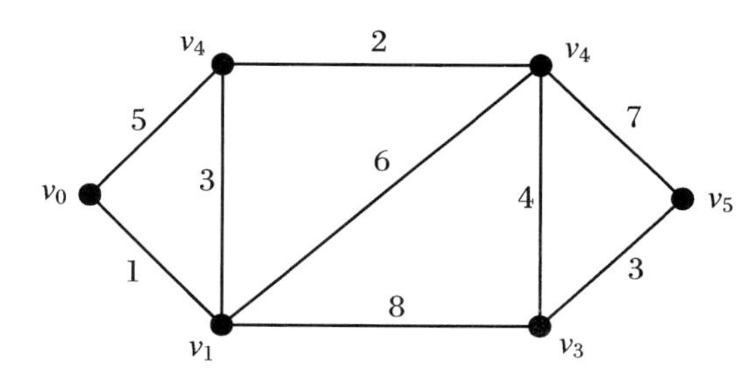

图 11.9 6 个城市的道路图

解法 1(流程表法)

根据 Dijkstra 算法步骤,详细的计算过程可制成如表 11.1 所示的流程表. 表 11.1 的第一列表示迭代的步骤数,第二列给出已求最短路径的结点集合和最短路径,第三列为其余未确定最短路径的结点集合,按最短路径的长度寻找要加入第二列的中间点.

由表 11.1 可得如下的结果:

(1) 从 v_0 到 v_0:最短路径为 $v_0\rightarrow v_0$,最短距离为 0.

(2) 从 v_0 到 v_1:最短路径为 $v_0\rightarrow v_1$,最短距离为 1.

表 11.1　Dijkstra 算法流程表

步骤	集合 S 中	集合 U 中
1	把 v_0 选入 S 中,则 $S=\{v_0\}$,此时最短路径 $v_0\to v_0=0$,以 v_0 为中间点,从 v_0 开始找	$U=\{v_1,v_2,v_3,v_4,v_5\}$, $v_0\to v_1=1$, $v_0\to v_2=5$, $v_0\to U$ 中其他的结点 $=\infty$,发现 $v_0\to v_1=1$ 路径最短
2	把 v_1 选入 S 中,则 $S=\{v_0,v_1\}$,此时最短路径 $v_0\to v_0=0$, $v_0\to v_1=1$. 以 v_1 为中间点,从 $v_0\to v_1=1$ 这条最短路径开始找	$U=\{v_2,v_3,v_4,v_5\}$, $v_0\to v_1\to v_2=4$, $v_0\to v_1\to v_3=9$, $v_0\to v_1\to v_4=7$. $v_0\to v_1\to U$ 中其他的结点 $=\infty$,发现 $v_0\to v_1\to v_2=4$ 路径最短
3	把 v_2 选入 S 中,则 $S=\{v_0,v_1,v_2\}$,此时最短路径 $v_0\to v_0=0$, $v_0\to v_1=1$, $v_0\to v_1\to v_2=4$. 以 v_2 为中间点,从 $v_0\to v_1\to v_2=4$ 这条最短路径开始找	$U=\{v_3,v_4,v_5\}$, $v_0\to v_1\to v_2\to v_4=6$, $v_0\to v_1\to v_2\to U$ 中其他的结点 $=\infty$,发现 $v_0\to v_1\to v_2\to v_4=6$ 路径最短
4	把 v_4 选入 S 中,则 $S=\{v_0,v_1,v_2,v_4\}$,此时最短路径 $v_0\to v_0=0$, $v_0\to v_1=1$, $v_0\to v_1\to v_2=4$, $v_0\to v_1\to v_2\to v_4=6$. 以 v_4 为中间点,从 $v_0\to v_1\to v_2\to v_4=6$ 这条最短路径开始找	$U=\{v_3,v_5\}$, $v_0\to v_1\to v_2\to v_4\to v_3=10$(比上面第二步的 $v_0\to v_1\to v_3=9$ 要长,此时到 v_3 权值更改为 $v_0\to v_1\to v_3=9$), $v_0\to v_1\to v_2\to v_4\to v_5=13$,发现 $v_0\to v_1\to v_3=9$ 路径最短
5	把 v_3 选入 S 中,则 $S=\{v_0,v_1,v_2,v_4,v_3\}$,此时最短路径 $v_0\to v_0=0$, $v_0\to v_1=1$, $v_0\to v_1\to v_2=4$, $v_0\to v_1\to v_2\to v_4=6$, $v_0\to v_1\to v_3=9$. 以 v_3 为中间点,从 $v_0\to v_1\to v_3=9$ 这条最短路径开始找	$U=\{v_5\}$, $v_0\to v_1\to v_3\to v_5=12$ 路径最短
6	把 v_5 选入 S 中,则 $S=\{v_0,v_1,v_2,v_4,v_3,v_5\}$,此时最短路径 $v_0\to v_0=0$, $v_0\to v_1=1$, $v_0\to v_1\to v_2=4$, $v_0\to v_1\to v_2\to v_4=6$, $v_0\to v_1\to v_3=9$, $v_0\to v_1\to v_3\to v_5=12$	U 集合已空,查找完毕

(3) 从 v_0 到 v_2:最短路径为 $v_0\to v_1\to v_2$,最短距离为 4.

(4) 从 v_0 到 v_3:最短路径为 $v_0\to v_1\to v_3$,最短距离为 9.

(5) 从 v_0 到 v_4:最短路径为 $v_0\to v_1\to v_2\to v_4$,最短距离为 6.

(6) 从 v_0 到 v_5:最短路径为 $v_0\to v_1\to v_3\to v_5$,最短距离为 12.

解法 2(表上作业法)

将 Dijkstra 算法步骤可用表格列出,结果如表 11.2 所示.具体过程如下:

(1) 第 1 次迭代,v_0 到 v_0 的距离记为 0,其余记为∞,即表 11.2 的第一行.

(2) 第 2 次迭代,以 v_0 为中间点,计算 $v_0\to v_1$ 的距离为 $0+1=1$,$v_0\to v_2$ 的距离为 $0+5=5$,此时距离的最小值为 1,用方框标记,见表 11.2 第二行.

(3) 第 3 次迭代,以 v_1 为中间点,计算 $v_0\to v_1\to v_2$ 的距离为 $1+3=4$,$v_0\to v_1\to v_3$ 的距离为 $1+8=9$,$v_0\to v_1\to v_4$ 的距离为 $1+6=7$.此时距离的最小值为 4,用方框标记,见表 11.2 第三行.

(4) 第 4 次迭代,以 v_2 为中间点,计算 $v_0\to v_1\to v_2\to v_4$ 的距离为 $4+2=6$,此时距离的

最小值为 6 用方框标记,见表 11.2 第四行.

(5) 第 5 次迭代,以 v_4 为中间点,计算 $v_0 \to v_1 \to v_2 \to v_4 \to v_5$ 的距离为 $6+7=13$,与第(3)步的 $v_0 \to v_1 \to v_3$ 的距离为 $1+8=9$ 比较,此时距离的最小值为 9 用方框标记,见表 11.2 第五行.

(6) 第 6 次迭代,以 v_3 为中间点,计算 $v_0 \to v_1 \to v_3 \to v_5$ 的距离为 $9+3=12$,此时距离的最小值为 12 用方框标记,见表 11.2 第六行.

表 11.2 中每一行用带方框标识的数字表示在迭代过程中寻找路径权的最小值.最短路径可表示为该最小数字首次出现前的最短路径加上该结点.

表 11.2 表上作业过程

迭代次数	$d(v_i)$					
	v_0	v_1	v_2	v_3	v_4	v_5
1	$\boxed{0}$	∞	∞	∞	∞	∞
2		$\boxed{1}$	5	∞	∞	∞
3			4	$\boxed{9}$	7	∞
4				9	$\boxed{6}$	∞
5				$\boxed{9}$		13
6						$\boxed{12}$
最后标记 $d(v_i)$	0	1	4	9	6	12
最后标记 $z(v)$	v_0	v_0	v_1	v_1	v_2	v_3

解法 3(图上标号法)

Dijkstra 算法的结果也可在图上用标号(i,d_j)标出.其中,i 表示 v_j 的父节点,用以确定最短路的路线;d_j 表示从源点 v_0 到 v_j 的最短路的权.已标号结点的集合设为 S,尚未标号结点的集合设为 U.结点 i 与结点 j 边记为 E_{ij},边的权值记为 w_{ij}.图上标号法的步骤如下:

(1) 初始点(源点)标号记为$(0,0)$,不与源点直接相连的结点记为$(0,\infty)$,此时 $S=\{v_0\}$,$U=V-S$.

(2) 计算 d_i+w_{ij}.

(3) 若 $d_{j^*}=\min\limits_{\langle i,j\rangle \in E_{ij}}\{d_i+w_{ij}\}$,则结点 j^* 的标号更新为(i,d_{j^*}),此时 $S=S\cup\{j^*\}$,$U=V-S$.

(4) 若 $U=\varnothing$,结束;否则,转(2).

由于每次迭代产生一个永久标号,从而形成一棵以 v_0 为根的最短路树,在这棵树上每个结点与根结点之间的路径皆为最短路径.寻找到的最短路径在图上用粗黑线表示,具体过程如图 11.10 所示.

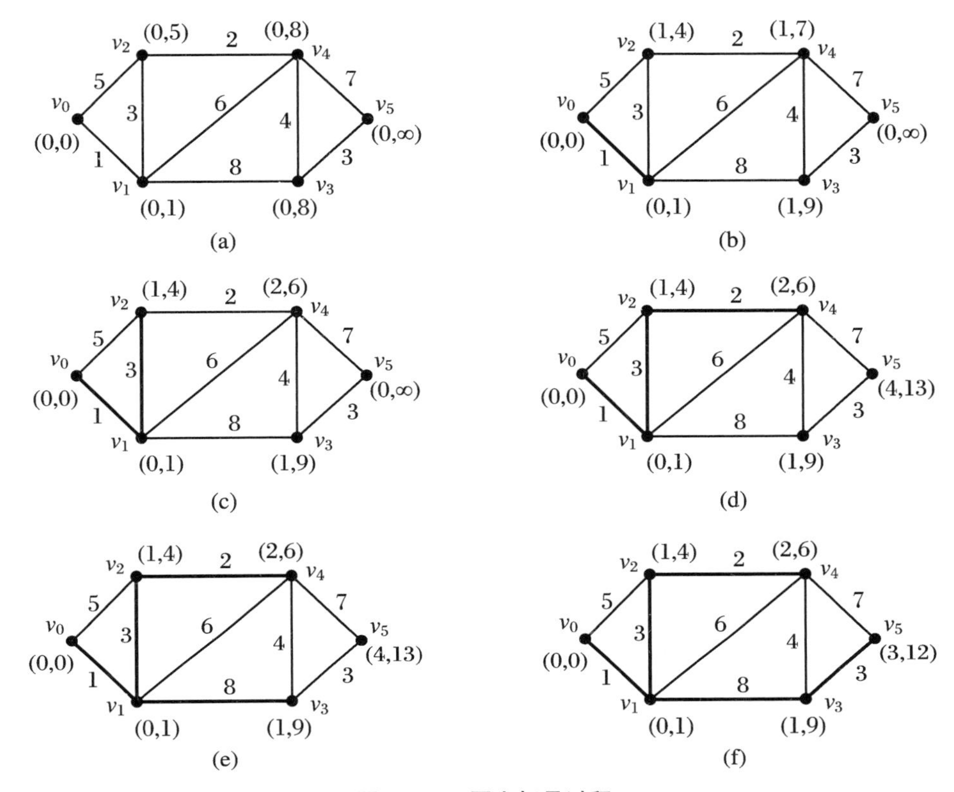

图 11.10　图上标号过程

解法 4（MATLAB 编程法）

根据 Dijkstra 算法的思想可编写 MATLAB 程序如下：

```
clear
  H=[0 1 5 inf inf inf;
     1 0 3 8 6 inf;
     5 3 0 inf 2 inf;
     inf 8 inf 0 4 3;
     inf 6 2 4 0 7;
     infinf inf 3 7 0];
  n=size(H,1);
  H1=H(1,:);
  for i=1:n
    d(i)=H1(i);
    z(i)=1;
  end
  s=[];
  s(1)=1;
  u=s(1);
  k=1;
```

```
    while k<n
    for i=1:n
      for j=1:k
      if i~=s(j)
        if d(i)>d(u)+H(u,i)
          d(i)=d(u)+H(u,i);
          z(i)=u;
        end
      end
      end
    end
    d,z
    dd=d;
    for i=1:n
      for j=1:k
        if i~=s(j)
          dd(i)=dd(i);
        else
          dd(i)=inf;
        end
      end
    end
  dv=inf;
    for i=1:n
      if dd(i)<dv
        dv=dd(i);
        v=i;
      end
    end
    dv, v
    s(k+1)=v
    k=k+1
    u=s(k)
  end
  d,z
```

运行程序得

```
d=0   1   4   96   12
z=1   1   2   2   3   4
```

此结果与上述3种解法的结果一致.

11.3 最小生成树问题

11.3.1 最小生成树的概念

定义 11.16 一个不含回路的简单无向连通图称为无向树(简称树),一般用 T 表示.

定义 11.17 设 $G=(V,E)$是无向连通图,如果 T 是树且是 G 的一个生成子图,那么称 T 是 G 的生成树.

定义 11.18 设 $G=(V,E)$是带权无向连通图,如果 T_G 是 G 中最小权的生成树,那么称 T_G 为 G 的最小生成树.

11.3.2 求最小生成树的方法

寻找一个图的最小生成树要做到两个方面:首先,在选取权值最小的边时,要保证不能出现回路;其次,挑选的 $n-1$ 条边恰能连通原图中的 n 个顶点.下面主要介绍带权无向连通图中寻找最小生成树的三种算法:避圈法、破圈法和 Prim 算法.

1. 避圈法

避圈法又称 Kruskal 算法,是 Kruskal 于 1956 年提出的一种寻找最小生成树的方法,即从图 $G=(V,E)$中的最小边开始寻找,进行避圈式扩张.其算法步骤如下:

(1) 选取图 G 中权值最小的边 e_1(若有多个权最小的边,任选一个权值最小的边),同时记该边 e_1 和其两个端点的图为 G'.

(2) 如果已选取边 $e_1,e_2,\cdots,e_i$,那么再从 $E-\{e_1,e_2,\cdots,e_i\}$中选取边 e_{i+1},使边 e_{i+1} 的权值最小且保证得到的图 G'为无圈图.

(3) 当图 G'中包含了图 G 的所有顶点,则停止,否则重复上述的第(2)步.

2. 破圈法

破圈法是我国著名数学家管梅谷教授在 Kruskal 算法的基础上于 1975 年提出的一种求最小生成树的方法,其核心思想是删除回路中权值最大的边.破圈法的求解过程是:在带权图 G 中,任取一个圈,选出权值最大的一条边并删除(若权值最大的边不止一条,则任选一条),称为破圈,然后再查找下一个圈中权值最大的边并删除.这样不断破圈,直至删除图 G 中的所有圈为止,最后剩下的子图 G'即是图 G 的最小生成树.

3. Prim 算法

Prim 算法是由 Prim 在 1957 年提出的一个著名算法.Prim 算法是按逐个将顶点连通的方式来构造最小生成树的.

Prim 算法步骤如下:

(1) 设置一个顶点集合 V_T 和边的集合 E_T.初始时,在 G 中任意取一个顶点 v_1,令 $V_T=\{v_1\}$, $E_T=\varnothing$.

(2) 选取与某个 $v_i\in V_T$ 邻接的顶点 $v_j\in V-V_T$,使边(v_i,v_j)的权值最小,令 $V_T=$

$V_T \cup \{v_j\}, E_T = E_T \cup \{(v_i, v_j)\}$.

(3) 若所有的顶点都连接,则停止,否则重复第(2)步.

从 Kruskal 算法和 Prim 算法可知,若满足条件的最小权边不止一条,则可从中任选一条,这样就会得到不同的最小生成树.破圈法中,若满足条件的最大权边不止一条,则可从中任选一条,这样也会得到不同的最小生成树.

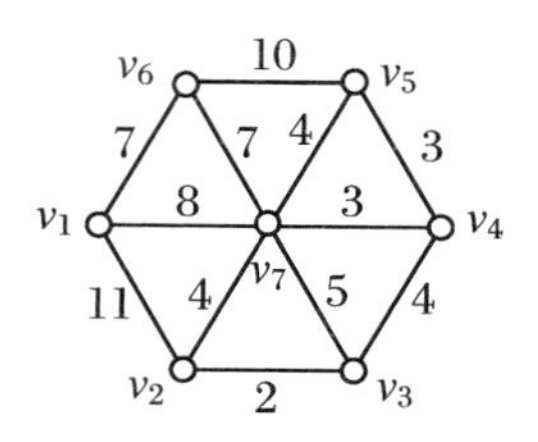

图 11.11 某新建小区的带权图

例 11.7 某新建小区要铺设供水管道,其分布如图 11.11 所示.图 11.11 中 $v_1, v_2, v_3, v_4, v_5, v_6$ 和 v_7 表示每栋楼要接入的位置,连线上的数字表示它们之间的距离,问怎样铺设才能使线路总长最短?

解法 1 用避圈法求最小生成树

图 11.11 可看作是顶点集为 $V = \{v_1, v_2, v_3, v_4, v_5, v_6, v_7\}$的带权无向连通图 G.怎样铺设才能使线路总长最短,其实就是求该图的最小生成树.设 $G' = \langle V', E' \rangle$是图 G 的最小生成树.下面使用避圈法求解,步骤如下:

(1) 初始时,选取权值最小的边(v_2, v_3),用粗实线标识,边集 $E' = \{(v_2, v_3)\}$,如图 11.12(a)所示.

(2) 在剩余的边中,发现权值最小的边有两个:(v_4, v_7)和(v_4, v_5),任选一个,不妨选(v_4, v_7),用粗实线标识,更新 $E' = \{(v_2, v_3), (v_4, v_7)\}$,如图 11.12(b)所示.

(3) 继续在剩余的边中选取权值最小且无回路的边,发现权值最小的边是(v_4, v_5),用粗实线标识,更新 $E' = \{(v_2, v_3), (v_4, v_5), (v_4, v_7)\}$,如图 11.12(c)所示.

(4) 继续在剩余的边中选取权值最小且无回路的边,发现边(v_2, v_7)符合条件,用粗实线标识,更新 $E' = \{(v_2, v_3), (v_2, v_7), (v_4, v_7), (v_4, v_5)\}$,如图 11.12(d)所示.

(5) 继续在剩余的边中选取权值最小且无回路的边,发现边(v_6, v_7)符合条件,用粗实线标识,更新 $E' = \{(v_2, v_3), (v_2, v_7), (v_4, v_7), (v_4, v_5), (v_6, v_7)\}$,如图 11.12(e)所示.

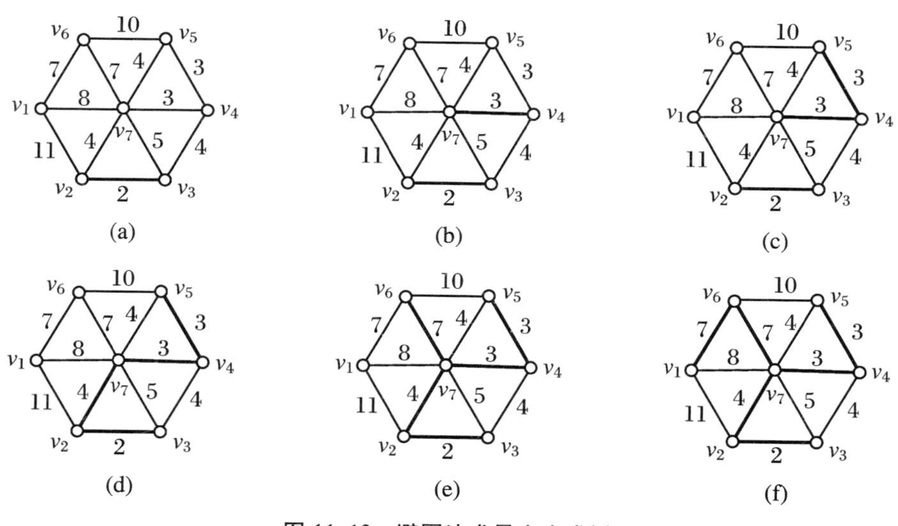

图 11.12 避圈法求最小生成树

(6) 继续在剩余的边中选取权值最小且无回路的边,发现边(v_1, v_6)符合条件,用粗实线标识,更新 $E'=\{(v_2,v_3),(v_2,v_7),(v_4,v_7),(v_4,v_5),(v_6,v_7),(v_1,v_6)\}$,如图 11.12(f)所示.

此时图 G'中包含了图 G 的所有顶点,算法结束,最短路线总长为 28.

解法 2　用破圈法求最小生成树

下面用破圈法寻找图 11.11 的最小生成树,过程如下:

(1) 在图 G 中任选一个圈,比如选 $v_1v_2v_7v_1$ 这个圈,删除这个圈中权值最大的边(v_1,v_2),得到图 11.13(a).

(2) 在图 11.13(a)中选圈 $v_2v_3v_7v_2$,删除这个圈中权值最大的边(v_3,v_7),得到图 11.13(b).

(3) 在图 11.13(b)中选圈 $v_2v_3v_4v_7v_2$,这个圈中权值最大的边有(v_2,v_7)和(v_3,v_4),任选一个删除,如删除(v_3,v_4),得到图 11.13(c).

(4) 在图 11.13(c)中选圈 $v_4v_5v_7v_4$,删除这个圈中权值最大的边(v_5,v_7),得到图 11.13(d).

(5) 在图 11.13(d)中选圈 $v_4v_5v_6v_7v_4$,删除这个圈中权值最大的边(v_5,v_6),得到图 11.13(e).

(6) 在图 11.13(d)中选圈 $v_1v_6v_7v_1$,删除这个圈中权值最大的边(v_1,v_7),得到图 11.13(f).

此时图 11.13(f)中无圈可破,算法结束.图 11.13(f)即是图 11.11 的最小生成树.

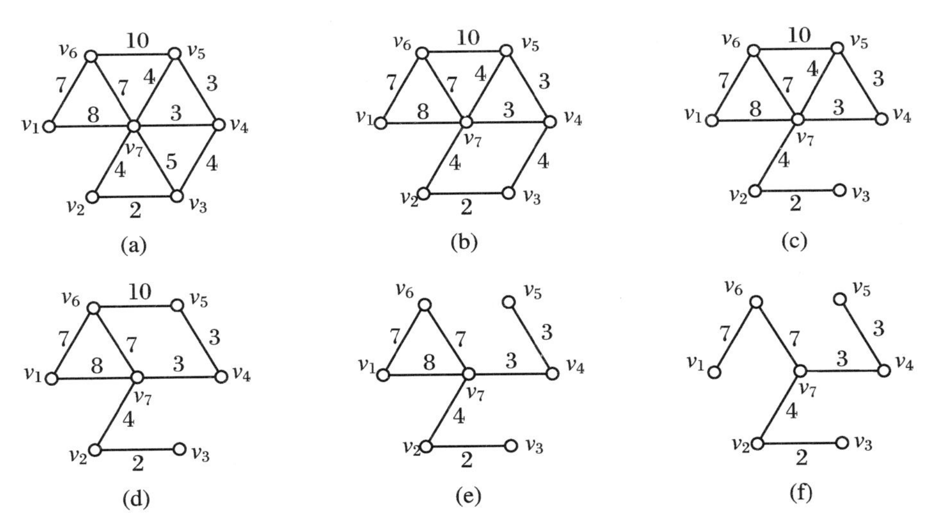

图 11.13　破圈法求最小生成树

解法 3　用 Prim 算法求最小生成树

用 Prim 算法求图 11.11 的最小生成树的过程如下:

(1) 初始时,任选一个顶点,如选顶点 v_2,此时顶点集 $V'=\{v_2\}$,边集 $E'=\varnothing$.

(2) 查找 $V'=\{v_2\}$与图 11.11 中顶点相邻接的所有边,发现权值最小的边是(v_2,v_3),更新 $V'=\{v_2,v_3\}$,$E'=\{(v_2,v_3)\}$,如图 11.14(a)所示.

(3) 查找 $V'=\{v_2,v_3\}$与图 11.11 中顶点相邻接的所有边,发现权值最小的边是(v_2,v_7),更新 $V'=\{v_2,v_3,v_7\}$,$E'=\{(v_2,v_3),(v_2,v_7)\}$,如图 11.14(b)所示.

(4) 继续查找 $V'=\{v_2,v_3,v_7\}$与图 11.11 中顶点相邻接的所有边,发现权值最小的边是(v_4, v_7)，更新 $V'=\{V_2, v_3, v_4, v_7\}$，$E'=\{(v_2, v_3), (v_2, v_7), (v_4, v_7)\}$，如图 11.14(c)所示.

(5) 继续查找 $V'=\{v_2, v_3, v_4, v_7\}$与图 11.11 中顶点相邻接的所有边，发现权值最小的边是(v_4, v_5)，更新 $V'=\{v_2, v_3, v_4, v_5, v_7\}$，$E'=\{(v_2, v_3), (v_2, v_7), (v_4, v_7), (v_4, v_5)\}$，如图 11.14(d)所示.

(6) 继续查找 $V'=\{v_2, v_3, v_4, v_5, v_7\}$与图 11.11 中顶点相邻接的所有边，发现权值最小的边是(v_6, v_7)，更新 $V'=\{v_2, v_3, v_4, v_5, v_6, v_7\}$，$E'=\{(v_2, v_3), (v_2, v_7), (v_4, v_7), (v_4, v_5), (v_6, v_7)\}$，如图 11.14(e)所示.

(7) 继续查找 $V'=\{v_2, v_3, v_4, v_5, v_6, v_7\}$与图 11.11 中顶点相邻接的所有边，发现权值最小的边是(v_1, v_6)，更新 $V'=\{v_1, v_2, v_3, v_4, v_5, v_6, v_7\}$，$E'=\{(v_2, v_3), (v_2, v_7), (v_4, v_7), (v_4, v_5), (v_6, v_7), (v_1, v_6)\}$，如图 11.14(f)所示.

此时访问了所有顶点，算法结束，图 11.14 (f)即为图 11.11 的最小生成树.

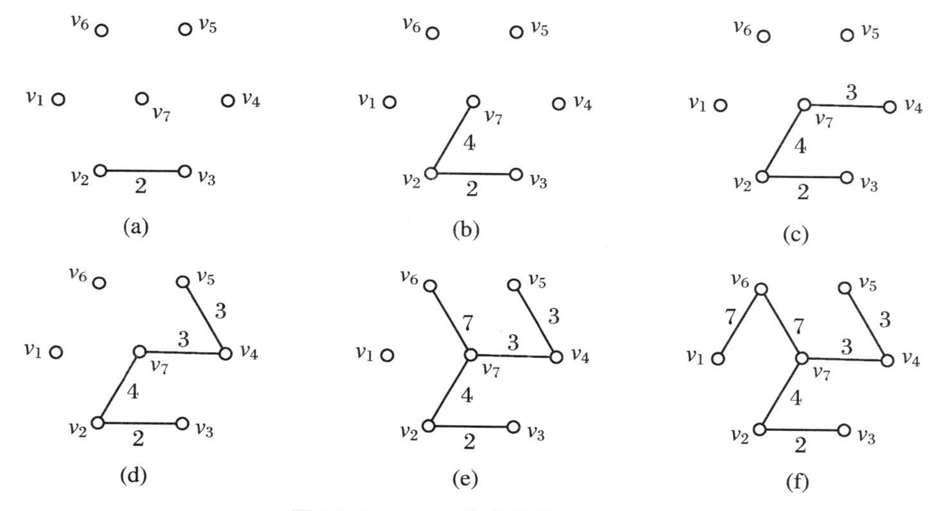

图 11.14　Prim 算法求最小生成树

避圈法是从空图 G 开始，每次都能寻找到最优解，因此它是一种精确求解算法. 同时，避圈法要求对图的边进行寻访，该算法的复杂度只和边数有关系，因此该方法较适合求解边较少的稀疏图. 而当图的边数较多且规模较大时，其求解最小生成树的速度会变慢.

破圈法是从图 G 开始，通过逐步破除掉每个圈中最大的边，生成最小生成树. 破圈法较适合直接在图上寻找最小生成树，当图的规模较大时，可安排若干个人对各个子图同时进行破圈，因此该方法很方便、实用.

Prim 算法是从空图 G 开始，与图中的顶点有关而与边数无关，该算法较适合边数较多的稠密图. 但它是一种近似求解算法，实际应用时得到的不一定是最优解.

破圈法和避圈法的本质是一样的，都是尽可能删掉权值大的边. 避圈法需要先对权值排序后查找，只需一次就可以找到最小生成树. 虽然 Prim 算法是直接查找法，需要多次对邻边排序才能找到，因此避圈法比 Prim 算法效率更高.

习　　题

1. 图 11.5 有六个无向图，指出哪一个是欧拉图，哪一个是哈密顿图，并分别指出其中的欧拉回路和哈密顿回路.

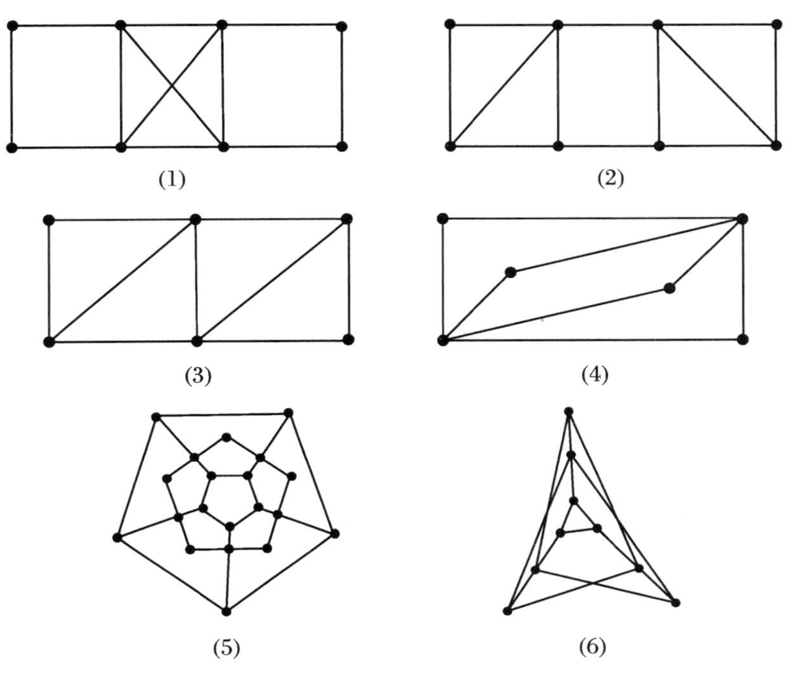

图 11.15

2. 如图 11.16 所示的投递邮区，每条边（街道）都有邮件需投递，各边上所注的数字为该街道的长度. 一位邮递员从邮局选好邮件去投递，他必须经过他所管辖的每条街道至少一次，然后回到邮局，如何选择一条总行程最短的路线？

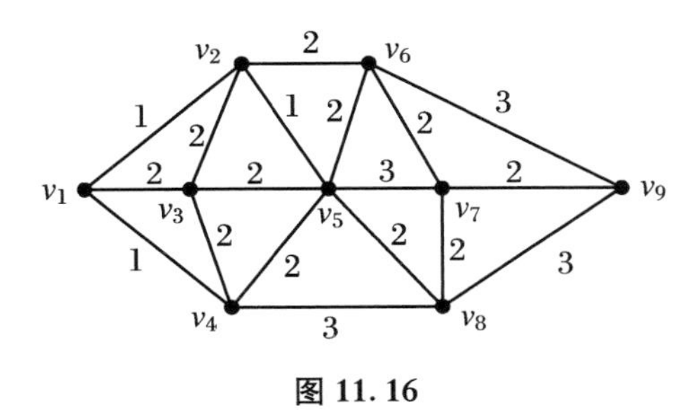

图 11.16

3. 一个旅游者从 10 个城市中的某一个城市出发，去其他 9 个城市旅游. 要求每个城市仅去一次后再回到原出发城市. 应如何选择旅行路线，使总路程最短？各城市之间的距离如表 11.3 所示.

表 11.3　各城市之间的距离

城市	1	2	3	4	5	6	7	8	9	10
1	0	7	4	5	8	6	12	13	11	18
2	7	0	3	10	9	14	5	14	17	17
3	4	3	0	5	9	10	21	8	27	12
4	5	10	5	0	14	9	10	9	23	16
5	8	9	9	14	0	7	8	7	20	19
6	6	14	10	9	7	0	13	5	25	13
7	12	5	21	10	8	13	0	23	21	18
8	13	14	8	9	7	5	23	0	18	12
9	11	17	27	23	20	25	21	18	0	16
10	18	17	12	16	19	13	18	12	16	0

4. 求下列各图的最小生成树.

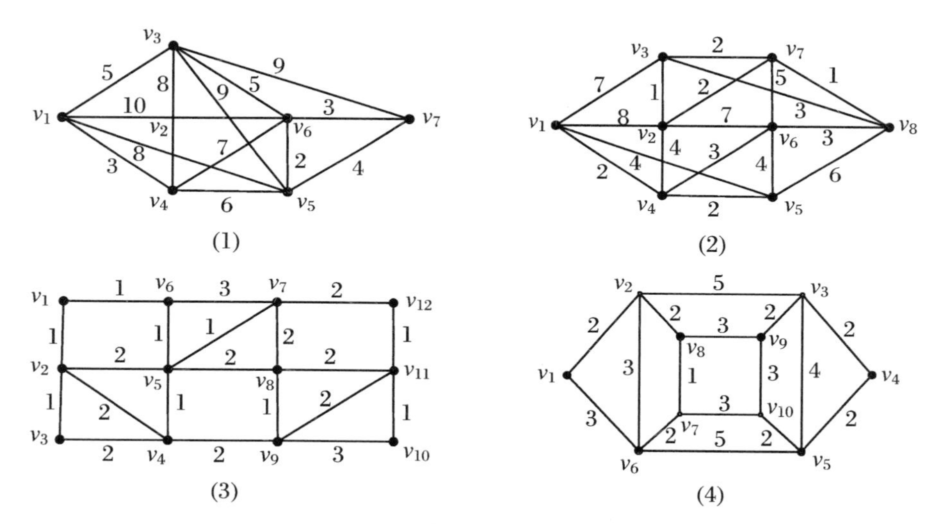

图 11.17

第 12 章　数学建模论文写作与建模案例

12.1　数学建模论文写作

数学建模竞赛论文是提交给专家评阅的唯一材料，也是评定成绩的唯一依据，因此数学建模论文的写作十分重要．数学建模论文要求格式规范、严谨缜密，能完整地表达建模思想．通过数学建模可以锻炼学生的数学建模论文写作能力，为今后科技论文写作打下坚实的基础，同时对学生今后读研或读博也有非常重要的作用．

数学建模论文的结构一般包括题目、摘要与关键词、问题重述、模型假设、符号说明、问题分析、模型的建立、模型的求解与结果分析、模型检验、模型的评价与推广、参考文献、附录等．

12.1.1　题目

对一篇论文的第一印象是从题目开始的．题目应简短精练，便于索引，它是对一篇文章的高度概括，应能提擎全文、标明特点．题目中应包含论文用什么方法或什么模型、研究什么问题等．数学建模竞赛中可以使用所给的题目，也可以自拟题目．一个推荐的自拟题目形式：基于某某理论（算法或模型）的某某问题的研究（求解）．题目长度建议 10～18 个字．

12.1.2　摘要与关键词

摘要是一篇论文的灵魂，它是对整个建模思路不加注释和评论的简短陈述，是整个论文的缩影．看完摘要就要让人非常清楚这篇论文的研究对象、研究思路、创新点、结论和特色等．摘要的写作要求如下：

（1）摘要通常要写在论文的最前面，字数一般在 400～800 字，最好不要超过一页．在论文的其他部分还没有完成之前，不应该写摘要，可在提交论文的前一天写摘要．

（2）摘要的内容要简洁明了、直奔主题、突出重点，要写清楚建模思路，用了什么模型、方法，解决了什么问题，得到了什么结论．

（3）每一个问题的具体解答也要写清楚用了什么数学模型，采用了什么方法求解，得到了什么数据或结论．一般每个小问题之间都有某种内在的联系，因此要注意前后问题的衔接．

（4）如果觉得自己采用的方法有一些创新的地方或发现了其他文献中没有提到的结论或规律，一定要在摘要中将创新点阐释清楚，这样论文的特色就非常突出．

(5) 摘要写完之后，还需要有关键词.关键词主要是为了在论文检索时使用，因此关键词应是论文中的核心词.关键词一般为3～8个(关键词之间用分号分隔)，包括:解决问题用到的关键模型或理论的名称(如“0－1规划”“多元线性回归模型”等)，方法或算法的名称(如“最小二乘法”“蚁群算法”等)，论文中反复提到的一些词等.

12.1.3 问题重述

问题重述是指在对整个建模问题理解透彻的基础上，再把要求回答的问题用自己的语言简洁地表述出来，包括自己对题意的理解、背景知识的扩展、重要概念的约定、建模思路的初步分析等，但不要简单地复述试题所给的建模问题.

12.1.4 模型假设

模型假设是指根据试题中的条件或要求对所建模型作出切合题意的假设.在论文评阅中，模型假设是评价一个数学模型是否合理的重要依据.模型假设写作要求如下：

(1) 模型假设是对实际问题必要的、合理的简化.因此所给的假设应是建立数学模型所必需的，不要假设试题中明确给出的条件，无关的假设不提.

(2) 模型中的假设应使用严谨、确切的数学语言来表达，假设不能出现歧义.

(3) 假设一定要具有合理性.假设的合理性可以在分析问题的过程中得到，或者由所给的数据推测，也可以参考常识或其他资料类推得到.假设是否合理，直接影响模型的结果和优劣，以及模型与实际问题的吻合程度.

(4) 模型假设部分的假设一般是模型中大部分或都会用到的假设，如果只涉及某一具体问题的假设，也可在此问题的模型建立中给出.

(5) 模型假设一般4～6条，不要太多.

12.1.5 符号说明

在论文写作时，由于所建模型较多，符号较多，很容易忽略或弄乱某些变量，因此需对变量集中进行符号说明.此部分一般只说明大部分模型会使用的符号，个别问题中应用的符号也可在相应模型的建立中给予说明.根据需要，符号说明中的变量和参数应与正文中的符号保持一致，一般使用列表法给出符号说明，如表12.1所示.

表12.1 列表法符号说明

序号	符号	意义
1		
2		
3		
4		
…		

12.1.6　问题分析

此部分用来准确表达对问题的整体理解和认识，不必面面俱到，但必须抓住问题的关键，分析要中肯、确切．根据问题的特点，可进行综合性的分析，也可对题目中的若干问题进行逐个分析．一般来说，题目中所给的几个问题之间会有内在的联系，分析时应注意这种层次性和递进性，必要时也可采用流程图，这样会使思路更加清晰．

12.1.7　建立模型

此部分是数学建模论文的核心内容，需要写出：问题分析、模型假设、公式推导、基本模型、参数说明等．基本模型可以是数学公式、算法、方案等．模型的建立要实用、有特色，以有效解决问题为原则．数学建模鼓励创新，但要切合问题实际，不要偏离题意．需要注意的是，对所给出的每一个公式都必须进行解释，包括变量的含义、基于何种理论、有什么物理意义等，可以视其复杂和重要程度有详有略，但必须进行解释说明．

12.1.8　模型的求解与结果分析

此部分是数学建模论文的主要内容，数据繁多而杂乱，因此进行此部分内容的书写时应先理清思路，即各个问题的求解步骤、如何求解以及结果如何分析等．为使得内容清晰有条理，可适当地使用多级标题，完成对问题的分析和求解．写作要求如下：

(1) 要说明计算方法或算法的原理、步骤及使用的软件，若有程序不必放在正文中，可放在附录里．

(2) 计算时可将一些必要的步骤和结果列出来，不用将中间的计算过程和结果一一列出，但涉及试题中要求回答的问题，数值结果或结论须详细列出．

(3) 如果对某一问题的求解有两种或者两种以上的方法，可分别计算求解，并对结果进行对比分析，从而增加文章亮点．

(4) 结果的表达要多样化，尽量要集中、直观，可采用图形、表格等形式．但需要注意的是不能仅仅简单罗列，而要对数据或图表进行详细的分析和阐述．

12.1.9　模型检验

模型检验即对模型的求解结果进行合理性分析，应当说明模型检验的方法、结果以及与原结果的对比分析．模型检验与分析主要有误差分析、算法分析、稳定性分析和灵敏性分析等，需视具体情况而定．另外还应对求解结果进行合理性和适用性检验与分析．如果结果与实际不符，则要找出问题可能出现在哪个步骤上，是模型的问题、程序的问题还是假设的问题等等，找出问题后需要对程序或模型进行改进或重新建模．

12.1.10 模型的评价与推广

模型评价是在建模和求解过程中对所建模型的认识，应包括优点和缺点．模型评价应从求解速度、合理性、稳定性、建模方法创新及算法特色等方面进行评价．一般写4～6条，优点在前，优点要略多于缺点．在写优缺点时要写出合理的理由，不能泛泛而谈．

模型的推广是对所建立的数学模型作更深入的分析探讨，进一步讨论模型的实用性和可行性，将所建的模型推广，用于解决更多的类似问题，提出一些有价值有意义的设想，指出进一步研究的建议．

12.1.11 参考文献

论文中引用他人的成果、资料、数据等，需要按照规范的参考文献的表述格式罗列出来，一般5～10篇为宜．引文部分，应使用带方括号的阿拉伯数字在正文中的右上角按引用的先后顺序标注．常用的参考文献表述格式如下：

1．著作：[序号]著者．书名[M]．版次(初版省略)．出版地：出版者，出版年：页码．

2．期刊：[序号]作者．篇名[J]．刊名(外文期刊按国际标准缩写并省略缩写点)，出版年，卷号(期号)：页码．

3．论文集：[序号]作者．篇名[A]．主编者，论文集名[C]．出版地：出版者，出版年：页码．

4．科学技术报告：[序号]作者．题名[R]．报告题名，编号，出版地：出版者，出版年：页码．

5．学位论文：[序号]作者．题名[D]．保存地点：保存单位，授予年．

6．专利文献：[序号]专利申请者．题名：专利号[P]．公告或公开日期．

7．报纸文章：[序号]作者．题名[N]．报纸名，出版日期(版次)．

8．电子文献：[序号]作者．题名[文献类型]．网页或光盘出版单位，发布时间/下载时间．

12.1.12 附录

附录是正文的补充说明，与正文有关而又不便于写入正文的内容都可以放在附录里．如当数据、图像、表格比较多，放在正文显得臃肿时，就可以放在附录里；还有一些很重要的计算过程、算法程序也可以放在附录里．

12.1.13 其他注意事项

论文的排版很重要，须注意以下事项：

(1) 论文应从摘要之后开始编写页码，页码用阿拉伯数字从“1”开始连续编号，可位于页脚中部．论文中不能出现页眉以及任何显示参赛队员身份的信息．

(2) 论文的标题及正文都应使用统一的字体、字号等．如，论文题目可使用三号黑体字居中；一级标题可使用四号黑体字居中；二级、三级标题可使用小四号黑体字，左端对齐；正文中其他汉字使用小四号宋体，1.5 倍行距.

(3) 文中出现的公式或符号尽量使用公式编辑器编辑. 公式的书写一般单独一行居中且每个公式都要进行编号，编号一般右端对齐.

(4) 在论文中按图出现的先后次序顺序编号，图的标题置于图形下方且居中，图的坐标要写清楚变量名和单位，尺寸大小应统一，点和线应清晰.

(5) 论文中使用的表一般为三线表. 表题一般写在表的上方，居中并对表进行编号.

12.2　基于曲线拟合的电池剩余放电时间预测研究

12.2.1　问题提出

铅酸电池作为电源被广泛用于工业、军事、日常生活中. 在铅酸电池以恒定电流强度放电过程中，电压随放电时间单调下降，直到额定的最低保护电压（U_m，本题中为 9 V）. 从充满电开始放电，电压随时间变化的关系称为放电曲线. 电池在当前负荷下还能供电多长时间（即以当前电流强度放电到 U_m 的剩余放电时间）是使用中必须回答的问题. 电池通过较长时间使用或放置，充满电后的荷电状态会发生衰减.

问题：试建立以 20 A 到 100 A 之间任一恒定电流强度放电时的放电曲线的数学模型，并用 MRE 评估模型的精度. 用表格和图形给出电流强度为 55 A 时的放电曲线.

（本题来自 2016 年全国大学生数学建模竞赛试题 C 题节选）

12.2.2　模型假设

(1) 假设外部噪声等物理因素对电池放电的影响可忽略不计.

(2) 假设所测电池放电是在恒温下进行的.

12.2.3　问题分析

本题为 2016 年高教社杯全国大学生数学建模竞赛 C 题的第二问. 根据数据可作出各电流强度下的放电曲线的散点图，如图 12.1(a)所示. 由图 12.1(a)可知，电池开始放电时电池电压快速下降，处于不稳定状态，放电一段时间后，电池处于稳定放电状态，最后放电即将结束时，电压随时间快速下降. 由于电池在开始放电时不稳定，称为暂态阶段，因此可以将图 12.1(a)中的不稳定放电数据删除，不会影响电池放电的整体趋势. 将电流强度为 20 A 的前 200 min 的数据删除，电流强度为 30～100 A 的前 50 min 的数据删除. 删除数据之后的放电曲线如图 12.1(b)所示. 拟合精度采用平均相对误差 MRE，即从额定的最低保护电压（U_m，本书中为 9 V）开始按不超过 0.005 V 的最大间隔提取 231 个电压样本点. 这些电压值对应的模型已放电时间与采样已放电时间的平均相对误差即为 MRE.

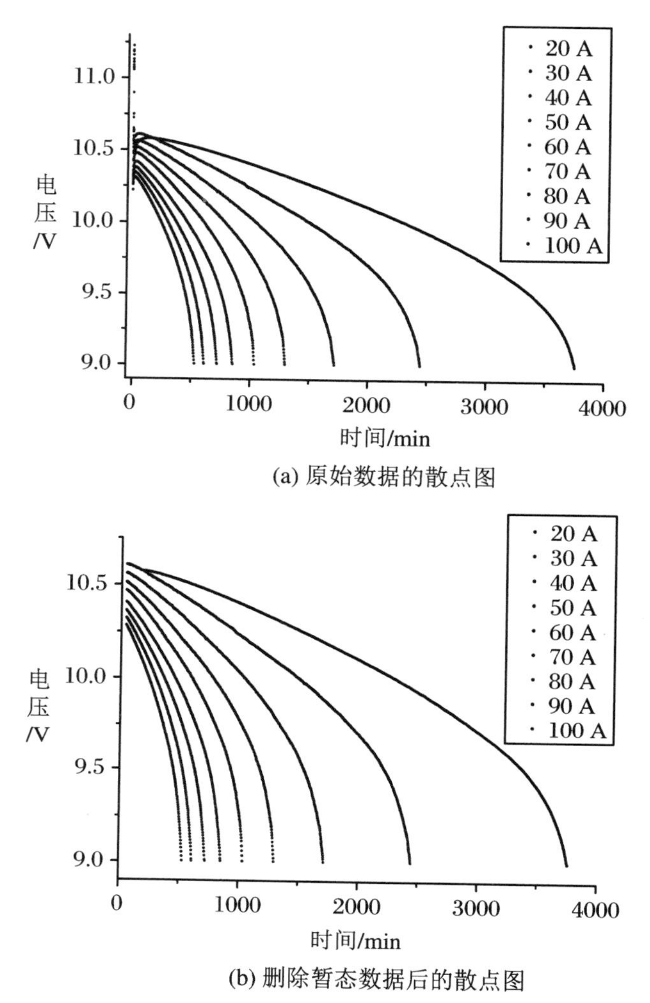

(a) 原始数据的散点图

(b) 删除暂态数据后的散点图

图 12.1 不同电流强度下电池放电曲线图

根据图 12.1(b)的放电趋势,以电流强度为 20 A 的放电曲线为例,若将放电曲线的开始段用直线拟合,则误差太大,如图 12.2 中虚线所示.因此考虑采用二次多项式拟合,结果如图 12.2 中粗实线所示,拟合效果较好.由于在放电结束段电压成指数快速衰减,因此考虑在放电结束段用指数型函数进行曲线拟合.拟合效果可以用原始数据与拟合数据之间的相对误差的绝对值来描述,即相对误差的绝对值 = |原始数据 - 拟合数据|/原始数据.放电开始段取的太短或太长都会使相对误差的绝对值变大.因此,必然存在最佳的拟合时刻点,使相对误差的绝对值达到最小.一般可考虑将放电开始段的终止时间大约选取在放电总时间的 55%处(王占江.阀控式铅酸蓄电池实验平台的设计与建模方法的研究[D].燕山大学,2014).

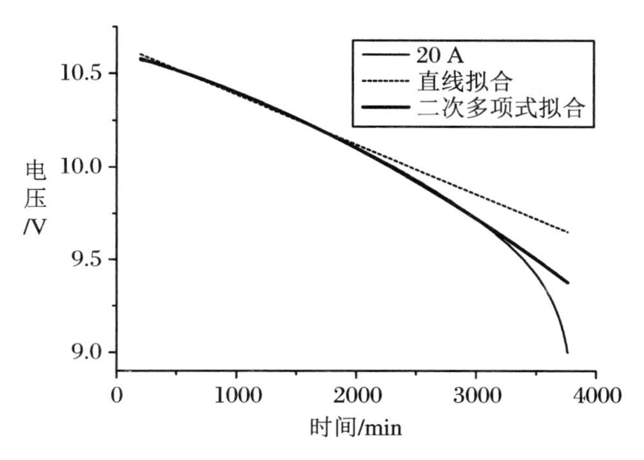

图 12.2　电流强度为 20 A 的放电开始段的拟合效果

12.2.4　模型的建立

由上述分析，可将放电曲线分成放电开始段和放电结束段进行曲线拟合. 放电开始段采用二次多项式进行曲线拟合，放电结束段采用指数型函数进行曲线拟合. 建立模型如下：

$$V(t) = a_0 + a_1 t + a_2 t^2 - \exp[b(t - t_0) + c] \tag{1}$$

式中，常数 a_0，a_1 和 a_2 是二次多项式的拟合系数；常数 b 和 c 表示指数型函数的拟合系数；t_0 是放电开始段的终止时间，t_0 取放电总时间的 55%.

为了建立电池以 20 A 到 100 A 之间任一恒定电流强度放电时的放电曲线的数学模型，将模型(1)中的拟合系数 a_0，a_1，a_2，b，c 和 t_0 分别看成关于电流强度 I 的函数，再对其进行曲线拟合. 建立模型如下：

$$V(t,I) = a_0(I) + a_1(I)t + a_2(I)t^2 - \exp[b(I)(t - t_0(I)) + c(I)] \tag{2}$$

式中，$t_0(I) = t_{00} + t_{01}\left[1 - \exp\left(-\dfrac{I}{t_{02}}\right)\right] + t_{03}\left[1 - \exp\left(-\dfrac{I}{t_{04}}\right)\right]$，$a_0(I) = a_{00} + a_{01}I$，$a_1(I) = a_{10} + a_{11}I$，$a_2(I) = a_{20} + a_{21}I + a_{22}I^2$，$b(I) = b_{00} + b_{01}I$，$c(I) = c_{00} + c_{01}I$.

12.2.5　模型的求解

利用模型(1)可以拟合不同电流强度下的放电曲线. 表 12.1 中 t_0 取放电总时间的 55%，其余参数则是根据模型(1)采用最小二乘拟合得到的在不同电流强度下的拟合系数，其拟合曲线如图 12.3 所示. 图 12.3 中黑色点线是图 12.1(b)的实测放电曲线，实线是拟合结果，从图 12.3 可看出拟合效果较好. 另外，通过计算不同电流强度下的 *MRE* 值，*MRE* 值均未超过 1‰，如表 12.2 所示，拟合效果较好. 根据模型(1)，在电流强度分别为 30 A、40 A、50 A、60 A 和 70 A 放电下，测得电压都为 9.8 V 时，电池的剩余放电时间分别约为 610 min，441 min，339 min，281 min，257 min.

表 12.1 不同电流强度下的拟合系数

电流强度 I(A)	t_0(min)	a_0	a_1	a_2	b	c
20	2070.2	10.61297	−1.72E−04	−4.02E−08	0.00507	−9.56258
30	1349.7	10.62828	−3.36E−04	−5.71E−08	0.00652	−8.07873
40	948.2	10.58206	−4.09E−04	−1.45E−07	0.00834	−7.37480
50	719.4	10.53414	−4.89E−04	−2.58E−07	0.01165	−7.79250
60	574.2	10.49585	−5.76E−04	−4.23E−07	0.01440	−7.75777
70	474.1	10.43620	−6.55E−04	−6.30E−07	0.01591	−7.11572
80	401.5	10.39336	−7.10E−04	−9.62E−07	0.01982	−7.54299
90	341.0	10.36102	−8.23E−04	−1.28E−06	0.02091	−6.87489
100	295.9	10.32807	−9.48E−04	−1.68E−06	0.02475	−7.13458

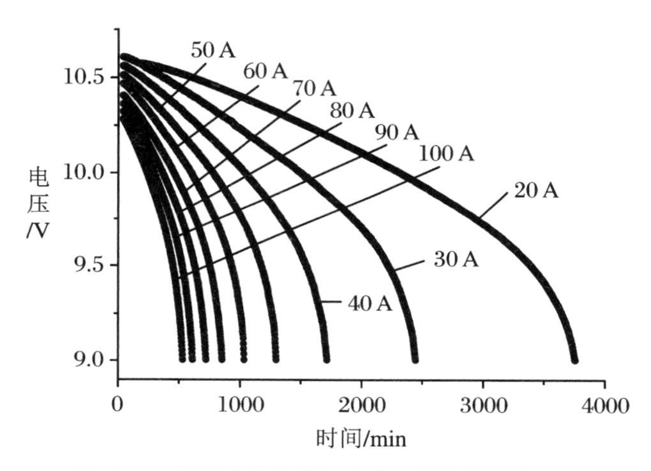

图 12.3 不同电流下的放电电压曲线的拟合结果

表 12.2 不同电流下的平均相对误差 *MRE*

电流强度 I(A)	20	30	40	50	60	70	80	90	100
MRE	0.000924	0.000471	0.000525	0.000506	0.000447	0.000246	0.000263	0.000211	0.000195

根据表 12.1 中数据的特点，$t_0(I)$用指数型函数拟合，$a_2(I)$用二次多项式拟合，$a_0(I)$，$a_1(I)$，$b(I)$和 $c(I)$都用直线拟合，其拟合系数如表 12.3 所示. 图 12.4 是 $t_0(I)$，$a_0(I)$，$a_1(I)$，$a_2(I)$，$b(I)$和 $c(I)$拟合结果. 除 c 拟合效果较差之外，其余的拟合效果较好. 但参数 $c(I)$对拟合曲线不起决定作用，因此对模型(2)的影响较小.

表 12.3　各拟合系数

t_{00}	t_{01}	t_{02}	t_{03}
6059.93069	−1113.22491	93.84646	−5040.39226
t_{04}	a_{00}	a_{01}	a_{10}
14.46396	10.7553	−0.00439	−3.56E−05
a_{11}	a_{20}	a_{21}	a_{22}
−8.89E−06	−1.83E−07	1.23E−08	−2.72E−10
b_{00}	b_{01}	c_{00}	c_{01}
−7.57E−04	2.49E−04	−9.05912	0.02277

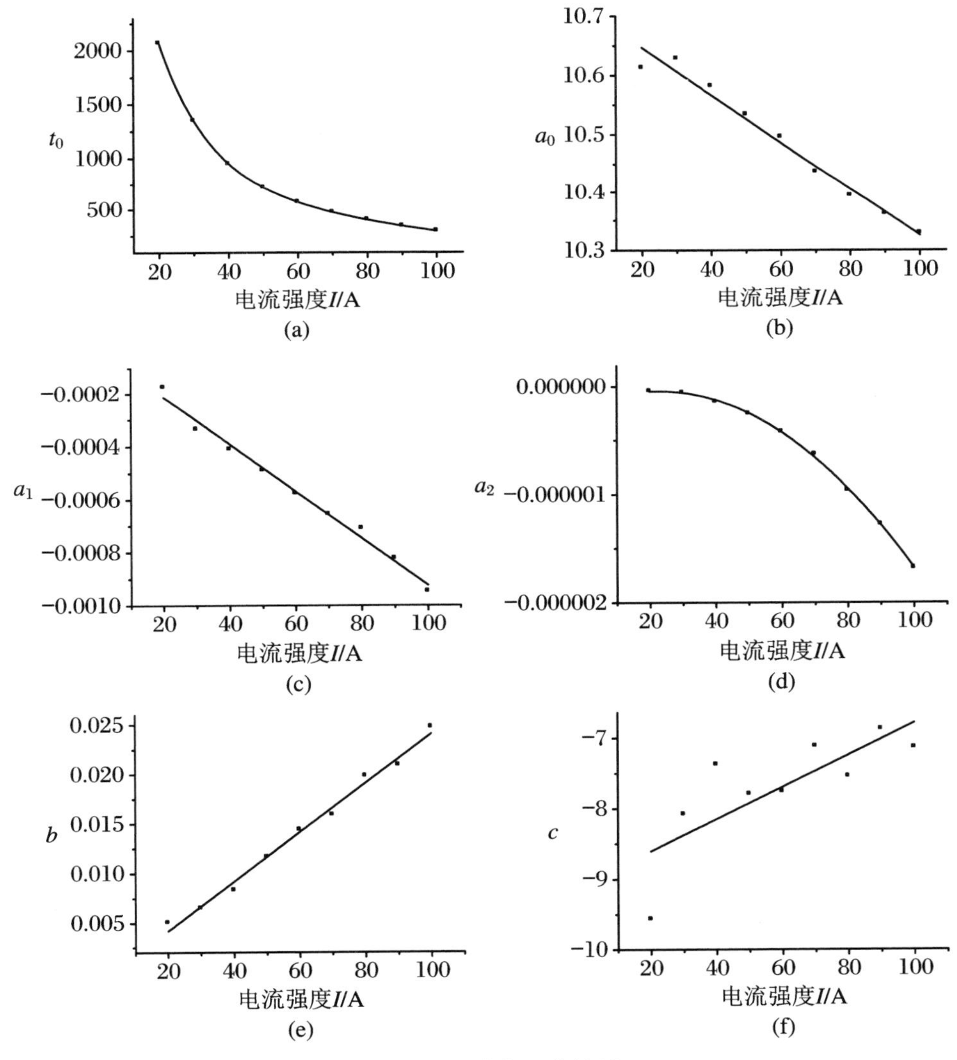

图 12.4　各参数拟合结果

由表 12.3 的拟合系数可得 $t_0(I)$，$a_0(I)$，$a_1(I)$，$a_2(I)$，$b(I)$和 $c(I)$的函数表达式，从而利用模型(2)可计算得到电池从 20 A 到100 A之间任一恒定电流强度放电时的放电曲线. 表 12.4 是电流强度为 55 A 时模型(2)的各个参数值，其放电曲线如图 12.5 所示. 图 12.5 中粗实线是电流强度为 55 A 的预测曲线，细实线和点线分别是电流强度为 50 A 和 60 A 的实测曲线. 电流强度为 55 A 的放电曲线在 10 V，9.8 V，9.5 V，9 V 对应的已放电时间约为 682 min，868 min，1056 min，1178 min；相应的剩余放电时间分别是 496 min，310 min，122 min，0 min.

表 12.4　电流强度为 55 A 的模型参数

I(A)	t_0(min)	a_0	a_1	a_2	b	c
55	638.3081	10.5139	−0.0005243	−3.32E−07	0.012912	−7.80677

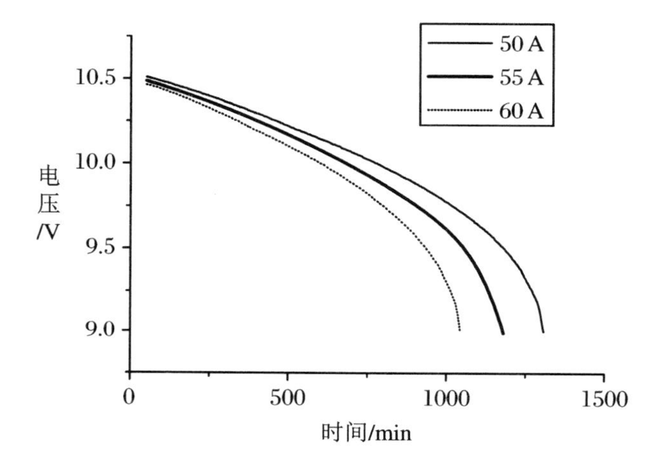

图 12.5　电流强度为 55 A 时电池的放电曲线

12.2.6　模型评价

通过最小二乘拟合建立预测铅酸电池放电时间的数学模型，得到了电池从 20 A 到 100 A之间任一恒定电流强度放电时的放电曲线. 该模型可较准确地预测电池剩余放电时间. 但由于 $t_0(I)$，$a_0(I)$，$a_1(I)$，$a_2(I)$，$b(I)$和 $c(I)$是通过拟合得到的，因此在拟合的过程中会产生一定的误差，从而会影响模型(2)的预测精度，因此模型(2)的拟合效果还有进一步的提升空间.

12.3 非线性逐步回归在颜色与物质浓度辨识中的应用

12.3.1 问题提出

比色法是目前常用的一种检测物质浓度的方法，即把待测物质制备成溶液后滴在特定的白色试纸表面，等其充分反应以后获得一张有颜色的试纸，再把该颜色试纸与一个标准比色卡进行对比，就可以确定待测物质的浓度档位了.由于每个人对颜色的敏感差异和观测误差，使得这一方法在精度上受到很大影响.随着照相技术和颜色分辨率的提高，希望建立颜色读数和物质浓度的数量关系，即只要输入照片中的颜色读数就能够获得待测物质的浓度.

问题：根据数据，建立颜色读数和物质浓度的数学模型，并给出模型的误差分析.

（本题来自 2017 年全国大学生数学建模竞赛试题 C 题节选）

12.3.2 模型假设

（1）假设其他物理因素对浓度的影响可忽略不计.

（2）假设各组颜色数据的读取设备是相同的.

12.3.3 问题分析

颜色读数和物质浓度的关系一般是多元非线性关系，如何建立它们之间的数量关系成为该问题研究的重点.大多数的研究是利用多项式拟合、多元非线性回归、差值分析和主成分分析等方法建立数学模型.本研究运用相关性分析和多元非线性逐步回归分析方法，通过逐步剔除最不显著的变量，建立最优的物质浓度与颜色读数的数学模型.利用该模型可以较好地建立颜色读数和物质浓度的数量关系，也为实际的物质浓度辨识问题提供理论参考.

SO_2 质量浓度（mg/L）和颜色读数的原始数据，如表 12.5 所示.表 12.5 中的 B,G,R,H,S 的含义依次为蓝色颜色值、绿色颜色值、红色颜色值、色调、饱和度.为了分析 SO_2 质量浓度与颜色读数之间的关系，对其进行相关性分析.表 12.6 是 SO_2 质量浓度与物质颜色读数的相关系数.从表 12.6 可看出，SO_2 质量浓度与 B,G,R 和 H 的相关系数的绝对值较大，与 S 的相关系数的绝对值稍小，但 S 的作用不能忽略.因此认为 SO_2 质量浓度受 R,G,B,S 和 H 等 5 个变量的影响.

表 12.5 SO_2 质量浓度与物质颜色读数的原始数据

质量浓度(mg/L)	*R*	*G*	*B*	*S*	*H*
0	153	148	157	138	14
0	153	147	157	138	16
0	153	146	158	137	20
0	153	146	158	137	20
0	154	145	157	141	19
20	144	115	170	135	82
20	144	115	169	136	81
20	145	115	172	135	83
30	145	114	174	135	87
30	145	114	176	135	89
30	145	114	175	135	89
30	146	114	175	135	88
50	142	99	175	137	110
50	141	99	174	137	109
50	142	99	176	136	110
80	141	96	181	135	119
80	141	96	182	135	119
80	140	96	182	135	120
100	139	96	175	136	115
100	139	96	174	136	114
100	139	96	176	136	116
150	139	86	178	136	131
150	139	87	177	137	129
150	138	86	177	137	130
150	139	86	178	137	131

表 12.6 SO_2 质量浓度与颜色读数的相关系数

	R	*G*	*B*	*S*	*H*
相关系数	−0.8755	−0.8561	0.7733	−0.3349	0.8341

12.3.4 模型的建立与求解

1. 模型Ⅰ的建立与求解

根据 SO_2 质量浓度和颜色读数的相关性分析,可初步考虑建立五元线性回归模型,称为

模型Ⅰ,表达式为

$$y = c_0 + c_1x_1 + c_2x_2 + c_3x_3 + c_4x_4 + c_5x_5 + \varepsilon \tag{1}$$

式中,x_1——蓝色颜色值(B);x_2——绿色颜色值(G);x_3——红色颜色值(R);x_4——色调(H);x_5——饱和度(S);y——SO_2 质量浓度;c_0,c_1,c_2,c_3,c_4,c_5——回归系数;ε——随机误差变量.

利用 EViews 软件,采用最小二乘法对模型Ⅰ进行计算,参数估计和方差分析见表 12.7.

表 12.7　参数估计与方差分析

变量	回归系数	标准误差	t 检验	p
c_0	2846.291	1235.651	2.303474	0.0327
x_1	0.647167	5.813786	0.111316	0.9125
x_2	−19.92775	5.118964	−3.892926	0.001
x_3	5.272859	3.886134	1.356839	0.1907
x_4	−4.89616	6.072409	−0.806296	0.43
x_5	−10.3539	3.358777	−3.08264	0.0061

判定系数 R^2	0.8996	因变量均值	58.80
调整的判定系数 $\overline{R}^2$	0.8731	因变量标准差	52.0673
回归的标准差	18.5451	AIC 准则	8.8839
残差平方和	6543.492	施瓦茨准则	9.1764
似然估计值	−105.0481	H-Q 准则	8.9650
F 统计量	34.03664	DW 统计量	0.6694
F 统计量的伴随概率	0.0000		

2. 模型Ⅰ的检验及修正

从表 12.7 可看出模型Ⅰ的判定系数 $R^2 = 0.8996$ 和修正的调整的判定系数 $\overline{R}^2 = 0.8731$,2 个值均很高. F 统计量对应的 $p<0.0001$,说明模型较显著,但 x_1,x_3 和 x_4 的 t 检验没有通过,说明可能存在多重共线性. 下面采用逐步回归方法对模型Ⅰ进行修正,逐步剔除不显著变量 x_1,x_3,x_4 后的统计结果如表 12.8 所示,其逐步回归的拟合图如图 12.6 所示. 图 12.6 的横坐标为因变量 y 的观测序号,纵坐标代表因变量 y 的取值.

表 12.8　参数估计与方差分析

变量	回归系数	标准误差	t 检验	p
c_0	1802.638	304.8909	5.912402	0.0000
x_2	−11.73495	1.942898	−6.03992	0.0000
x_5	−5.048233	1.01908	−4.953714	0.0001

判定系数 R^2	0.8829	因变量均值	58.80
调整的判定系数 $\overline{R}^2$	0.8722	因变量标准差	52.0673

续表

回归的标准差	18.61322	AIC 准则	8.7978
残差平方和	7621.947	施瓦茨准则	8.9441
似然估计值	−106.9724	H-Q 准则	8.8384
F 统计量	82.9004	DW 统计量	0.6773
F 统计量的伴随概率	0.0000		

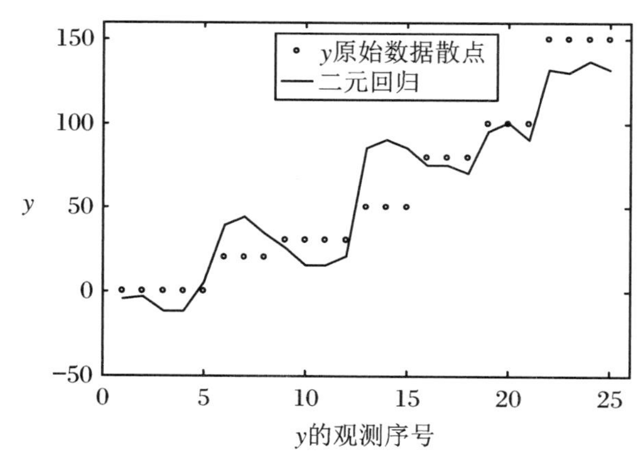

图 12.6　逐步回归拟合曲线

3．模型Ⅱ的建立与求解

根据图 12.6 的拟合效果可看出，虽然模型Ⅰ通过逐步回归后各变量明显变得显著了，但拟合效果较差，说明 SO_2 质量浓度与各颜色读数之间不是简单的线性关系，因此考虑建立五元完全二次多项式回归模型，标记为模型Ⅱ，表达式为

$$y = b_0 + b_1 x_1 + \cdots + b_5 x_5 + \sum_{1 \leqslant j,k \leqslant 5} b_{jk} x_j x_k + \varepsilon \tag{2}$$

式中，$b_0, b_1, b_2, b_3, b_4, b_5, b_{jk}(1 \leqslant j,\ k \leqslant 5)$ 为回归系数．通过如下的变换可将式(2)的非线性问题转化成线性问题求解．

令 $z_1 = x_1, z_2 = x_2, z_3 = x_3, z_4 = x_4, z_5 = x_5, z_{12} = x_1\ x_2, z_{13} = x_1\ x_3, z_{14} = x_1\ x_4, z_{15} = x_1\ x_5, z_{23} = x_2\ x_3, z_{24} = x_2\ x_4, z_{25} = x_2\ x_5, z_{34} = x_3\ x_4, z_{35} = x_3\ x_5, z_{45} = x_4\ x_5, z_{11} = x_1\ x_1, z_{22} = x_2\ x_2, z_{33} = x_3\ x_3, z_{44} = x_4\ x_4, z_{55} = x_5\ x_5$.

变换后的方程为

$$y = b_0 + b_1 z_1 + \cdots + b_5 z_5 + \sum_{1 \leqslant j,k \leqslant 5} b_{jk} z_{jk} + \varepsilon \tag{3}$$

利用 EViews 求解模型Ⅱ变换后的参数估计，结果如表 12.9 所示．

表 12.9　参数估计与方差分析

变量	回归系数	标准误差	t 检验	p
b_0	−229217.1	134753.2	−1.701	0.1642
z_1	−5683.8	992.6076	−5.7261	0.0046

续表

变量	回归系数	标准误差	t 检验	p
z_2	−304.357	1087.695	−0.2798	0.7935
z_3	4983.422	960.3405	5.1892	0.0066
z_4	4478.053	888.3369	5.0409	0.0073
z_5	−1706.2	863.1145	−1.9768	0.1192
z_{12}	−2.8934	2.5239	−1.1464	0.3155
z_{13}	−0.4375	1.1041	−0.3962	0.7122
z_{14}	15.7163	3.7928	4.1437	0.0143
z_{15}	2.1781	1.4863	1.4654	0.2167
z_{23}	−5.3552	1.6659	−3.2145	0.0324
z_{24}	2.9581	4.712	0.6278	0.5642
z_{25}	4.3865	2.4861	1.7644	0.1524
z_{34}	−26.5071	4.8013	−5.5209	0.0053
z_{35}	−2.6943	1.1235	−2.3982	0.0745
z_{45}	8.0521	3.6118	2.2294	0.0897
z_{11}	12.9711	2.1265	6.0999	0.0037
z_{22}	3.8347	2.1794	1.7596	0.1533
z_{33}	−1.4015	0.9285	−1.5095	0.2057
z_{44}	−11.9128	2.4121	−4.9388	0.0078
z_{55}	1.5428	0.7386	2.0887	0.105

判定系数 R^2	0.9998	因变量均值	58.8
调整的判定系数 $\overline{R}^2$	0.99899	因变量标准差	52.0673
回归的标准差	1.6506	AIC 准则	3.6876
残差平方和	10.8982	施瓦茨准则	4.7115
似然估计值	−25.09501	H-Q 准则	3.9716
F 统计量	1193.830	DW 统计量	1.9319
F 统计量的伴随概率	0.0000		

4．模型Ⅱ的检验及修正

由于表12.9中 $R^2=0.9998$，$\overline{R}^2=0.99899$，$p<0.0001$，表明回归方程(3)总体上是极显著的，但表12.9中的 b_0，z_2，z_5，z_{12}，z_{13}，z_{15}，z_{24}，z_{25}，z_{35}，z_{45}，z_{22}，z_{33} 和 z_{55} 的 t 检验对应的 p 值均大于0.05.在0.05的显著性水平下，回归方程(3)中的这些项都是不显著的，其中 z_2 最不显著，其次是 z_{13}，z_{24} 和 z_{12}，说明方程(3)可能存在多重共线性.

下面将这些最不显著项 z_2，z_{12}，z_{13} 和 z_{24} 依次去掉，作逐步回归分析，得到逐步回归后的参数估计和方差分析，如表12.10所示.

表 12.10 参数估计与方差分析

变量	回归系数	标准误差	t 检验	p
b_0	−252567.8	50778.22	−4.9739	0.0011
z_1	−6037.135	535.7399	−11.2688	0.0000
z_3	4888.031	443.1022	11.0314	0.0000
z_4	4960.786	547.9937	9.0526	0.0000
z_5	−1546.838	134.2635	−11.5209	0.0000
z_{14}	19.9124	2.0652	9.6417	0.0000
z_{15}	3.0443	0.2858	10.6531	0.0000
z_{23}	−5.5131	1.424	−3.8715	0.0047
z_{25}	3.6335	1.0206	3.56	0.0074
z_{34}	−25.8906	2.3336	−11.0946	0.0000
z_{35}	−2.6731	0.9818	−2.7227	0.0261
z_{45}	6.7745	0.6271	10.8031	0.0000
z_{11}	10.5751	0.9858	10.7278	0.0000
z_{22}	2.8276	0.6995	4.0425	0.0037
z_{33}	−1.5057	0.618	−2.4365	0.0408
z_{44}	−14.6708	1.7107	−8.5761	0.0000
z_{55}	1.3753	0.3623	3.7963	0.0053

判定系数 R^2	0.9996	因变量均值	58.8
调整的判定系数 $\overline{R}^2$	0.9989	因变量标准差	52.0673
回归的标准差	1.7053	AIC 准则	4.1259
残差平方和	23.2646	施瓦茨准则	4.9548
似然估计值	−34.5742	H-Q 准则	4.3558
F 统计量	1397.85	DW 统计量	1.8613
F 统计量的伴随概率	0.0000		

从表 12.10 的参数估计可看出，剔除变量 $z_2, z_{12}, z_{13}, z_{24}$ 后，回归方程的每一项均在显著性水平 0.05 以下，p 值均小于 0.05，表明每一项均是显著的. 表 12.10 中的 F 值明显大于表 12.9 中的 F 值，也说明通过逐步回归后的模型优于逐步回归之前的模型.

为了进一步检验逐步回归后的模型是否存在异方差，下面对逐步回归后的模型进行 White 检验. 构造辅助函数

$$e^2 = \gamma_0 + \gamma_1 \hat{y} + \gamma_2 \hat{y}^2 + \varepsilon \tag{4}$$

式中，e^2——残差的平方；$\hat{y}$——回归函数的拟合值；ε——随机误差项.

辅助回归估计结果为

$$e^2 = -0.2121 + 0.03491\hat{y} - 0.0002\hat{y}^2 \tag{5}$$

$F=3.06556(p=0.0669)$，$R^2=0.21795$. 由于 $nR^2=5.4487<\chi^2_{0.05}(2)=5.9915$，故逐步回归后的模型不存在异方差性.

根据非线性逐步回归分析后的模型可得到原始数据的散点和逐步回归后的拟合图，如图 12.7 所示. 从图 12.7 可看出，非线性逐步回归分析后的模型拟合效果较好.

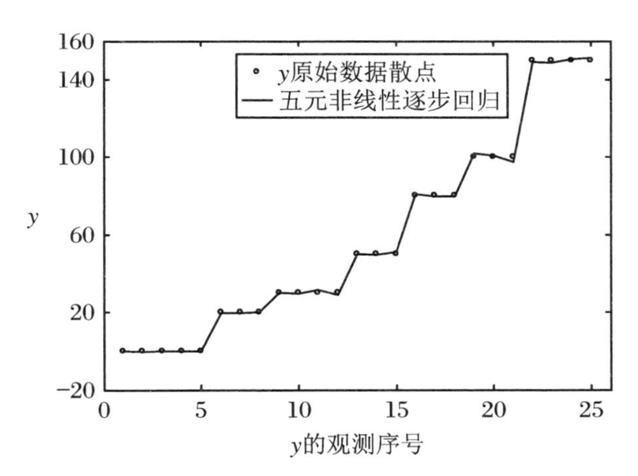

图 12.7　非线性逐步回归拟合曲线

12.3.5　模型评价

依据 SO_2 质量浓度与颜色读数的数据，先后建立五元线性回归模型和五元非线性回归模型，并不断检验和修正 SO_2 质量浓度与颜色读数间的回归关系. 通过变换将非线性回归模型转化成线性回归模型，再对变换后的线性回归模型进行逐步回归分析，剔除不显著变量，最终得到了最优的非线性回归模型. 对比分析可知非线性逐步回归模型拟合效果较好，且不存在异方差性. 因此该模型具有较好的实用价值和理论研究意义. 此外，此次只研究了 SO_2 质量浓度与各颜色读数之间的多元非线性回归模型，也可进一步研究 SO_2 质量浓度与单个颜色读数之间的相关关系.

12.4　基于主成分回归的颜色与物质浓度辨识的研究

12.4.1　问题提出

比色法是目前常用的一种检测物质浓度的方法，即把待测物质制备成溶液后滴在特定的白色试纸表面，等其充分反应以后获得一张有颜色的试纸，再把该颜色试纸与一个标准比色卡进行对比，就可以确定待测物质的浓度档位了. 由于每个人对颜色的敏感差异和观测误差，使得这一方法在精度上受到很大影响. 随着照相技术和颜色分辨率的提高，希望建立颜色读数和物质浓度的数量关系,即只要输入照片中的颜色读数就能够获得待测物质的浓度.

问题:根据5种物质在不同浓度下的颜色读数,讨论从这5组数据中能否确定颜色读数和物质浓度之间的关系,并给出一些准则来评价这5组数据的优劣.

(本题来自2017年全国大学生数学建模竞赛试题C题节选)

12.4.2 模型假设

(1) 假设其他物理因素对浓度的影响可忽略不计.

(2) 假设各组颜色数据的读取设备是相同的.

12.4.3 问题分析

人们希望知道颜色读数就能很快地获得待测物质的浓度,这就需要建立一个合理的物质浓度和颜色读数的数学模型,即只要输入给定物质的颜色读数就可获得待测物质的浓度.已有研究表明,通过多元线性回归、多元非线性回归、插值以及拟合等方法建立的数学模型能较好地解决颜色读数与物质浓度辨识的问题.但在数据量较少的情况下,这些方法较难建立合理的物质浓度和颜色读数的数学模型.因此,本研究运用主成分分析的降维技术,选取合适的主成分,从而建立起主成分回归模型.该模型可很好地建立物质浓度和颜色读数之间的数量关系,也为现实的物质浓度辨识问题提供理论依据.

题目的问题中有五组数据,下面以组胺的数据为例建立数学模型,其他组数据可类似建模.表12.11是组胺浓度和颜色读数的原始数据.表12.11中的浓度单位为ppm,B表示蓝色颜色读数,G表示绿色颜色读数,R表示红色颜色读数,H表示色调读数,S表示饱和度读数.

表 12.11 组胺浓度与颜色读数的原始数据

浓度(ppm)	B	G	R	H	S
0	68	110	121	23	111
100	37	66	110	12	169
50	46	87	117	16	155
25	62	99	120	19	122
12.5	66	102	118	20	112
0	65	110	120	24	115
100	35	64	109	11	172
50	46	87	118	16	153
25	60	99	120	19	126
12.5	64	101	118	20	115

由于组胺浓度与颜色读数单位不一致,可先对原始数据进行标准化处理.z-score标准化处理方法如下:

$$x_{ij}^{*} = \frac{x_{ij} - \bar{x}_j}{\sigma(x_j)} \tag{1}$$

式中，$\sigma(x_j) = \sqrt{\frac{1}{n-1}\sum_{i=1}^{n}(x_{ij} - \bar{x}_j)^2}$，$\bar{x}_j = \frac{1}{n}\sum_{i=1}^{n} x_{ij}$，$(i = 1,2,\cdots,10; j = 1,2,\cdots,6)$.

经标准化处理后组胺浓度与颜色读数的相关系数如表12.12所示.由表12.12知，组胺浓度与各颜色读数的相关系数的绝对值均大于0.9，因此可认为组胺浓度受B,G,R,H和S五个变量的影响.

表12.12 组胺浓度与颜色读数的相关系数

	B	G	R	H	S
浓度	−0.968	−0.998	−0.949	−0.972	0.956

12.4.4 多元线性回归模型的建立与求解

1. 五元线性回归模型的建立

根据组胺浓度和颜色读数的相关性分析，可建立如下的五元线性回归模型：

$$y = b_0 + b_1x_1 + b_2x_2 + b_3x_3 + b_4x_4 + b_5x_5 + \varepsilon \tag{2}$$

式中，变量x_1，x_2,x_3,x_4,x_5分别表示B,G,R,H和S的读数，变量y表示组胺浓度；b_0，b_1,b_2,b_3,b_4,b_5表示回归系数，ε表示随机误差变量.

利用EViews软件作最小二乘的计算结果如表12.13所示.由表12.13知，判定系数$R^2=0.9996$，调整的判定系数$\overline{R}^2=0.9991$，F检验的$p<0.0001$，说明模型是极显著的，但不能说明模型中的每一项是显著的.表12.13中的常数项和x_5的t检验对应的p值均大于显著性水平0.05，说明这两项是不显著的，模型可能存在多重共线性.

表12.13 参数估计与方差分析

变量	回归系数	标准误差	t检验	p
b_0	−212.765	84.17136	−2.52776	0.0648
x_1	2.854827	0.908932	3.14086	0.0348
x_2	−4.487319	0.446983	−10.03912	0.0006
x_3	2.321337	0.653328	3.553097	0.0237
x_4	4.593245	0.866299	5.302146	0.0061
x_5	1.141519	0.42983	2.655748	0.0566

判定系数R^2	0.9996	因变量均值	37.5
调整的判定系数$\overline{R}^2$	0.9991	因变量标准差	37.2678
回归的标准差	1.1455	AIC准则	3.3933
残差平方和	5.2486	施瓦茨准则	3.5748
似然估计值	−10.9663	H-Q准则	3.1941
F统计量	1904.461	DW统计量	1.8069
F统计量的伴随概率	0.0000		

2. 多重共线性诊断

多重共线性可通过各解释变量之间的相关系数和方差扩大因子 VIF_i 来诊断.第 i 个解释变量的方差扩大因子定义为

$$VIF_i = \frac{1}{1 - R_i^2} \tag{3}$$

式中,R_i^2 表示以 x_i 为被解释变量对其余解释变量作回归的判定系数. R_i^2 越大,VIF_i 就越大,多重共线性就越严重.一般认为,$VIF_i \geqslant 10$ 存在着严重的多重共线性,且严重影响最小二乘的估计.

由表 12.14 可看出,各解释变量之间的相关系数的绝对值都在 0.8 以上,表明存在多重共线性.进一步作辅助回归,可得到各解释变量的方差扩大因子 VIF_i,如表 12.14 所示.表 12.14 中各解释变量的方差扩大因子均远大于 10,说明模型确实存在着严重的多重共线性.

表 12.14 变量的相关系数矩阵及方差扩大因子 VIF_i

	x_1	x_2	x_3	x_4	x_5
x_1	1	0.9684	0.8705	0.9516	−0.9979
x_2	0.9684	1	0.9446	0.9844	−0.9556
x_3	0.8705	0.9446	1	0.892	−0.8428
x_4	0.9516	0.9844	0.892	1	−0.9422
x_5	−0.9979	−0.9556	−0.8428	−0.9422	1
VIF_i	900.9198	370.6863	51.6893	93.7981	760.8914

12.4.5 主成分回归模型的建立与求解

主成分回归是通过降维技术把多个解释变量转化为少数几个主成分再作回归分析的方法,因此主成分回归可有效地降低多重共线性带来的影响.各解释变量的相关矩阵的特征值及累积贡献率如表 12.15 所示.表 12.15 中,第一个主成分的累积贡献率就达到了 94.846%,表明第一个主成分里就包含了原始数据 94.846%的信息量,因此可选取第一个主成分.第一个主成分的表达式为

$$z = 0.451868x_1 + 0.457713x_2 + 0.428646x_3 + 0.450076x_4 - 0.44722x_5 \tag{4}$$

表 12.15 相关矩阵的特征值及贡献率

特征值	差值	贡献率	累积贡献率
4.7423	4.5486	94.846%	94.846%
0.19371	0.13234	3.8741%	98.7201%
0.06137	0.05934	1.22737%	99.9475%
0.00202	0.00142	0.04049%	99.988%
0.0006		0.01203%	100%

下面用 y 对主成分 z 作回归,构造主成分回归方程为

$$\hat{y} = c_0 + c_1 z + c_2 z^2 + \varepsilon \tag{5}$$

利用普通最小二乘法即可得到方程(5)的参数估计为

$$\hat{y} = -0.0435 - 0.4415z + 0.0102z^2 \tag{6}$$

由方差分析表 12.16 知，F 的值为 351.69，对应的 $p<0.0001$，判定系数 $R^2=0.9901$，调整的判定系数 $\overline{R}^2=0.9873$，说明模型是极显著的. 将方程(4)中的 z 代回方程(6)可得标准化的主成分回归方程. 图 12.8 是主成分回归的拟合图. 图 12.9 是主成分回归的残差图. 通过拟合图和残差图可知主成分回归拟合较好.

表 12.16　方差分析

方差来源	平方和	均方	F 值	p
回归	8.9113	4.4557	351.69	0
残差	0.0887	0.0127		
均方根误差	0.1126	判定系数 R^2	0.9901	
因变量均值	0.0000	调整的判定系数 $\overline{R}^2$	0.9873	

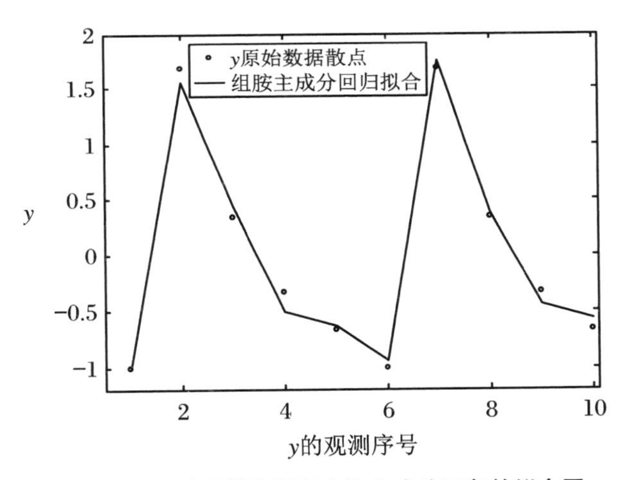

图 12.8　组胺原始数据散点和主成分回归的拟合图

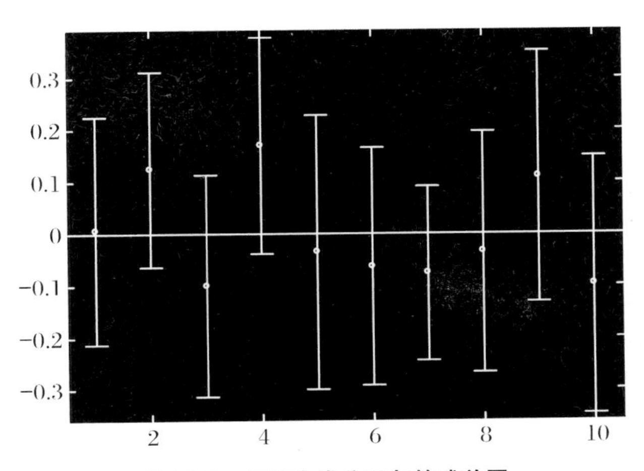

图 12.9　组胺主成分回归的残差图

12.4.6 模型评价

本研究依据组胺浓度与颜色读数的数据，首先建立五元线性回归模型，通过多重共线性的诊断，判断五元线性回归模型存在严重的多重共线性．其次运用主成分分析，通过有效的降维，建立了主成分回归模型，从而有效地降低了模型的多重共线性．最后通过方差分析和拟合图说明主成分回归模型拟合效果较好．因此该模型对实际的物质浓度与颜色读数的辨识问题的研究具有较好的实用价值和理论指导意义．

12.5 巡检线路的排班问题

12.5.1 问题提出

某化工厂有 26 个点需要进行巡检以保证正常生产，巡检示意图如图 12.10 所示．各个巡检点的巡检周期、巡检耗时、两点之间的连通关系及行走所需时间如表 12.17 和表 12.18 所示．

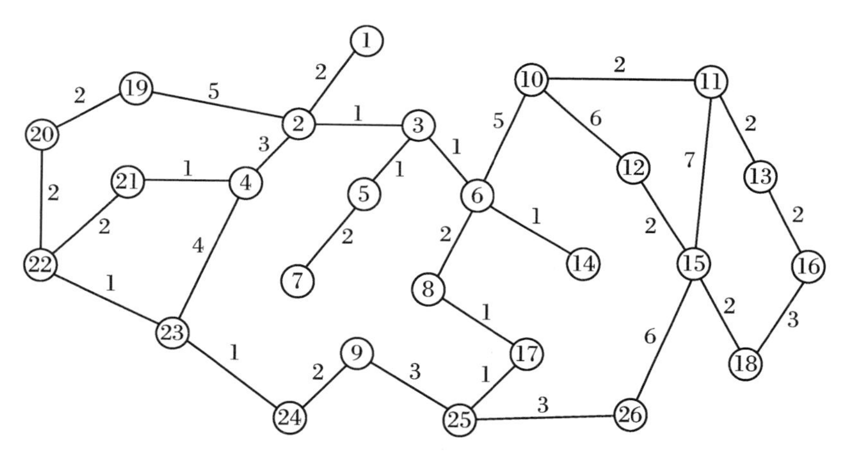

图 12.10 工厂巡检路线图

表 12.17 巡检基本信息

位号	周期(min)	巡检耗时(min)
XJ-0001	35	3
XJ-0002	50	2
XJ-0003	35	3
XJ-0004	35	2
XJ-0005	720	2

续表

位号	周期(min)	巡检耗时(min)
XJ-0006	35	3
XJ-0007	80	2
XJ-0008	35	3
XJ-0009	35	4
XJ-0010	120	2
XJ-0011	35	3
XJ-0012	35	2
XJ-0013	80	5
XJ-0014	35	3
XJ-0015	35	2
XJ-0016	35	3
XJ-0017	480	2
XJ-0018	35	2
XJ-0019	35	2
XJ-0020	35	3
XJ-0021	80	3
XJ-0022	35	2
XJ-0023	35	3
XJ-0024	35	2
XJ-0025	120	2
XJ-0026	35	2

表 12.18　连通关系

巡检点 A	巡检点 B	耗时(min)
1	2	2
2	3	1
2	4	3
2	19	5
3	5	1
3	6	1
4	21	1
4	23	4
5	7	2

续表

巡检点 A	巡检点 B	耗时(min)
6	8	2
6	14	1
6	10	5
8	17	1
9	24	2
9	25	3
10	11	2
10	12	6
11	13	2
11	15	7
12	15	2
13	16	2
15	18	2
15	26	6
16	18	3
17	25	1
19	20	2
20	22	2
21	22	2
22	23	1
23	24	1
25	26	3

每个巡检点每次巡检需要一名工人，巡检工人的巡检起始地点在巡检调度中心(XJ0022)，工人可以按固定时间上班，也可以错时上班，在调度中心收到巡检任务后开始巡检.现需要建立模型来安排巡检人数和巡检路线，使得所有巡检点都能按要求完成巡检，并且耗费的人力资源尽可能地少，同时还应考虑工人在一时间段内(如一周或一月等)的工作量尽量平衡.

问题：如果采用固定上班时间，不考虑巡检人员的休息时间，采用每天三班倒，每班工作8小时左右，每班需要多少人，巡检线路如何安排，并给出巡检人员的巡检线路和巡检的时间表.(本题是2017年全国大学生数学建模竞赛D题节选)

12.5.2　模型假设

(1) 假设安排的巡检人员都可以正常按照时间巡检而且都可以完成巡检任务.
(2) 假设每个巡检工人对各点巡检工作能力相同且不存在快慢差异.
(3) 假设每条路径都处于正常情况,不会出现任何阻碍.
(4) 假设每个巡检点情况都处于正常状态.
(5) 假设巡检工人到了下班时间可以自由安排不用考虑是否回到巡检中心.

12.5.3　问题分析

问题要求安排最优的巡检路线,即最短路径.在工厂巡检路线图中,将每个巡检点看作图中的一个节点,将各巡检点之间的连线看作图中对应节点间的边,将每个边上的巡检时间看作边上的权,所给巡检路线图就转化成加权网络图.问题转化为在给定的加权网络图中寻找从巡检中心 22 出发,行遍所有顶点至少一次再回到巡检中心 22,使得总权值最小,此即最佳推销员回路问题.利用 Dijkstra 算法或 Floyd 算法可求得巡检中心 22 到其余巡检点的最短路,然后寻找最短哈密顿回路.根据哈密顿回路进行分组,再利用最大均衡度比较不同分组,筛选出最优的分组,最后得到最佳的巡检排班时间表.

12.5.4　模型的建立与求解

1. 最大容许均衡度的定义

在加权图 G 中,将 G 分成 n 个生成子图 $G[V_1],G[V_2],\cdots,G[V_n]$.称 $\alpha_0=\dfrac{\max\limits_{i,j}|\omega(C_i)-\omega(C_j)|}{\max\limits_i\omega(C_i)}$ $(i,j=1,2,3,\cdots,n)$ 为该分组的实际均衡度. $\dfrac{\max\limits_{i,j}|\omega(C_i)-\omega(C_j)|}{\max\limits_i\omega(C_i)}\leqslant\alpha$,$\alpha$ 为最大容许均衡度.其中 C_i 为 V_i 的导出子图 $G[V_i]$中的最佳推销员回路,$\omega(C_i)$为 C_i 的权.显然 $0\leqslant\alpha_0\leqslant1$,当 α_0 越小说明分组均衡性越好.

2. 计算巡检中心点 22 到其余各点的最短路径

根据 Dijkstra 算法或 Floyd 算法可以求出给定起始点的两个顶点间的最短路.以巡检中心 22 为初始点,可得到巡检中心 22 到其余各点的最短路径及最短距离,如表 12.19 所示.图 12.11 是从巡检中心 22 到其余各点的最短路的生成树.

3. 求哈密顿圈

根据蚁群算法或遗传算法等可计算哈密顿回路.通过计算可得哈密顿圈的巡检路径为:
㉒→⑲→⑳→㉑→④→②→①→③→⑤→⑦→⑭→⑥→⑩→⑪→⑬→⑯→⑱→⑮→⑫→㉖→⑧→⑰→㉕→⑨→㉔→㉓→㉒.

表 12.19 最短路径和最短距离

最短路径	距离	最短路径	距离
㉒-㉑-④-②-①	8	㉒-㉑-④-②-③-⑥-⑭	9
㉒-㉑-④-②	6	㉒-㉓-㉔-⑨-㉕-㉖-⑮	16
㉒-㉑-④-②-③	7	㉒-㉑-④-②-③-⑥-⑩-⑪-⑬-⑯	19
㉒-㉑-④	3	㉒-㉓-㉔-⑨-㉕-⑰	8
㉒-㉑-④-②-③-⑤	8	㉒-㉓-㉔-⑨-㉕-㉖-⑮-⑱	18
㉒-㉑-④-②-③-⑥	8	㉒-⑳-⑲	4
㉒-㉑-④-②-③-⑤-⑦	10	㉒-⑳	2
㉒-㉓-㉔-⑨-㉕-⑰-⑧	9	㉒-㉑	2
㉒-㉓-㉔-⑨	4	㉒-㉒	0
㉒-㉑-④-②-③-⑥-⑩	13	㉒-㉓	1
㉒-㉑-④-②-③-⑥-⑩-⑪	15	㉒-㉓-㉔	2
㉒-㉓-㉔-⑨-㉕-㉖-⑮-⑫	18	㉒-㉓-㉔-⑨-㉕	7
㉒-㉑-④-②-③-⑥-⑩-⑪-⑬	17	㉒-㉓-㉔-⑨-㉕-㉖	10

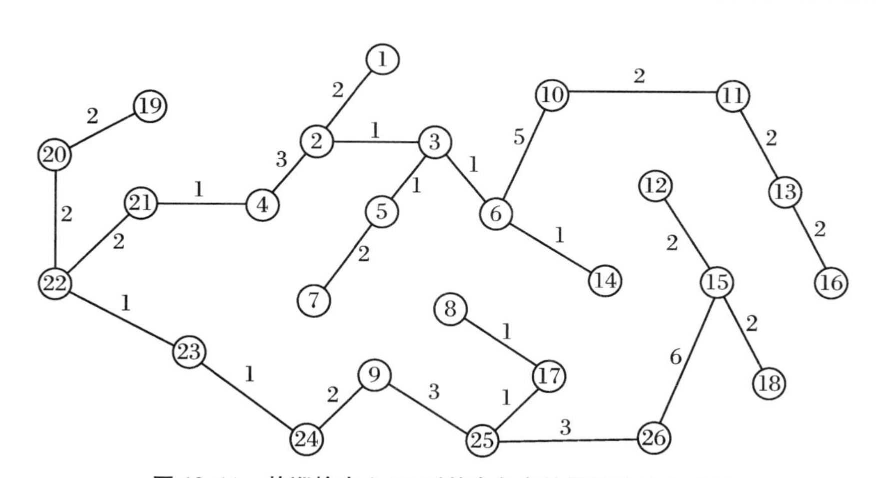

图 12.11 从巡检中心 22 到其余各点的最短路的生成树

根据以上巡检路径，在原图上描绘出哈密顿圈，如图 12.12 所示.

4．确定巡检人数范围

根据上述计算的最短路径和哈密顿圈，计算巡检路程耗时为 68 min 和巡检点检查耗时为 67 min，共计巡检耗时 135 min. 根据表 12.17 知，巡视点最小的时间周期是 35 min，又由 $135/35\approx3.86$ 可知，一个班最少需 4 名工人. 从题目要求和哈密顿圈发现，只用 4 名工人巡检是无法完成任务的，可增加 1 人，即一个班用 5 名工人，分成 5 组.

5．确定巡检分组

考虑到每名工人的工作量尽量平衡，因此靠近巡检中心点 22 的多分一些，远离巡检中心点 22 的少分一些. 考虑到分成 5 组，所以每一组巡检点的个数应在 4 至 6 之间. 根据图 12.11 和图 12.12，可考虑如下的分组情况：

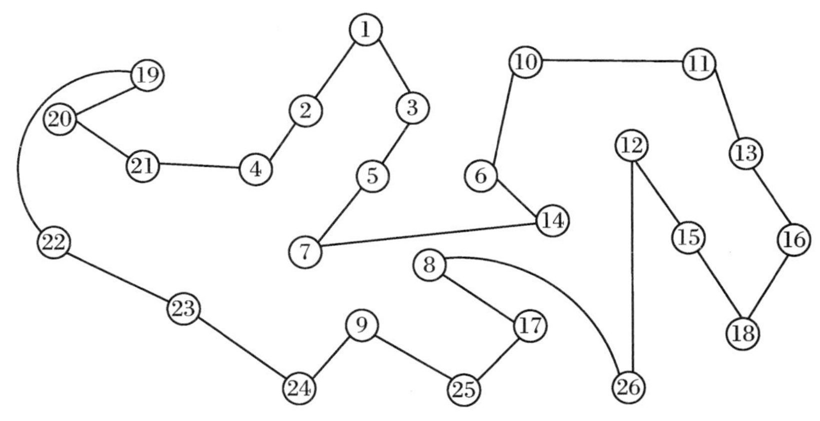

图 12.12 哈密顿圈

第1组:㉒,⑳,⑲,㉑,④,②.

第2组:①,③,⑤,⑦,⑥,⑭.

第3组:⑩,⑪,⑬,⑯.

第4组:⑱,⑮,⑫,㉖.

第5组:㉓,㉔,⑨,⑧,⑰,㉕.

每一组都可以找到哈密顿圈,如图12.13所示.

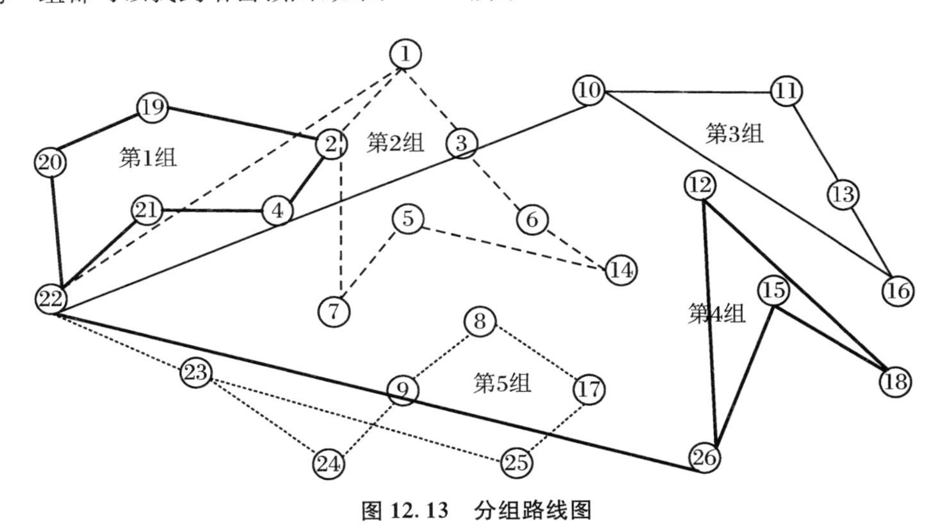

图 12.13 分组路线图

下面探究这种分组的均衡度.表12.20是对5组路线的巡检时间统计,将其带入均衡度公式即可计算出均衡度.该分组的均衡度 $\alpha_0=\dfrac{34-25}{34}\approx 26.47\%$,分组相对较均衡.

6. 安排巡检时间表

根据表12.17巡检点的基本信息、表12.18巡检点的连通关系、表12.20的分组路线和题目要求,可划分为三个班次,即早班时间为8:00到16:00,中班时间为16:00到24:00,晚班时间为00:00到8:00,每班5名工人,一天共需15名工人.下面只给出早班的具体巡检时间表(见表12.21),其他班次的巡检时间表可类推.

表 12.20 分组路线表

组号	巡检路线	个数	巡检耗时（min）	路程耗时（min）	巡检时间（min）	总时间（min）
1	㉒－⑳－⑲－㉑－④－②	6	14	14	28	
2	㉒－①－③－⑥－⑭－⑤－⑦	6	16	18	34	
3	㉒－⑩－⑪－⑬－⑯	4	13	19	32	149
4	㉒－㉖－⑮－⑱－⑫	4	8	22	30	
5	㉒－㉓－㉔－⑨－㉕－⑰－⑧	6	16	9	25	

表 12.21 早班巡检时间表

早班	巡视点	周期	开始	离开	开始	离开	开始	离开	开始	离开	开始	离开
1	22	35	8:00	8:02	8:35	8:37	9:10	9:12	9:45	9:47	10:20	10:22
2	21	80	8:04	8:07			9:14	9:17	9:49	9:52		
3	4	35	8:08	8:10	8:40	8:42	9:18	9:20	9:53	9:55	10:25	10:27
4	2	50	8:13	8:15	8:45	8:47	9:23	9:25	9:58	10:00	10:30	10:32
5	19	35	8:20	8:22	8:52	5:54	9:30	9:32	10:05	10:07	10:37	10:39
6	20	35	8:24	8:27	8:56	8:59	9:34	9:37	10:09	10:12	10:41	10:44
7	22	35	8:29	8:29	9:01	9:01	9:39	9:39	10:14	10:14	10:46	10:46
早班	巡视点	周期	开始	离开	开始	离开	开始	离开	开始	离开	开始	离开
1	22	35	10:55	10:57	11:30	11:32	12:05	12:07	12:40	12:42	13:15	13:53
2	21	80	10:59	11:02			12:09	12:12			13:55	13:58
3	4	35	11:03	11:05	11:35	11:37	12:13	12:15	12:45	12:47	13:59	14:01
4	2	50	11:08	11:10	11:40	11:42	12:18	12:20	12:50	12:52	14:04	14:06
5	19	35	11:15	11:17	11:47	11:49	12:25	12:27	12:57	12:59	14:11	14:13
6	20	35	11:19	11:22	11:51	11:54	12:29	12:32	13:01	13:04	14:15	14:18
7	22	35	11:24	11:24	11:56	11:56	12:34	12:34	13:06	13:06	14:20	14:20
早班	巡视点	周期	开始	离开	开始	离开	开始	离开				
1	22	35	14:26	14:28	14:56	14:58	15:25	15:27				
2	21	80			15:00	15:03						
3	4	35	14:31	14:34	15:05	15:08	15:30	15:32				
4	2	50	14:37	14:39	15:09	15:11	15:35	15:37				
5	19	35	14:44	14:46	15:16	15:18	15:42	15:44				
6	20	35	14:48	14:51	15:20	15:23	15:46	15:49				
7	22	35	14:53	14:53	15:25	15:25	15:51	15:51				

12.5.5　模型评价

以上是对具有固定上班时间的巡检路线的排班问题，运用启发式算法并结合最短路算法和均衡度的计算给出了最佳的巡检路线和分组．该模型较好地解决了看似非常复杂的排班和分组问题，但根据均衡度的计算结果可知，该模型有需要改进的地方，即如何安排分组路线使均衡度的值进一步降低，还有待继续研究．另外还需正确理解“固定上班时间”，它是指每个班的固定上班时间，而不是每个人的固定上班时间，否则模型的建立将不符合题意．